国家示范性中等职业技术教育精品教材

计算机网络技术

张乃平 编著

 华南理工大学出版社
SOUTH CHINA UNIVERSITY OF TECHNOLOGY PRESS
·广州·

内容简介

本课程是中等职业学校计算机专业课程之一。课程紧密结合国家工信部行业技能鉴定中心的网络技术技能认证考核要求,详述了局域网原理、以太网组网技术、TCP/IP 协议及 IPv4 地址、网络互联与路由选择技术、广域网与 Internet 接入技术、无线局域网和计算机网络安全及实验指导。

内容新颖、翔实、系统,技术性强,概念清晰,每章备有复习思考题,知识点分布均衡,并附参考答案,便于学生学习时参考。为了便于学生应用"Packet Tracer"软件进行网络模拟实验,还附录了 Cisco 的"Packet Tracer 网络模拟软件"的使用方法。可作为大中专院校计算机及相关专业学生和企业技术人员的教材和教学参考书,也可作为其他行业的网络应用培训教材。

图书在版编目(CIP)数据

计算机网络技术/张乃平编著. —广州:华南理工大学出版社,2015.1(2021.8 重印)
国家示范性中等职业技术教育精品教材
ISBN 978 – 7 – 5623 – 4538 – 1

Ⅰ.①计…　Ⅱ.①张…　Ⅲ.①计算机网络 – 中等专业学校 – 教材　Ⅳ.①TP393

中国版本图书馆 CIP 数据核字(2015)第 021486 号

JISUANJI WANGLUO JISHU

计算机网络技术

张乃平　编著

出　版　人：卢家明
出版发行：华南理工大学出版社
　　　　　(广州五山华南理工大学 17 号楼,邮编 510640)
　　　　　http://hg.cb.scut.edu.cn　　　　E-mail:scutc13@ scut. edu. cn
　　　　　营销部电话：020 – 87113487　87111048 (传真)
策划编辑：何丽云
责任编辑：何丽云
印　刷　者：广东虎彩云印刷有限公司
开　　本：787mm×1092mm　1/16　印张：17　字数：430 千
版　　次：2015 年 1 月第 1 版　2021 年 8 月第 4 次印刷
定　　价：39.80 元

前言

21世纪人类跨入了一个崭新的计算机网络时代，因此了解网络、认识网络、掌握计算机网络的基本技术和应用已是21世纪实用型人才的基本素质之一。随着计算机网络在各行业中的广泛应用，"计算机网络技术"课程已成为计算机类专业的一门重要基础课。

本课程以培养技能型人才为导向，注重理论与案例相结合的教学。同时遵循中等职业院校学生的认知规律，紧密结合国家工信部通信行业技能鉴定中心的网络技术技能认证考核要求，在编写过程中考虑企业技术人员的需求，紧密结合工作岗位，与职业岗位对接；以项目任务为驱动，强化知识与技能的整合；以技能认证为方向，促进学生养成规范职业行为；将创新理念贯彻到内容选取、教材体例等方面，以满足发展为中心，培养学生创新能力和自学能力。

本课程除了大量设计应用案例，每个案例都能覆盖本课程的知识点，使抽象、难懂的教学内容变得直观、易懂和容易掌握外，还充分利用移动互联网资源、本课程网站资源，在网上和移动互联网智能终端开展教学活动，包括网络课程学习、自主学习、课后复习、课件下载、作业提交、专题讨论、网上答疑等，使学生可以不受时间、地点的限制，方便地进行学习。

本教材是一本面向职业技术教育的"计算机网络技术"教材，也可作为大中专学生学习"计算机网络技术"的参考书。在教材中编入了通信和数制方面的基础知识，希望能够为学生顺利学习计算机网络技术奠定一定的基础，减少学生学习计算机网络技术的难度。

为了减小对计算机网络的抽象概念的理解难度，教材中插入了较多的图形和实例，从而将抽象的概念转变为较为直观的实例，便于学生阅读、学习、理解和应用。

为适应现代计算机网络技术的发展，本教材中实例的操作应用于微软的Windows 7操作系统平台。介绍了"Microsoft网络的文件和打印机共享"配置、"IPv4地址"配置、Cisco"交换机和路由器"常用配置、ADSL2"Internet接入"配

1

置以及"无线网络"配置等实例，是一本职业技术教育的精品教材。

在教材的编写过程中始终从当前职业技术教育的实际出发，一方面重视基础知识的铺垫，另一方面注重内容的实用性和系统性。本教材内容的实用性、技术性、系统性、逻辑性、完整性和新颖性是本书作者在编写过程中自始至终追求的目标。

为了帮助读者巩固学习成果，本教材提供了常用的操作实例和交换机、路由器的配置实例，并在每章的后面编有复习思考题。题目紧扣教材内容和计算机网络知识的要点，难度适中，同时在附录 A 中给出了参考答案。

在第十一章的"实验指导"一章中设计了十个网络实验，能够帮助教师顺利地进行"计算机网络技术"课的实验教学，同时为学生顺利完成实验报告提供了翔实的依据。

另外，为了帮助读者研究和学习网络，附录 B"网络模拟软件 Packet Tracer"介绍了 Cisco 公司的 Packet Tracer 网络模拟实验软件使用方法，便于学生在学习网络知识的同时，应用 Packet Tracer 软件进行网络模拟实验。

"计算机网络技术"内容广、涉及学科多，本教材编写过程中参考了较多的教材、专著和相关文稿，特向原作者表示感谢。

在本教材的编写过程中得到了很多同仁的帮助和支持，在此一并表示感谢！

由于水平和时间所限，书中的错误和不妥之处在所难免，恳请读者批评指正。

编　者

目 录

计算机网络技术

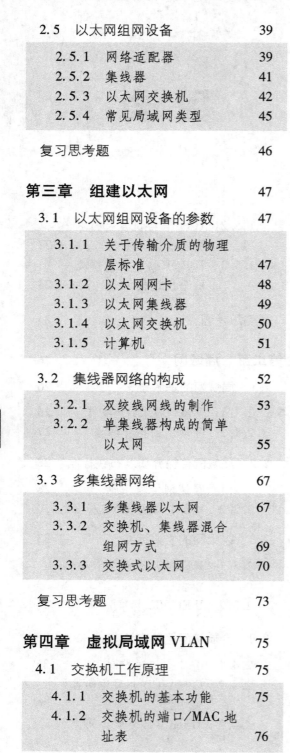

计算机网络技术

第一章 计算机网络的基本概念

本章学习目标

● 计算机网络的基本概念、应用、分类和发展
● 数字信号的编码与调制技术和传输方式
● OSI 参考模型和 TCP/IP 协议

1.1 计算机网络概述

计算机网络是现代科技的重要标志之一，它是发展最为迅速、应用最为广泛的一门学科。如何更进一步地研究好网络、应用好网络已是现代社会发展必须解决的问题。

1.1.1 计算机网络的基本概念

计算机网络是计算机技术与通信技术相结合的产物。计算机网络是在 20 世纪 60 年代产生的新技术，涉及计算机和通信两大技术领域。计算机网络在各个领域中的广泛应用对社会的快速发展起到了巨大的推动作用。

计算机网络是由通信线路、计算机和网络软件组成的资源处理与共享系统。连接网络的传输介质可以是双绞线、同轴电缆、光纤、无线电电磁波和其他通信线路。构成网络的计算机可以是微型计算机、小型计算机、大型计算机、巨型计算机，这些计算机可联网工作，也可独立工作。计算机网络软件是计算机网络的灵魂，由计算机网络操作系统和计算机网络应用软件两大部分组成。计算机网络的功能在一定程度上取决于计算机网络的应用软件。

1.1.2 计算机网络的应用

随着网络科技的发展，计算机网络已广泛应用于社会的各个领域。

一、办公自动化

利用网络实现办公自动化，快速高效地处理各种办公信息，不仅提高了企业和政府机构的工作效率，同时也降低了管理成本。

二、网络通信

通过 Internet 收发电子邮件，用 Internet－IP 电话进行长途通话可大幅降低通话费用。

目前的宽带网络技术和多媒体技术的发展给网络通信带来了更广阔的前景。

三、金融管理

计算机网络在证券交易、期货交易、信用卡方面的应用取得了巨大的成功。人们在家中可以买卖股票、用信用卡异地存取，极大地方便了人们的工作和生活。

四、文教卫生

教师通过网络异地授课、批改作业，高考网上报名、录取，名医为患者异地治病、会诊开药方，等等，为教育和医疗事业的发展带来了新的动力。

五、财务管理

利用网络进行财务管理不仅提高了财务结算效率，而且快速有效、安全可靠。

六、电子商务

电子商务是以计算机网络为基础的一种新型商业活动。与传统的商业活动不同的是，它不受时间和空间的限制。电子商务主要包括网上订货、网上购物、网上竞拍、网上银行等形式的商务活动。

七、信息检索

Internet 走进千家万户，人们可以在网上浏览各种信息，真正地实现了足不出户全知天下事。

计算机网络的应用对社会的发展和对人们的生活方式带来了深刻的变化，计算机网络的应用前景非常广阔。

1.1.3　计算机网络的分类

当计算机网络的地理覆盖范围不同时，在组网过程中采用的组网技术和设备就会有所不同。根据网络覆盖区域大小来分类，能够较好地体现网络的技术特征。通常计算机网络按照覆盖区域的大小可分为局域网 LAN（Local Area Network）、城域网 MAN（Metropolitan Area Network）和广域网 WAN（Wide Area Network）。

（1）局域网 LAN

局域网的覆盖范围一般在一公里之内。局域网一般用集线器、交换机通过双绞线、光纤或同轴电缆直接连接构成。局域网常用于学校、机关、商场的办公室内。数据传输速率一般为10Mbps、100Mbps、1000Mbps。其特点是组网简单，可靠性高，数据传输速率高。

（2）城域网 MAN

城域网的覆盖范围介于广域网与局域网之间，一般组建范围从几公里到几十公里。主要用于企业、机关和政府在城镇小范围内构建跨区域性互联网。传输介质一般以光纤为主或借用其他远程通信线路（如电话线等），实现用户之间的数据、语音、图像、视频等多媒体信息传输。一般传输速率为 45 ～ 100 Mbps。

（3）广域网 WAN

广域网又称远程网，覆盖范围从几十公里到几千公里。广域网把不同地区的计算机互相连接起来，形成资源共享的远程网络。利用远程通信技术，广域网可以覆盖一个国家，甚至横跨几个洲。国际互联网 Internet 就是一个典型的广域网。由于广域网传输距离远，因此广域网必须用远程通信系统进行联网。广域网的数据传输的误码率较高，数据传输速率低是广域网面临的主要问题，广域网的数据传输速率为 1200bps～45Mbps。

1.1.4　计算机网络的发展

计算机网络的发展大致经历了 3 个阶段：

（1）终端联机（On Line）阶段

在 20 世纪 50 年代，因计算机数量少、造价昂贵，如何共享计算机硬件资源就成为计算机应用的首要问题。将无自主处理能力的终端通过通信线路连接到一台中心计算机，就构成了最初的以共享计算机为主要目的的"终端计算机网络"。其主要特点是中心计算机分时为远程终端提供服务。当接入中心计算机的终端数量增多时，就会出现中心计算机负载过大的现象。终端网络系统中的中心计算机既要处理各终端委托的数据处理任务，又要承担终端间的信息传输任务，不但影响了主机的数据处理能力，还降低了通信线路的利用率。但这一时期对终端网络的应用和研究，为后来计算机网络的形成奠定了基础。

（2）计算机网络阶段

20 世纪 60 年代中期，美国国防部高级研究计划局（advanced research project agency，ARPA）的 ARPANET 网成为现代网络的重要标志。该网引入了资源子网与通信子网的概念，采用了层次体系结构。其核心技术是数据分组交换技术。

20 世纪 80 年代国际标准化组织 ISO（international organization for standardization，ISO 来源于希腊语 ISOS）制定了"开放系统互联参考模型"OSI（open system interconnection reference mode）。同时期的局域网技术逐渐成熟，以太网 Ethernet、令牌总线 TokenBus、令牌环 TokenRing 三种局域网技术已成为国际标准。组成局域网的计算机具有自主处理数据的能力，联网传输线路采用共享传输介质方式。该阶段出现了局域网 LAN、城域网 MAN、广域网 WAN。

（3）网络互联阶段

20 世纪 90 年代，随着计算机网络的应用和发展，网络互联风靡全球，形成了全球最大的互联网——因特网（Internet）。全球信息网 WWW（world wide web）是 Internet 最具特色、最广泛的应用之一，它给世界带来了全新的信息交流方式。这一时期的局域网已成为网络互联结构中的基本单元。从 20 世纪末到 21 世纪初，传输速率达 100Mbps 的快速以太网（Fast Ethernet）、1000Mbps 千兆以太网技术已相当成熟。目前网络的发展已进入了一个崭新的时代，例如 ATM 异步交换机可将局域网和广域网有机地构成一个整体，ATM 异步交换机的高速数据交换性能和可变带宽性能的独特技术，被广泛用于电信、邮政网的主干网段。中国公用多媒体 ATM 宽带网（CHINAATM）是中国电信投资建设并经营管理的以异步转移模式（ATM）技术为基础的，向社会提供超高速综合信息传送服务的全国性网络。

1.2　数据通信

计算机在网络通信中，会将所有的信息表示为 0 和 1 组成的二进制序列，形成计算机特有的数字数据，这样的二进制数字数据序列有时称为数据流。因为在计算机领域将一个二进制位称为比特（bit），所以二进制数字数据的序列又称为比特流。网络传输速率是以比特为单位的，例如快速以太网的传输速率为 100Mbps（每秒 100Mbit）。

计算机网络通过信道传输数字数据，信道是指传输信息的介质或通道。远距离的数据传输是通过远程通信系统完成的。

通信系统分为数字通信和模拟通信两大类：数字通信系统传输的是数字信号；模拟通信系统传输的是模拟信号。在传输数字数据前，必须根据相应的通信系统的类型将数字数据变换为能够传输的数字信号或模拟信号，这些信号的物理量一般是电压、电流、光信号或电磁波等。目前的电信系统可传输任何类型的数据（不论是数字的还是模拟的），其信息可以是文字、图像、图片、语音、视频等。

1.2.1 数据传输方式

在数字通信技术中将数据传输方式分为串行和并行两种，无论哪种传输方式，通信的双方都要保持高度的协调性和一致性，比如双方传送数据的速率、每比特持续的时间要相同。通信的双方协同动作的控制技术叫做同步，只有在收发的两端同步工作时，才能避免传输的数据出错。通常，串行传输中使用的同步技术有两种：同步传输和异步传输。

通常根据不同的用途，通信系统的工作模式可分为三种：单工、半双工、全双工。

一、并行传输与串行传输

并行传输是指多个数据位（bits）同时传输，这需要多个传输信道。并行传输的数据位数一般是 2 的整数倍，如 4 位、8 位、16 位等。英文字符的 ASCII 码是 8 位二进制编码，并行传输一个字符需要 8 个信道同时传输，如图 1-1 所示。

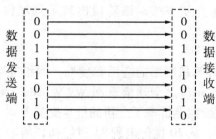

图 1-1　并行传输

并行传输系统在发送端与接收端之间需要有多个信道（多条线路），特点是结构复杂、速度快，适合于近距离的高速传输。在计算机内部的数据传输都是并行的，近距离的计算机之间、近距离的计算机与外设之间可选择并行传输。

串行传输是指数据在一个信道上的顺序传输方式。对于 8 位的 ASCII 码来讲，传送一个字符，就是让 ASCII 码由低位到高位的次序顺序通过同一个信道，如图 1-2 所示。

串行通信系统结构简单、可靠性较高，收发端之间只需一条信道，因此串行通信适合于远距离通信。无论是局域网、城域网还是广域网，计算机网络都采用了串行通信方式。在发送数据时，计算机中的网络接口要将内部的并行数据转换为串行数据；在接收数据

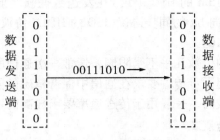

图1-2 串行传输

时，计算机中的网络接口要将接收到的串行数据转换为计算机能够存储的并行数据。

二、异步传输与同步传输

在串行通信技术中，采用两种同步方式：异步传输和同步传输。

（1）异步传输

在异步传输方式中，每传送一个字符，都要在字符编码的前面加一个起始位，表示字符编码的开始；在字符编码的结束处增加一到两位的停止位，表示字符传输的结束。在接收端，利用起始位和停止位来判断一个字符的开始与结束，从而起到了同步控制的作用（如图1-3所示）。异步传输方式实现起来较容易，但在传送一个字符时，因为有启始位与停止位，所以每传送一个字符都要多传两到三位的数字。

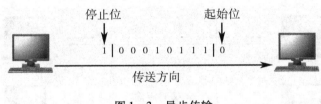

图1-3 异步传输

（2）同步传输

在同步传输方式中，发送方和接收方通过数据流中的同步字节进行同步。其传输的信息单元的格式相当于一组字符，这一组字符的编码构成了一串二进制码，通常称为数据帧。

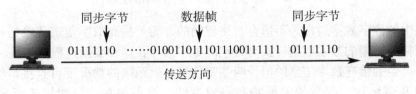

图1-4 同步传输

如图1-4所示，同步传输在发送数据帧之前首先发送一字节的同步数字，然后发送数据帧；在数据帧结束后再发送一字节的同步数字，表示数据帧的结束。同步字节的数字由以下两个协议规定：

面向字符的同步协议(IBM 的 BSC 协议)在发送数据帧之前首先发送一或两个同步字符 SYN (01101000);而面向 bit 的同步协议(ISO 的 HDLC 协议)在发送数据帧之前后分别插入一个同步字节(01111110)。

同步通信传送数据帧的位数几乎不受限制,通常一次通信所传输的数据有几十到几千个字节,通信效率较高。但同步传输要求在通信中保持精确的同步时钟,所以其发送器和接收器比较复杂,成本也较高,一般用于传送速率要求较高的场合。

三、单工、半双工、全双工

数据通信在线路上的传输是有方向的,按照数据传输的方向和时间的关系,可以分三种不同的工作模式:单工、半双工、全双工,如图 1-5 所示。

单工模式是指通信的方向是单向的,比如收音机、电视机的信号传输都是单向的。这种工作模式的发送方只发送数据,不能接收数据;接收方只能接收数据,不能发送数据。

半双工模式则不同,半双工可以进行双向通信,但不能同时进行。对讲机就是半双工通信模式,要将发送状态变为接收状态时需要用开关切换。

全双工模式是同时双向通信模式,比如电话就是全双工通信模式,以太网也是全双工通信模式。

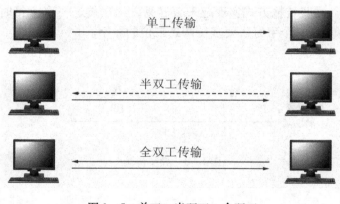

图 1-5 单工、半双工、全双工

1.2.2 数据的编码与调制技术

计算机中的数字数据通常是不适合直接传输的,为了提高数字信道传输的可靠性和有效性,必须将要传输的数字数据变换为特定的数字信号,这种变换过程叫编码。

经编码产生的带有数字信息的信号叫基带信号,近距离的情况下可直接传输,这种传输方式也叫基带传输。基带传输的特点是速度快、设备简单、只能用于近距离的数字通信。

远距离的数字通信多为频带传输。频带传输就是将基带信号变换(调制)成较高频率范围的模拟信号,通过远程模拟信道传输的数字信号传输方式。调制产生的高频模拟信号又称为频带信号,频带信号非常适合在远程通信系统的模拟信道中传输。计算机网络的远距离通信通常采用的是频带传输。基带信号与频带信号的转换是由调制解调技术完成的。

一、数字信号的编码

数字信号的基本编码方式有三种：不归零编码、曼彻斯特编码、差分曼彻斯特编码。

不归零编码(Non return to zero)是用一种电平表示"1"，用另一种电平表示"0"；通常是用高电平表示"1"，低电平表示"0"。这种编码的缺点是编码信号中没有同步信息，必须用其他的同步措施，如图1-6所示。

曼彻斯特编码(Manchester)是每一个二进制位的信号的中间都有跳变，可设定由高电平跃变到低电平表示"1"，由低电平跃变到高电平表示"0"。这样二进制位的中间的跃变可作为发送端和接收端的时钟信号，可保持发送端与接收端的同步，如图1-6所示。

差分曼彻斯特编码(Difference Manchester)是对曼彻斯特编码的改进，每位中间的跳变仅提供时钟定时，而用每位开始时有无跳变表示"0"或"1"，有跳变为"0"，无跳变为"1"，如图1-6所示。

两种曼彻斯特编码是将时钟和数据包含在数据流中，在传输代码信息的同时，也将时钟同步信号一起传输到对方，每位编码中有一跳变，不存在直流分量，因此具有自同步能力和良好的抗干扰性能。但每一个码元都被调制成两个电平，所以数据传输速率只有调制速率的1/2。

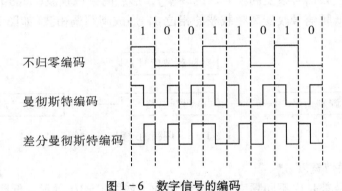

图1-6　数字信号的编码

二、数字信号的调制与解调

为了能通过远程通信系统传输数字信号，必须使用调制技术。用数字信号对高频信号进行调制(Modulation)有两个目的：

- 一是实现数字信号到高频模拟信号的变换。
- 二是实现传输信号频率上移到更高的频率。

只有调制后的高频模拟信号才能使用远程通信系统，因为只有高频频带信号适合远程通信系统传输。

在发送端将数字信号转换为高频模拟信号的设备称调制器(Modulator)，在接收端将高频模拟信号转换为数字信号的设备称解调器(Demodulator)。如果通信系统能够以全双工方式传输，在发送端和接收端必须具有同时调制和解调的功能设备，这样的设备称调制解调器(Modem)。用电话线传输数字信号的过程就是用调制解调器完成的(如图1-7所示)。

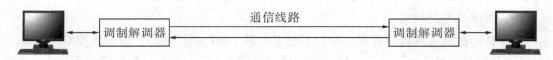

计算机网络技术

图 1-7　用电话线传输数字信号的过程

三、调制的概念与频谱的搬移

（1）调制

调制是通过调制信号对高频载波信号的某项参数进行调制实现的，高频载波信号是一正弦波，调制信号是通信系统要传输的低频信号（比如语音或图像等）。

调制的目的是将低频调制信号装载到高频载波信号上去，使调制后的高频信号携带调制信号的信息。

图 1-8 描述了实现调制的过程，通过调制电路，用低频信号改变高频载波的某相参数，形成高频已调波。对于模拟信号的远程通信系统，基本的调制方式有调幅、调频和调相三种。图 1-9 详细地描述了三种调制过程中的波形的变换。

调幅——用低频信号改变高频载波的振幅 A，形成高频调幅波（如图 1-9c 所示）。

调频——用低频信号改变高频载波的频率 f，形成高频调频波（如图 1-9d 所示）。

调相——用低频信号改变高频载波的相位 θ，形成高频调相波（如图 1-9e 所示）。

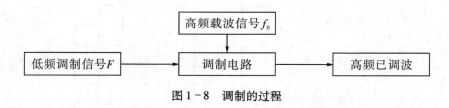

图 1-8　调制的过程

（2）信号的频带宽度

任何一种信号都是由不同频率的信号组成的。如图 1-10 所示，低频调制信号的频率范围是 $F_{max} \sim F_{min}$，高频载波信号的频率是 f_0。无论是调幅、调频还是调相，经调制后的信号的频率上移到高频载波频率 f_0 的两边，形成了两个边带，从而实现低频信号向高频的搬移。

组成某一种信号的频率范围称为频带宽度，简称频宽。通常用 B_f 来表示信号的频带宽度。

即 $B_f =$ 信号的最高频率 - 信号的最低频率

图 1-10 中的已调波的频带宽度 $B_f = f_h - f_l$，通常用下面的方法估算高频已调信号的带宽：

调幅信号的带宽为

$B_f = 2 \times F_{max}$（即是调制信号最高频率的两倍）

调频和调相信号的"带宽"要比调幅信号的"带宽"宽，可以用卡森定律计算：

即 $B_f = 2(\Delta f + F_{max})$

F_{max} 是低频调制信号的最高频率，Δf 是调频信号或者是调相信号的最大频偏。

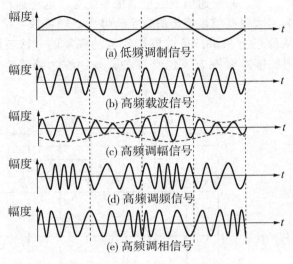

图 1-9　调幅波、调频波、调相波

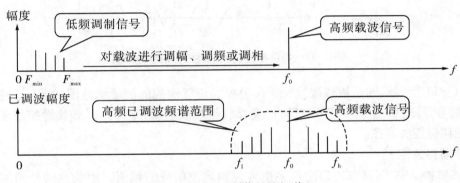

图 1-10　调制信号的频谱

（3）信道的频带宽度

信道的频带宽度是指信道允许传输信号的频率范围。当信号的带宽与信道的带宽相容的时候，信号才能被有效传输。例如电话线路的有效带宽为 4000Hz，可以有效传输 0 ～ 4000Hz 的语音，超出 4000Hz 的高频语音将被系统抑制。

数字信道的带宽是用信道的容量表示的，单位是 bit/s（比特/秒）。宽带主要是指传输速率高的数字信道。

一般说来，信号的频带宽度反映了信号承载信息的能力。作为一个通信系统来讲，能够传送宽频带信号的通信系统，其传递信息的速度就快，在单位时间内传送的信息量就大。

1.2.3　数字信号的调制

为了实现数字信号远程通信，通常是充分地利用现有的远程通信系统，比如电话通信系统以及传统的无线电广播、微波通信及卫星通信系统等。远程通信系统传输的是调制后的高频模拟信号，要利用远程通信系统传送数字信号，必须将数字信号调制到高频段以转换为高频模拟信号。从原理上来讲，传送模拟信号的调制的方法有调幅、调频和调相三种。相应地对数字信号的基本调制方式也有三种，分别称为幅移键控、频移键控、相移键控。

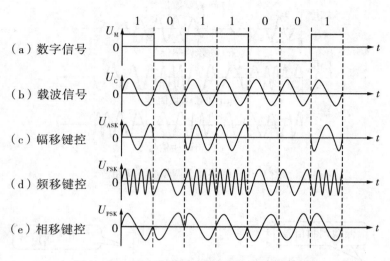

图 1－11　幅移键控、频移键控、相移键控图

图 1－11 所展示的是幅移键控、频移键控、相移键控的波形示意图，图（a）是经编码的数字信号，图（b）是载波信号，图（c）是幅移键控波形图，图（d）是频移键控波形图，图（e）是相移键控波形图。

（1）幅移键控

幅移键控 ASK 调制方法是用数字信号控制载波信号的幅值，用载波信号的幅度来表示数字信号的"0"和"1"值。通常用低幅度表示"0"，高幅度表示"1"，其频率和相位不变（如图（c）所示）。其优点是调制方法简单、容易实现，但信号中的直流成分较大，而且易受外界的电磁波干扰，一般较少采用。

（2）频移键控

频移键控 FSK 调制方法是用数字信号控制载波信号的频率，用载波信号的频率来表示数字信号的"0"和"1"值。通常原理是双频制的，即用载波的低频 f_1 表示"0"，高频 f_2 表示"1"，其幅度和相位不变（如图（d）所示）。这种调制方法也比较简单，容易实现，而且抗干扰能力较强。

如果载波采用 4 个频率 f_1、f_2、f_3、f_4 的调制机制，这样会使信息的传输速率提高一倍，因为这时的一个码元可表示两位数的编码。

（3）相移键控

相移键控 PSK 调制方法是用数字信号控制载波信号的相位，用载波信号的相位来表示数字信号的"0"和"1"值。通常原理上使用双相位制 BPSK（Binary Phase Shift Keying），即一个相位 $\theta = 0$ 表示"0"，另一相位 $\theta = \pi$ 表示"1"，其幅度和频率不变（如图（e）所示）。相移键控是数字通信中应用最多的数字调制编码技术，不仅具有频移键控的抗干扰能力强的优点，而且相移键控的信号带宽小，占用信道的频带窄。

为了进一步提高数字编码的效率，相移键控在实际应用中多使用四相位 QPSK（Quadrature Phase Shift Keying）、八相位、十六相位调制法。这使得相移键控的编码效率得到了极大的提高，使实际的信道传输速率成倍增长。

（4）幅移键控 ASK、频移键控 FSK、相移键控 PSK 的频谱

幅移键控 ASK、频移键控 FSK、相移键控 PSK 的频谱结构与图 1－10 所示的已调波频谱结构相同。在图 1－11a 的数字信号一般分布在频谱中的低频段，是低频调制信号。因为图 1－11b 中的载波信号的频率很高，所以调制后的幅移键控 ASK、频移键控 FSK、相移键控 PSK 信号的频谱分布在载波频率的两边，在载波频率的两边同样形成了两个边带。这样不仅实现了信号频率向高频段的搬移，而且这种信号更适合于远程通信系统的频带传输。

（5）调制解调器（Modem）

在发送端能够将数字信号变换成上述幅移键控 ASK、频移键控 FSK、相移键控 PSK 信号的设备叫做调制器（Modulator），在接收端能够将幅移键控 ASK、频移键控 FSK、相移键控 PSK 信号解调为数字信号的设备叫解调器（Demodulator）。目前，通信系统基本上都是全双工的，比如电话通信。如果一台计算机通过远程通信设备联网，要完成全双工的数字通信，那么在发送端和接收端的调制设备必须具有调制与解调功能。能够同时完成调制与解调功能的联网设备叫调制解调器（Modem）。

1.2.4　信道的多路复用技术

在同一条信道上传输多路信号的技术称为多路复用技术。远距离通信系统，比如卫星、微波、电话、电台等都具有很宽的频带，它们承载信息的容量都非常大。为了充分提高通信系统的效率、增大远程通信线路的利用率，常采用多路复用技术。目前主要有以下几种多路复用方式：频分复用（FDM）、波分复用（WDM）、时分复用（TDM）和码分多址（CDMA）等。

一、频分复用 FDM

频分复用 FDM（Frequency Division Multiplexing）是用调制技术实现的，发送端的多路信号分别对不同频率的高频载波进行调制，从而使已调波的频谱分布在不同的频段上，在接收端用分频器分离出每一路信号以实现频分多路复用（如图 1－12 所示）。

图 1－12 表示了频分复用的示意图，图中的三路低频信号 S1、S2、S3 分别对三个频率为 f_0、f_1 和 f_2 的高频载波信号进行调制，调制后的已调波频谱均匀分布于载波信号谱线的两边，如果设置好 f_0、f_1 和 f_2 间隔，三路信号的已调波的频谱就不会重叠。在发送端我们可以将图中的三路已调信号用同一条线路发送出去，在接收端通过分频器就可以分离出每一路已调信号，再通过相应的解调器就可解调出相应的调制信号 S1、S2、S3。

例如音频，是指人耳所能听见的频率，通常是指 15 ～ 20000Hz 间的频率。在电话通信中，通常指 300 ～ 3400Hz 的频率音频信号（较低或较高频率的成分被忽略）。

计算机网络技术

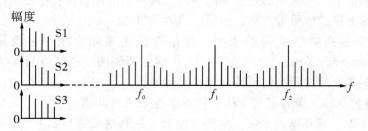

图 1－12　频分复用频带分布图

为了在有限的广播带宽内尽量容纳更多的广播电台数量，而又不降低太多的广播质量，每个广播电台所占据的带宽往往受到一定的限制。国际上规定：

AM 调幅广播电台的中波信道的总带宽是 526.5kHz ～ 1606.5kHz，中波频率间隔为 9kHz（北美地区和个别地区为 10kHz）。

SW 调幅广播电台的短波信道的总带宽为 1700kHz ～ 30000kHz，短波频率间隔为 5kHz。

FM 调频广播电台的信道带宽为 76.00MHz ～ 108.00MHz，在收音机的调频广播中，FM 广播频率间隔为 100kHz，200kHz，300kHz，400kHz，我国 FM 广播间隔为 200kHz。

二、波分复用 WDM

波分复用 WDM（Wave Division Multiplexing）主要用于光纤组成的通信系统，实际上就是光的频分复用，由于光载波的频率很高，所以常用光的波长表示光的载波成分。光的波分复用技术主要有以下三种：

- 宽波分复用（WWDM），波道间隔在 50nm 以上。
- 密集波分复用（DWDM），波道间隔是 0.6 ～ 0.8nm 的范围。
- 稀疏波分复用（CWDM），波道间隔为 20nm。

实现波分复用传输的最主要部件是发送端的多路复用器和接收端的多路分解器。多路复用器可将多路光束合成为一路合成光束，从而实现多路传输；在接收端经多路分解器将合成的多路光束分解出每个单一频率的原光束输出。波分复用 WDM 的原理如图 1－13 所示，发送方的多路复用器将多个不同频率的窄带光信号合成为一个宽带光信号，在接收方通过多路分解器将宽带光信号分解成原窄带光信号。多路复用器与多路分解器相当于光栅或棱镜，不同频率的光束经光栅合成为一道宽带光束在光纤中传输，在接收方经光栅分解出每个单束的原窄带光信号。

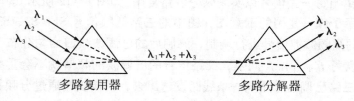

图 1－13　光纤波分复用原理图

三、时分复用 TDM

时分复用 TDM（Time Division Multiplexing）是将多个信号分为不同的时间段在同一条信道上传输的技术。如图 1-14 所示，将传输的三路信号 A、B、C 按一定的时间间隔分时段使用同一条传输信道，从而实现了同一条信道的多路复用。

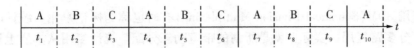

图 1-14　信道的分时传输

电话交换网通过运用时分复用技术，可以使一条传输信道同时传输 30 条话路信号。电话交换机间的数据线路的传输速率各国采用的标准不同，欧洲标准的 E1 速率是 2.048Mbps，北美标准 T1 速率是 1.536Mbps。一条话路的数据传输速率是 64kbps，所以对 E1 标准而言一次群可传输 32 条话路信号（T1 标准的为 24 条话路信号）。

电话通信系统将时间片分为 1/8000s，也就是 125μs，即 1s 为用户传送 8000 次数据。每个时间片传输一个数据帧，每个数据帧又分为 32 个时隙，每个时隙包含一路信号。其中 30 个时隙传输语音信号，2 个时隙传送信令（控制信息）。电话信号的帧格式如图 1-15 所示。

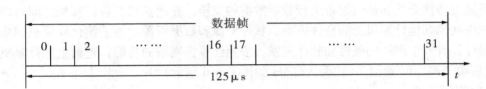

图 1-15　电话数据的帧格式

一个时隙就可传送一条话路的信号，当用户拨号时如果有空闲的时隙，就分配一个给用户。在用户挂机之前，该时隙为该用户占用并为用户持续传送语音数据。

将低速数据信号复合成高速数据流称做群。我国的一次群速率为 2.048Mbps（图 1-15 表示的是一次群的帧格式）。二次群速率为 8.448Mbps，简称 E1，E2。欧洲各国和我国采用：2048kbps（基群），8448kbps（二次群），24368kbps（三次群），189264kbps（四次群），564992kbps（五次群）等。

四、码分多址 CDMA

码分多址 CDMA（Code Division Multiple Access）是采用数字技术的一个分支，是扩频通信技术发展起来的一种崭新而成熟的无线通信技术，它是在频分复用 FDM 和时分复用 TDM 的基础上发展起来的。FDM 的特点是信道不独占，而时间资源共享，每一子信道使用的频带互不重叠；TDM 的特点是独占时隙，而信道资源共享，每一个子信道使用的时隙不重叠；码分多址 CDMA 技术的特点是所有子信道在同一时间可以使用整个信道进行数据传输，它在信道与时间资源上均为共享，因此，信道的效率高，系统的容量大。CDMA 的技术原理是基于扩频技术，即将需传送的具有一定信号带宽的信息数据用一个带宽远大于信号带宽的高速伪随机码（PN）进行调制，使原数据信号的带宽被扩展，再经载波调制并发送出去；接收端使用完全相同的伪随机码，与接收的带宽信号作相关处理，把宽带信号变换成原信息数据的窄带信号即解扩，以实现信息通信。码分多址技术完全适合现代移动通信网所要求的大容量、高质量、综合业务、软切换的通信需求，受到越来越多的运营商和用户的青睐。

五、统计复用 SDM

统计复用 SDM(Statistical Division Multiplexing)有时也称为标记复用、统计时分多路复用或智能时分多路复用，实际上就是所谓的带宽动态分配。统计复用从本质上讲是异步时分复用，它能动态地将时隙按需分配，而不是采用时分复用使用的固定时隙分配的形式。统计复用根据信号源是否需要发送数据信号和信号本身对带宽的需求情况来分配时隙，主要应用场合有数字电视节目复用器和分组交换网等。

1.3　计算机网络的组成与通信模型

1.3.1　计算机网络的组成

计算机网络实质上是建立在通信系统基础之上的一个通信网络，连在通信网络上的计算机可通过传输介质和通信设备进行数字数据的交换，在此基础上各计算机之间可以通过网络软件共享其他计算机上的硬件资源、软件资源和数据资源。为了简化计算机网络的分析与设计，有利于网络的硬件和软件配置，按照计算机网络的功能，逻辑上把计算机网络分为"资源子网"和"通信子网"两大部分(如图 1-16 所示)。

(1)资源子网

资源子网包括网络中所有的主计算机、I/O 设备和终端、各种网络协议、网络软件和数据库等。

资源子网主要功能是负责全网的信息处理，为网络用户提供网络服务和资源共享功能等。

(2)通信子网

通信子网主要包括通信线路(即传输介质)、网络连接设备(即通信控制处理机 CCP,communication control processor)、网络通信协议和通信控制软件等。其中，网络连接设备包括网络接口设备、网桥、交换机、路由器、网关、调制解调器和卫星地面接收站等。

通信子网主要功能是负责全网的数据通信，为网络用户提供数据传输、转接、加工和转换等通信处理工作。

(3)局域网、广域网的设备构成及区别

局域网中的资源子网主要由网络的服务器、工作站、共享的打印机和其他设备及相关软件所组成。通信子网由网卡、线缆、集线器、中继器、网桥、交换机等设备和相关软件组成。

广域网中的资源子网由构成广域网络中的所有主机及其外部设备组成，当然也包括局域网中的主机。通信子网由一些专用的通信处理机(即节点交换机)及其运行的软件、集中

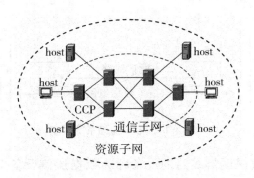

图 1-16 资源子网与通信子网

器等设备和连接这些节点的通信链路组成，同时也包括网络互联设备路由器。

另外，通信子网又可分为"点到点通信线路通信子网"与"广播信道通信子网"两类：

- 广域网主要采用点到点通信线路。
- 局域网与城域网一般采用广播信道。

由于技术上存在较大的差异，因此在物理层和数据链路层协议上出现了两个分支：一类基于点到点通信线路，另一类基于广播信道组网设备。

由于应用发展的起点不同，基于点到点通信线路的广域网的物理层和数据链路层技术与协议的研究开展比较早。而基于广播信道的局域网、城域网的物理层和数据链路层协议研究相对比较晚。

1.3.2 数据通信系统的基本模型

网络数据通信系统是通过数据电路设备将分布在异地的数据终端设备（包括计算机系统）连接起来，实现数据传输、交换、存储和处理的系统。典型的数据通信系统模型由数据终端设备 DTE、通信控制器、数据通信设备 DCE 三部分组成（如图 1-17 所示）。在计算机网络数据通信系统中，数据终端设备 DTE 和通信控制器就是组成计算机网络的主机和网络接口部分，而数据通信设备 DCE 和通信线路组成了计算机网络的传输信道。

（1）数据终端设备（DTE）

在数据通信系统中，用于发送和接收数据的设备称为数据终端设备 DTE（Data Terminal Equipment）。而现代计算机网络的数据通信系统中的数据终端设备主要是指组成网络的计算机与计算机相关的数字终端设备，例如计算机网络中的客户机、服务器等。

（2）通信控制器

一般来说，通信控制器是数据终端设备 DTE 接入通信系统中 DCE 设备的接口部件。作为接入网络的计算机系统来讲，通信控制器主要是指接入通信线路的串行口、并行口等，或直接接入网络的网络适配器——通常称为网卡。

通信控制器的主要功能是控制收发双方的同步、差错控制、传输链路的建立、维持和拆除及数据流量控制等。

（3）数据通信设备（DCE）

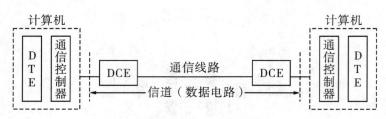

图 1 – 17　数据通信系统模型

用来连接 DTE 与数据通信线路的设备称为数据通信设备 DCE（Data Communication Equipment），该设备为用户设备提供入网的连接点，比如调制解调器 Modem、ADSL 等。这些设备的主要作用就是完成数字信号到通信系统传输信号的变换，以便将计算机系统接入通信线路。

如果传输线路是数字信道，传输数字信号时不需调制解调器，但 DTE 发出的数字信号也要经过某些变换才能有效、可靠地接入数字信道进行传输。

（4）数据电路与数据链路

数据电路是网络传输二进制比特流的信道，它由通信线路及其两端的数据电路通信设备（DCE）组成。

网络传输的数据电路一般分为三类：专用线路、交换网线路和数据分组交换线路，相应的数据电路的连接方式有专线连接、交换连接和虚电路连接三种。

● 专线连接

专线连接属专用线路的固定连接。通过专线连接的通信线路，在任何时候数据终端设备 DCE 都可以发送和接收数据，无须建立连接与拆除连接过程。

● 交换连接

交换连接是交换网线路的连接方式。交换网线路的通信需要通过呼叫过程建立连接、数据传输、通信结束后再拆除连接三个阶段。例如电话通信，通过拨打对方的电话号码，在交换网电路中临时建立一条物理连接的线路，等通话结束后再拆除这条临时物理连接的线路。

● 虚电路连接

虚电路连接属于分组交换线路的虚电路连接方式。数据分组是虚电路传输的独立对象，虚电路对分组的传输是一个存储转发过程，转发的依据是数据分组的头部信息中的目标地址信息。虚电路连接过程类似于交换连接的呼叫过程，使分组交换网建立一条通往目的站点的虚通道，如 ATM 异步通信分组交换网。

建立虚电路连接的呼叫过程称为虚呼叫（Virtual Calling），通过虚呼叫建立起来的逻辑通道称为虚拟线路（Virtual Circuit），简称虚电路或虚通路。

计算机网络通过通信子网建立的数据链路传输数据。计算机网络数据传输方式是典型的现代分组交换技术的重要应用。

数据链路是建立在分组交换技术基础上的，是通信双方的数据终端设备 DTE 的通信控制器通过呼叫通信线路建立连接形成的数字传输信道，通信线路可以是专用线路、交换网通信线路或分组交换网的虚拟线路（如图 1 – 18 所示）。

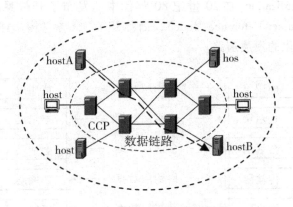

图 1-18 数据电路与数据链路

在计算机网络中，站点之间的通信是通过网络接口建立的数据链路实现的。

1.4 计算机网络的体系结构

1.4.1 协议的基本概念

协议（Protocol）是合作完成某项工作的双方必须遵守的规则或规约。在网络系统中，协议是用于描述进程之间信息交换过程的会话规则。通常构成协议的要素是多方面的，在计算机网络中，实现计算机通信的双方必须规定统一的数据格式，定义统一的通信控制命令，规划通信双方在时间控制方面的协调性和一致性。因而计算机网络中的协议由语法、语义、时序三个要素构成。

- 语法 是指传输数据和控制信息的结构或格式。
- 语义 是发出的某种控制信息规定完成的动作，或做出的某种响应。
- 时序 规定事件执行的顺序，以确定通信过程中通信状态的变化。

计算机网络的体系结构是以网络的通信协议来实现的。在网络的发展历程中，曾出现过多个网络操作系统以及不同的网络通信协议。如美国 Novell 公司 NerWare 网络操作系统，相应的网络协议是 IPX/SPX；起源于 AT&T Bell 实验室的 UNIX 网络操作系统，该系统支持 TCP/IP 网络协议；微软 Microsoft 公司开发的 Windows 网络操作系统同样支持 TCP/IP 网络协议以及美国 IBM 公司推出的 NetBIOS 网络协议。上述系统支持的多个网络协议具有不同的结构和功能，彼此独立互不兼容。为了实现网络通信，网络中的计算机必须配置相同的网络协议。

1.4.2 ISO/OSI 参考模型

为促进计算机网络技术的发展和标准的统一，国际标准化组织 ISO（International

Organization for Standardization）在 20 世纪 80 年代中期发布了开放系统互联参考模型 OSI（Open System Interconnect Reference Mode），简称 ISO/OSI 参考模型或 OSI。从此计算机网络的发展走上了标准化的发展道路。

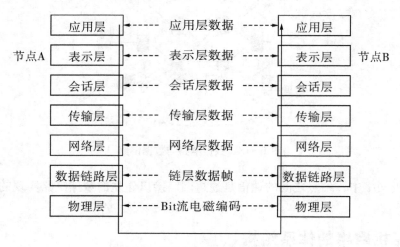

图 1-19 ISO/OSI 参考模型

ISO/OSI 参考模型把网络体系划分为七层（如图 1-19 所示），分别称为物理层、数据链路层、网络层、传输层、会话层、表示层和应用层。连接网络的计算机和设备一般称为节点，图 1-19 描述了网络节点 A 向节点 B 发送数据的过程。OSI 参考模型的分层结构表明：

- 网络中的各节点有相同的对应层。
- 同等层具有相同的功能。

为实现网络通信，同等层具有相同的协议，同等层协议数据单元 PDU 的格式相同。协议数据单元 PDU 是该层协议能够直接处理和传输的最小数据单位。

1.4.3 ISO/OSI 参考模型各层的主要功能

（1）物理层

发送数据时，物理层负责将数据链路层送来的比特流进行电磁信号的编码，经输入/输出接口、传输介质转发到接收数据的相邻节点。接收数据时，物理层负责接收来自传输介质的电磁信号，并将电磁信号的编码数据转换为比特流送到数据链路层。物理层为数据链路层提供节点实体的物理连接，同时规定了传输介质及其接口的物理特性及相关参数，包括电压、频率、数据传输速率等。

（2）数据链路层

数据链路层是在物理层传输数据流的基础上，在通信的实体之间建立数据链路，传送以帧为单位的数据帧。该层的差错控制、流量控制功能保证了数据帧的可靠传输。数据帧的一般格式如图 1-20 所示。

起始指示符	目标地址	源地址	控制信息	数据	差错控制信息

图 1-20 帧格式

帧中的地址是物理地址，通常称为 MAC(Medium Access Control)地址，MAC 地址唯一地标识了网络节点。该层涉及的其他内容还包括网络的拓扑结构和数据传输控制方法等。

（3）网络层

网络层主要提供了网络互联功能，主要任务是为互联网络中的两个通信的节点建立一条逻辑通道。为完成上述任务，网络层提供了路由选择和拥塞控制机制。

（4）传输层

传输层为上层提供了可靠的端到端(end-to-end)的数据传输服务功能，屏蔽了下层数据通信的细节。该层的主要功能是为通信的两个应用程序或进程之间建立、维护、中断虚电路，传输差错校验、恢复和流量控制等。

（5）会话层

会话层的功能是在通信的两个节点之间协商相应的通信参数，建立通信链路、进行数据交换和释放通信链路时提供某种会话控制的机制。会话层是在传输层的基础上提供增强性的会话服务，每个会话过程可分为三个阶段：

- 建立通信链路
- 数据交换
- 释放通信链路

会话层处理的数据是一个完整的数据流。

（6）表示层

为实现应用层数据安全、可靠的传输，表示层的主要功能是为应用层各种应用程序的不同类型的数据提供某种通用的数据格式。具体包括数据格式的变换、数据的加密与解密、数据的压缩与解压等功能。

（7）应用层

应用层是 OSI 参考模型的最上层，是应用程序与网络之间的接口层。应用层的基本功能有三个：

- 负责应用程序的两个进程之间的通信管理。
- 为应用程序提供基本的网络服务，包括文件的访问、传输和管理，以及虚拟终端、事务处理、文件目录服务，等等。
- 为应用程序提供网络通信的编程接口。

应用层为网络应用程序提供网络服务，并决定了网络应用的功能；网络应用程序为用户提供了网络操作的平台，计算机网络在各个领域的应用程序大多是在应用层开发的。

1.4.4 数据的封装与拆封过程

在分层的网络体系结构中，数据的传输是通过逐层处理和转发实现的。每一层的数据在转发到下一层之前，都要在数据的前面或后面添加一些与本层数据有关的属性或标志性的信息，以形成本层的协议数据单元 PDU。添加的这些信息称为协议数据单元 PDU 的头部信息或报头，添加这些信息的过程叫数据封装，被封装过的数据通常又叫数据包。一般的数据包格式如图 1-21 所示。

数据包的格式类似链路层的帧格式，而且每层都会用自己的头部信息对上层的数据进行封装。每层的数据包由两部分组成：头部信息和数据。

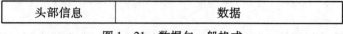

头部信息	数据

图 1-21　数据包一般格式

（1）头部信息

头部的封装信息的作用类似于信封上的地址，主要由地址信息或数据本身的属性构成，其作用就是为了让数据包能够在进程之间、节点之间或网络之间正确传输。

常见的头部信息由数据类型、传输协议、源地址、目标地址、有效时间、数据包长度、纠错校验码、控制信息或与该层协议相关的标志信息等构成。

（2）数据

数据包中的数据部分，是各层需要真正传送的信息，也是各层要封装的内容。OSI 参考模型的封装规则是：下层数据包中的"数据"是上层的"数据包"。

如图 1-22 所示，为了准确可靠地传输数据，发送端的每一层都会对上层的数据包进一步封装后转发到下一层，被封装后的数据包（协议数据单元 PDU）会成为下层数据包中的数据。在接收端，为恢复上层的数据包，各层必须除去本层数据包（协议数据单元 PDU）中的头部信息。因此，数据在网络的传输过程中经历了一个对数据包的封装与拆封过程。

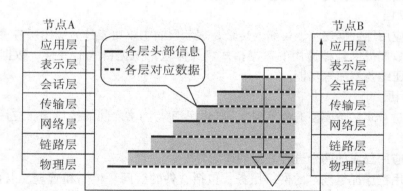

图 1-22　数据包的封装过程

1.5　TCP/IP 协议

1.5.1　TCP/IP 协议的体系结构

网络操作系统为了保持良好的兼容性，大多能支持多种网络协议或提供多种协议的编程接口。随着计算机网络的发展，TCP/IP 协议已成为通用的标准网络通信协议。

一、TCP/IP 协议

TCP/IP（传输控制协议/互联网协议）是在 20 世纪 70 年代美国国防部高级项目研究机构（DARPA）作为基金研究项目提出的。经过多年的研究，TCP/IP 协议有了很大的发展。在 20 世纪 80 年代初，因为 TCP/IP 协议具有优良的网络互联性和数据传输的高可靠性而得到了美国国防部的认可和推行。DARPA 一项重要研究成果就是 Internet，近几年 Internet 用 TCP/IP 协议在全世界传送信息、文件、电子邮件等获得了巨大成功，同时 TCP/IP 协议在 Internet 中的广泛应用成为实际的网络互联标准协议。经过不断的开发和完善，TCP/IP 协议得到了各种网络操作系统的广泛支持。

TCP/IP 协议首先用于 BSD UNIX，其次是 NetWare、Windows 等。TCP/IP 协议也是 Windows 2000 Server 网络操作系统支持的标准协议。

二、TCP/IP 协议的层次结构

TCP/IP 整体结构是四层的网络协议。从图 1-23 可以看出，TCP/IP 协议基本与 OSI 模型对应。

OSI 模型	TCP/IP 协议
应用层	进程/应用层
表示层	
会话层	
传输层	传输层
网络层	互联网层
数据链路层	网络接口层
物理层	

图 1-23　TCP/IP 协议与 OSI 模型

- 网络接口层与 OSI 模型中的数据链路层和物理层对应。
- 互联网层与 OSI 模型的网络层对应。
- 传输层与 OSI 模型的传输层对应。
- 进程/应用层与 OSI 模型的应用层、表示层和会话层对应。

TCP/IP 协议具有以下特点：

（1）TCP/IP 协议是一开放的标准协议

TCP/IP 协议独立于不同类型的网络硬件设备和网络操作系统。TCP/IP 协议可运行在不同类型的操作系统中，并支持不同类型的网络设备。TCP/IP 协议作为互联网的标准协议，可将不同类型的企业网进行无缝互联，运行 TCP/IP 协议的计算机可以接入配置 TCP/IP 协议的局域网、广域网和互联网中。

（2）高可靠的数据传输特性

TCP/IP 协议的另一特点表现为高可靠的数据传输特性。TCP/IP 协议的健壮性和可靠性在局域网、广域网或互联网中得到了广泛的应用。

（3）统一的地址分配方案

TCP/IP 协议确保在互联网中的每一个网络设备具有统一分配的唯一的地址——IP

地址。

（4）标准化的应用层协议

标准化的应用层协议可为用户提供通用的网络应用服务。

1.5.2　TCP/IP 协议各层的主要功能

TCP/IP 协议是各层子协议的总称。图 1 - 24 详细地描述了 TCP/IP 协议的体系结构，其中传输控制协议 TCP、用户数据报协议 UDP 和网际协议 IP 构成了 TCP/IP 协议的核心。所以 TCP/IP 也就成为这组协议的总称。

（1）网络接口层

TCP/IP 协议的网络接口层是由网络适配器硬件实现的，其主要功能是实现主机与主机之间的通信，传输以帧为单位的数据。网络中的主机由物理地址（MAC 地址）标识，在该层 TCP/IP 协议没有定义自己的网络类型。但 TCP/IP 协议通过标准的驱动程序接口，支持以太网 Ethernet、令牌环 TokenRing、光纤分布式接口 FDDI（Fiber Distributed Data Iterface）和其他类型的网络接口。

进程/应用层	SMB Telnet FTP DNS NFS http SMTP SNMP				
传输层	TCP		UDP		
互联网层			ICMP		RIP
		IP			OSPF
	ARP　RARP		IGMP		EGP
网络接口层	Ethernet TokenRing FDDI ATM等				

图 1 - 24　TCP/IP 协议的体系结构

（2）互联网层

互联网层的主要功能是为每一网络接口定义网络地址（IP 地址），然后完成 IP 数据报的转发和路由选择功能。IP 协议是该层的主要协议，其他协议是该层的辅助协议：

- ARP、RARP 是地址解析协议及逆地址解析协议。
- RIP、OSPF、EGP 是路由协议。
- ICMP 是网际控制报文协议。
- IGMP 是网际组管理协议。

辅助协议使网络层的功能得到了进一步的完善，无论是大型互联网还是小型互联网，网络层的辅助协议，都能很好地满足网络互联的需要。

（3）传输层

在 TCP/IP 协议中，传输层为应用层提供高效可靠的端到端的数据传输服务。TCP/IP 协议的传输层为上层的应用程序和进程提供了两种不同的传输协议：TCP 传输控制协议和 UDP 用户数据报协议。

- TCP 协议提供面向连接的、可靠的数据传输服务。
- UDP 协议提供无连接的、不可靠的数据传输服务。

（4）应用层

TCP/IP 协议在应用层支持许多标准的 Internet 服务，标准的 Internet 服务的通信是建立在 TCP/IP 协议上的。

- FTP（文件传输协议） 在互联网络的计算机之间传输和管理文件。
- Telnet（远程登录协议） 让用户登录到远程服务器。
- DNS（域名服务） 提供主机名到 IP 地址的解析功能。
- SMTP（简单邮件传输协议） 通过互联网络发送电子邮件。
- SNMP（简单网络管理协议） 管理网络设备。
- HTTP（超级文本传输协议） 该协议是 World Wide Web（WWW）的核心，用于传输和检索超级文本。
- NFS（网络文件系统协议） 运行 NFS Windows 平台能在不同系统的计算机之间共享文件，例如 UNIX、Linux 系统等。NFS 比 SMB 应用更广泛。

1.5.3　TCP/IP 协议对数据流的分段过程

数据分组技术是现代网络技术的基础，而 20 世纪 60 年代中期的美国国防部高级研究计划局 ARPA 的 ARPANET 网是现代网络的重要标志，因为 ARPANET 成功地应用了分组交换的概念与理论。分组交换技术成功地解决了计算机与各种终端之间传送速率不匹配问题；实现了网络数据流在不同类型、不同规格、不同速度的线路上的交换；提高了线路交

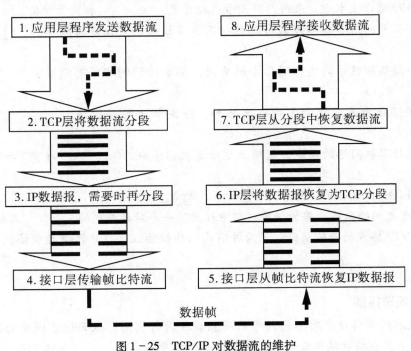

图 1-25　TCP/IP 对数据流的维护

换的效率和多路复用功能。图 1－25 描述了 TCP/IP 协议对数据流的分段过程。发送主机端数据流从协议栈自上而下流动，而接收主机端的数据流自下而上流动。在应用程序发送和接收数据的过程中，数据流经过了分段与分段的重组过程。

研究表明，当传输层的数据分组按照链路层的最大传输单元 MTU 分段时传输效率最高。TCP 在建立连接时，用网络的 MTU 确定"最大分段长度 MSS（Maximum Segment Size），最大分段长度一般要比 MTU 小 40 字节，这 40 字节保留容纳 TCP 和 IP 的头部信息。为支持附加的 TCP 选项，组合后的典型的 TCP/IP 报头可以是 52 字节或者更多。

RFC 1191 定义了 PMTU（Path Maximum Transmission Unit）Discovery 路径最大传输单元发现协议，目的就是在传输层将传输层的分组能够按照链路层的最大传输单元 MTU 进行分组。以太网标准规定链路层的最大帧长度为 1500 字节。

◄‖ 复习思考题 ‖►

一、填空题

1. _____是由通信线路、计算机和网络软件组成的资源处理与共享系统。

2. 通常计算机网络按照_____的大小可分为局域网 LAN、城域网 MAN 和广域网 WAN。

3. 通信的双方协同动作的控制技术叫做_____，只有在收发的两端同步工作时，才能避免传输的数据出错。

4. 经编码产生的带有数字信息的信号叫做_____。

5. 在串行通信技术中，采用两种同步传输方式：_____和同步传输。

6. 数字信号的基本编码方式有三种：不归零编码、曼彻斯特编码、_____曼彻斯特编码。

7. 对一般模拟信号的远程通信系统来说，基本的调制方式有调幅、_____和调相三种。

8. 数字信号的基本调制方式也有三种，分别称为幅移键控、_____键控、相移键控。

9. 按照计算机网络的功能，逻辑上把计算机网络分为"_____子网"和"通信子网"两大部分。

10. NetBIOS 和 NetBEUI 都不具备_____功能。

11. 节点之间的网络数据的传输过程中经历了一个对数据包的_____与拆封过程。

12. TCP/IP 协议的传输层提供了两种不同的传输协议：TCP 传输控制协议和_____协议。

二、单项选择题

1. 发送端的多路信号对不同频率的高频载波进行调制，从而使已调波的频谱分布在不同的频段上，在接收端用分频器分离出每一路信号以实现( )多路复用。

A. 时分   B. 频分

C. 波分   D. 码分多址

2. 接入计算机网络的客户机属于(　　)。

A. DTE   B. DCE   C. modem   D. ADSL

3. 在下面的 TCP/IP 协议中，不是应用层的协议是(　　)。

A. Telnet   B. http   C. FTP   D. ICMP

三、简答题

1. 用数字信号对高频信号进行调制的目的是什么？

2. TCP/IP 协议有哪几个特点？

3. 路径最大传输单元发现协议 PMTU 的作用是什么？

第二章　局域网

本章学习目标

● 局域网的基本概念、分类和 IEEE802 标准
● 局域网的拓扑结构、传输介质和介质访问控制方法
● 网卡、集线器和交换机的基本工作原理

2.1　局域网的基本概念

　　局域网技术是计算机网络技术的重要组成部分，局域网被广泛应用于办公自动化、企业管理信息系统、金融系统、银行系统和军事指挥等。因此，局域网建设和应用已成为各行业实现办公自动化的重要标志。

2.1.1　局域网技术的主要特点

　　在计算机网络的发展过程中，局域网技术的发展是最为迅速、应用最为广泛的领域之一。目前，局域网以其成熟的技术、丰富的应用软件而成为机关、企业管理的重要工具。以微型计算机为主要组网设备的局域网具有以下几个特点：

　　①信息传输采用基带传输方式。

　　通常把矩形脉冲信号的固有频带简称为基带。在网络通信中，二进制数据经编码变换成矩形脉冲的电磁信号后直接通过传输线路传输，我们把这种独占整个线路带宽的矩形脉冲数字信号的直接传输方式称为基带传输。基带传输方式不能实现传输线路的多路复用，同时因信号经过线路时衰减快而不能实现远距离传输。但采用基带传输方式的建网技术容易实现、组网设备简单、成本低、传输速率高，因此局域网数据传输方式采用基带传输方式。

　　②传输速率高。

　　近几年，局域网技术发展非常迅速，局域网传输速率得到了巨大提升。早期的局域网数据传输率为每秒 10 兆比特（10Mbps），快速以太网的数据传输率达每秒 100 兆比特（100Mbps），如果不需长距离传输，每秒 1000 兆比特（1000Mbps）的以太网端口也工作得很好。

　　③支持多种传输介质。

　　目前的局域网可支持多种传输介质。例如同轴线、双绞线、光纤、无线电电磁波等。

　　局域网技术主要有三个方面：拓扑结构、传输介质和介质访问控制方法。

2.1.2　局域网的拓扑结构

　　计算机网络的拓扑结构是由构成网络的计算机节点和网络互联设备节点与通信线路构成的几何图形。网络拓扑结构直接关系到网络硬件设备和网络软件系统，能较好地反映网络的特点和性能。局域网的基本拓扑结构有总线型、环型和星型三种。

　　（1）总线型拓扑结构

　　总线型拓扑结构是局域网中基本的拓扑结构之一。如图2－1a所示，每台计算机通过网络接口连接到一条公共的通信线路，这条公共的通信线路称为总线。图2－1b是总线型局域网的拓扑结构。在网络领域把连接网络的传输线称为传输介质，这种联网方式也称为"共享介质"传输方式。

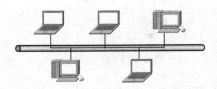 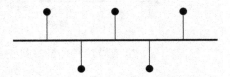

（a）局域网的总线型拓扑结构计算机连接　　（b）总线型局域网的拓扑结构

图2－1　局域网的总线型拓扑结构

　　最初的总线型局域网采用同轴线作为传输介质（如图2－1a所示），这种网络的总线就是一根同轴线，计算机通过网络接口、同轴线T型接头接到总线上。因而，总线型拓扑结构的局域网具有结构简单、组网灵活、可靠性高等特点。

　　由于共享总线的原因，总线型局域网的规模不宜太大。因为总线的带宽是固定的，所以随着网络中节点的数量增加，每个节点的平均传输速率会下降。

　　（2）环型拓扑结构

　　环型拓扑结构也是局域网的基本拓扑结构之一。图2－2a是环型局域网，图2－2b是环型局域网的拓扑结构。

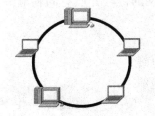 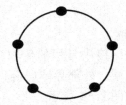

（a）环型局域网的计算机连接　　（b）环型局域网的拓扑结构

图2－2　环型局域网拓扑结构

　　环型结构的局域网是将每个节点计算机通过网络接口，用传输线进行点到点的连接，构成闭合的环型网络。环型局域网同样采用共享介质传输方式，环中的数据沿着一个方向绕环逐站传输，并且经过环上的每一个节点。环型网的主要缺点是当环中的某个节点出现故障时，将会终止整个网络的通信。另一方面与总线结构的局域网类似，同为共享传输介质，所以环型局域网的数据传输速率同样会因为网络规模的增大而下降。

（3）星型拓扑结构

星型拓扑结构的局域网是目前应用最为广泛、技术发展最具特色的局域网类型之一。如图2-3所示，星型结构的局域网是由中心节点的联网设备通过传输线与计算机的网络接口进行点到点连接形成的，中心节点联网设备可以是集线器或交换机。

星型结构的局域网采用点到点通信方式，中心节点是联网的核心设备，计算机之间必须通过中心联网设备传输数据。

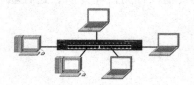

（a）星型局域网的计算机连接　　　（b）星型局域网拓扑结构

图2-3　星型局域网拓扑结构

该类型的局域网具有网络结构简单、高可靠性、高数据传输速率等特点。作为中心节点的联网设备一旦出现故障将会导致整个网络的瘫痪，但局域网中的个体计算机出现故障时不会影响整个网中的其他计算机正常工作。星型拓扑结构的局域网，计算机数据的传输率和网络的规模取决于中心节点的联网设备。

2.2　局域网传输介质及布线标准

2.2.1　局域网传输介质

传输介质是网络传输信息的媒质。通常用于局域网的传输介质有同轴电缆、双绞线和光纤三种类型。

（1）同轴电缆

同轴电缆是网络中常用的传输介质之一，同轴电缆由内导体、绝缘层、外部导体（屏蔽金属网）和外部绝缘保护层组成，如图2-4所示。

用于网络连接的同轴电缆有细缆和粗缆两种：

• 粗缆常用于总线结构的网络连接，可用于网络的型号有 RG-8 和 RG-11，电特性阻抗为50Ω。单网段粗缆最大长度为500m。

内部绝缘层

外层绝缘保护层　　　外导体

图2-4　同轴电缆结构示意图

• 细缆是用于总线结构网络连接的另一同轴电缆，型号是 RG-58A/U，电特性阻抗为 50Ω。单网段最大长度为 185m。

同轴电缆因外层的金属导电网对外部的电磁干扰信号有屏蔽作用，所以同轴电缆抗电磁干扰的性能好。为了扩大联网的范围，常用中继器将两个相邻网段级联起来，以达到延长网段的目的。用同轴线联网，最大级联的网段数不能超过 5 个网段。

（2）双绞线

目前局域网中应用的主要传输介质就是双绞线。图 2-5 是双绞线的结构示意图，双绞线实际是由 4 对（8根）绝缘导线组成的电缆，每对导线拧成有规则的螺旋形。实际的双绞线有屏蔽双绞线 STP（Shielded Twisted - Pair）和非屏蔽双绞线 UTP（Unshielded Twisted - Pair）两种结构。屏蔽双绞线在外层增加了屏蔽金属网，可有效地防止电磁干扰。在网络工程中主要应用的是非屏蔽双绞线 UTP，通常非屏蔽双绞线 UTP 的抗电磁干扰的性能已足以满足需要。

图 2-5　双绞线结构

双绞线具有较好的抗噪能力。双绞线传输的是平衡信号，平衡信号可以使双绞线中的一条线与另一条线上的信号对等；对等信号不仅能增强双绞线的抗噪能力，而且能够增加双绞线的传输距离。

美国电子工业联盟和电信工业联盟 EIA/TIA（Electronic Industries Association and Tele-communication Industries Associations）制定了非屏蔽双绞线 UTP 的标准，该标准将非屏蔽双绞线 UTP 划分为 5 类：

1 类双绞线只适用于电话传输，不适合数据传输。

2 类双绞线也只能用于电话传输，可传输数字数据，最高数据传输率为 4Mbps。

3 类 10BaseT 双绞线，传输最大距离 100m，最高传输速率 10Mbps。

4 类 10BaseT 双绞线，传输最大距离 100m，最高传输速率 16Mbps。

5 类 100BaseT 双绞线，传输最大距离 100m，最高传输速率 100Mbps。

（3）光纤

光纤是光导纤维的简称，是一种最有前途的高性能的网络传输介质。如图 2-6 所示，光纤由光纤芯、包层和外部保护层组成。光纤芯是直径为 50～100μm 的高纯度的石英玻璃纤维，具有较高的折射率。光纤芯的外包层是一种折射率较低的玻璃或塑料，这样光在光纤芯中传输时在光纤芯与外包层的交界面上形成全反射，保证了光纤的低损耗传输特性。

在光纤发送端主要采用两种光源：发光二极管 LED（Light - Emitting Diode）与注入型激光二极管 ILD（Injection laser Diode）；在接收端将光信号转换成电信号时要使用光电二极管 PIN 检波器或 APD 检波器。光载波调制采用振幅键控 ASK 调制方法，即亮度调制（Intensity Modulation），光纤传输速率每秒可达到几千兆比特。

光纤分为单模光纤和多模光纤两种：

● 单模光纤是指光信号仅与光纤轴成单个可分辨角度的单光束传输光纤。

● 多模光纤是指光信号与光纤轴成多个可分辨角度的多光束传输光纤。

单模光纤的传输性能优于多模光纤，单模光纤可以传输更远的距离。目前光纤传输距离可达 400km 以上。

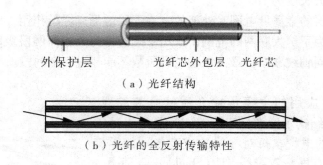

外保护层　　　　　　光纤芯外包层　光纤芯

（a）光纤结构

（b）光纤的全反射传输特性

图2-6　光纤结构与全反射传输特性

光纤具有低损耗、宽频带、高速率、低误码率、安全性好、抗电磁干扰能力强等特点。因此，光纤是最有前途的传输介质。

2.2.2　非屏蔽双绞线布线标准

如图2-7所示，非屏蔽双绞线 UTP 使用 RJ-45 接头连接计算机的网络接口或其他网络设备上的 RJ-45 接口。图2-7a 是 RJ-45 接口的插线顺序编号，图2-7b 带 RJ-45 接头的非屏蔽双绞线。

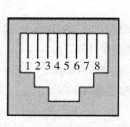　　　　　　　

（a）RJ-45接口　　　　　　　　　（b）带RJ-45接头的非屏蔽双绞线

图2-7　非屏蔽双绞线 UTP 与 RJ-45 接口图

橙白1
橙色2
绿白3
蓝色4
蓝白5
绿色6
棕白7
棕色8

图2-8　非屏蔽双绞线 568B 编号

图2-8是非屏蔽双绞线的线序编号，双绞线的线序编号是由美国电子工业协会 EIA 和美国通信工业协会 TIA 制定的布线标准——EIA/TIA-568A 和 EIA/TIA-568B。通常习

惯上是用 EIA/TIA –568B 标准制作直通电缆，图 2 –8 就是符合 EIA/TIA –568B 标准的直通电缆布线图。

表 2 –1 是双绞线 EIA/TIA –568A、EIA/TIA –568B 标准布线序号表。非屏蔽双绞线由 8 根线组成，每两根分为一对。因此双绞线是由 4 对线组成的，每一对线由一根白色线和一根彩色线构成。这 4 对线分别是橙白 –橙色、绿白 –绿色、蓝白 –蓝色、棕白 –棕色。橙白是和橙色绕在一起的白色线，绿白、蓝白、棕白也都是和相应的彩色线绕在一起的白色线。

表 2 –1　双绞线布线标准

标　准	线　序							
	1	2	3	4	5	6	7	8
EIA/TIA –568A	绿白	绿	橙白	蓝	蓝白	橙	棕白	棕
EIA/TIA –568B	橙白	橙	绿白	蓝	蓝白	绿	棕白	棕

双绞线 4 对线的序号可分别表示为：1 –2、3 –6、4 –5、7 –8 四对线。在以太网 10BASE –T 和 100BASE –TX 标准中规定，双绞线只有四根线是用来传输信息的（如图 2 –8 所示）。其中：1、2 线作为发送端线；3、6 线作为接收端线。

如图 2 –9 中所描绘的，为了使线路能够正常通信，在进行线路连接时，一设备的 RJ –45 接口的发送端线应该同另一种设备的 RJ –45 接口的接收端线相连。

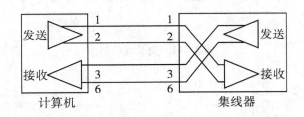

图 2 –9　直通线的制作

作为网线的非屏蔽双绞线主要用于网络的全双工通信方式，带有 RJ –45 接头的非屏蔽双绞线都是按照"全双工"工作模式制作的。

根据以太网对联网要求的不同和设备的不同，通常制作的 UTP 电缆有两种不同的排列：

- 直通 UTP 电缆，也叫直通网线。
- 交叉 UTP 电缆，也叫交叉网线。

（1）直通 UTP 电缆的制作

如图 2 –9 所示，由于集线器 RJ –45 接口的内部发送端线与接收端线进行了交叉，所以把计算机连到集线器时使用直通电缆。因此在组装局域网时，绝大部分使用的网线是直通 UTP 电缆。直通 UTP 电缆的制作方式是双绞线的两端用相同的布线标准，一般常用 EIA/TIA –568B 标准（如图 2 –10 所示）。

（2）交叉 UTP 电缆的制作

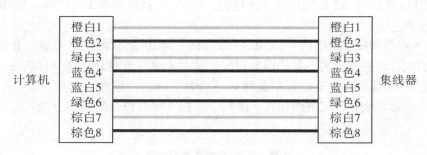

图 2-10　UTP 直通电缆排列顺序

在两个集线器级联时，如果使用集线器中普通的 RJ-45 接口级联，这时应使用交叉电缆。如图 2-11 所示，交叉电缆线的作用是把发送端的 1、2 线与接收端的 3、6 线相连，把发送端的 3、6 线与接收端的 1、2 线相连，如图 2-11 所示。

用交叉双绞线将两台电脑直接连起来，可直接形成最简单的最小的局域网。如图 2-12 所示，因为两网卡的 RJ-45 接口的布线相同，所以在制作网线时，要使得一接口的发送端与另一接口的接收端相接，就必须用交叉的双绞线电缆直接相连。

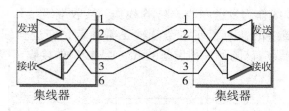

图 2-11　交叉线的制作

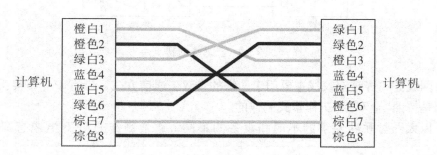

图 2-12　UTP 交叉电缆排列顺序

交叉线制作如图 2-12 所示，一端用 EIA/TIA-568A 标准，另一端用 EIA/TIA-568B 标准制作的网线就是交叉线。从图中可以看出：一端用 EIA/TIA-568B 布线标准，而另一端将该标准的 1-3，2-6 线位置换位后做出的网线就是交叉线。

在网络工程中，一般情况下连接同类型设备且有相同的 RJ-45 接口，使用交叉 UTP 电缆。不同类型设备有不同的 RJ-45 接口，使用直通 UTP 电缆。

（3）MDI/MDIX 接口类型

MDI(Media Dependent Interface)和 MDIX(Medium Dependent Interface cross – over)是以太网(Ethernet)设备的 RJ – 45 接口的两种不同类型的端口。

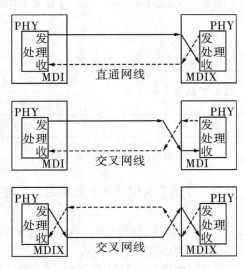

图 2 – 13　MDI/MDIX 接口类型

①以太网集线器、以太网交换机等集中接入设备的接入端口(access port)类型通常是 MDIX 型。

②普通主机、路由器等的网络接口类型通常为 MDI;

在许多集线器和交换机上都有一个上行口 uplink,上行口主要用于连接到另一个集线器或交换机,这种端口通常是 MDI 类型。

③异种接口互相连接时采用直通网线(Straight Forward Cable),而同种接口互相连接时采用交叉网线(Cross – Over cable)。如图 2 – 13 所示,端口 MDI 和 MDI、MDI – X 和 MDI – X 用交叉网线连接;而 MDI 和 MDI – X 端口则用直通网线连接。

④交换机和其他一些网络设备的以太网 RJ – 45 端口,大多具有智能 MDI/MDIX 识别技术,也叫端口自动翻转技术(Auto MDI/MDIX),这种技术可以自动识别连接的网线类型。具有端口自动识别和翻转的设备,用户不管采用直通网线还是交叉网线,系统均可以正确连接设备。

2.3　以太网的主要标准

1980 年 2 月,美国电气、电子工程师学会 IEEE 成立了局域网标准委员会,简称 IEEE 802 委员会。IEEE 802 委员会是专门从事局域网标准化工作的组织,该组织制定了局域网标准——IEEE 802 标准。

2.3.1　IEEE 802 局域网参考模型

IEEE 802 委员会为各种类型的局域网制定了标准,该标准所描述的局域网参考模型被称为 IEEE 802 模型。IEEE 802 参考模型与 OSI 参考模型的对应关系如图 2-14 所示，IEEE 802 参考模型与 OSI 参考模型的数据链路层和物理层对应，并将 OSI 参考模型的链路层分为逻辑链路控制 LLC（Logical Link Control）子层与介质访问控制 MAC（Media Access Control）子层。

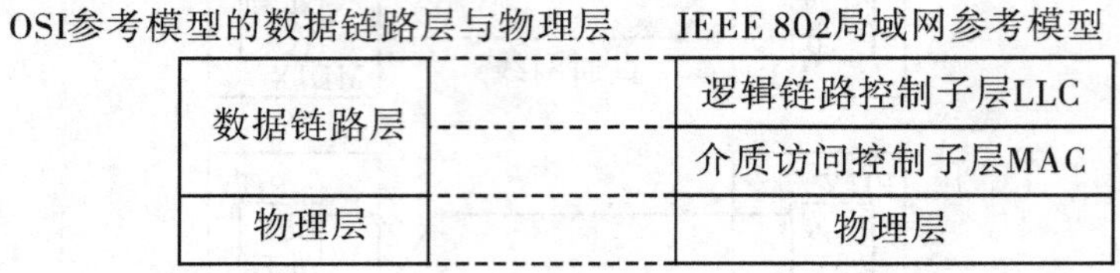

OSI参考模型的数据链路层与物理层		IEEE 802局域网参考模型
数据链路层		逻辑链路控制子层LLC
		介质访问控制子层MAC
物理层		物理层

图 2-14　IEEE 局域网参考模型

- 逻辑链路控制 LLC 子层主要用于实现排序、差错控制、建立和终止逻辑连接、提供与高层的数据接口等。
- 介质访问控制 MAC 子层的功能是实现组帧、寻址、控制和维护各种 MAC 协议、差错检测与校正，定义各种介质访问规则等。
- 物理层主要功能是规定二进制比特流的传输与接收、信号的电磁编码、规定网络的拓扑结构、传输介质及其网络传输速率。

2.3.2　IEEE 802 标准

IEEE 802 委员会为局域网制定了一系列 IEEE 802 标准，如表 2-2 所示。

表 2-2　IEEE 802 标准

IEEE 802 标准	主要功能描述
IEEE 802.1	规定了局域网体系结构，提供了网络互联、网络管理等高层协议的接口标准
IEEE 802.2	定义了逻辑链路控制 LLC 子层的功能与服务
IEEE 802.3	定义了以太网 CSMA/CD 总线介质访问控制 MAC 子层功能与物理层规范
IEEE 802.3u	规定了快速以太网 Fast Ethernet 标准，传输速率为 100Mbps
IEEE 802.4	定义了令牌总线 Token Bus 介质访问控制 MAC 子层功能与物理层规范
IEEE 802.5	定义了令牌环 Token Ring 介质访问控制 MAC 子层功能与物理层规范
IEEE 802.6	定义了城域网 MAN 介质访问控制 MAC 子层功能与物理层规范
IEEE 802.7	定义了宽带技术
IEEE 802.8	定义了光纤技术
IEEE 802.9	定义了综合语音与数据局域网 IVD LAN 技术
IEEE 802.10	定义了可互操作的局域网安全性规范 SILS
IEEE 802.11	定义了无线局域网技术
IEEE 802.12	定义了按需优先访问的 100Mbps Ethernet 技术

IEEE 802 各标准之间的关系如表 2 - 3 所示，局域网标准 IEEE 802.3、802.4 ～ 802.12 中的每一个标准是对应 MAC 子层、物理层标准，它们对应的 LLC 子层是同一个标准 IEEE 802.2。

IEEE 802.1 规定了局域网体系结构与网络互联接口标准，是一个对整个 IEEE 802 系列协议的概述，阐述了 IEEE 802 标准和开放系统基本参照模型（即 ISO/OSI 模型）之间的联系，解释这些标准如何和高层协议交互，定义了标准化的媒体接入控制层（MAC）地址格式，并且提供了一个标准用于鉴别各种不同的协议。

表 2 - 3　IEEE 802 各标准之间的关系

IEEE 802 模型	IEEE 802.1 局域网体系结构与网络互联接口标准					
LLC 子层	IEEE 802.2 逻辑链路控制 LLC 子层					
MAC 子层	802.3	802.4	802.5	802.6	802.9	802.11
物理层	CSMA/CD	Token Bus	Token Ring	城域网	语音、数据综合局域网	无线局域网

实质上 IEEE 802.1 是一组协议的集合，如生成树协议、VLAN 协议等。为了将各个协议区别开来，IEEE 在制定某一个协议时，就在 IEEE 802.1 后面加上不同的小写字母，如 IEEE 802.1a 定义局域网体系结构；IEEE 802.1b 定义网际互联，网络管理及寻址；IEEE 802.1d 定义生成树协议；IEEE 802.1p 定义优先级队列；IEEE 802.1q 定义 VLAN 标记协议；IEE 802.1s 定义多生成树协议；IEEE 802.1w 定义快速生成树协议；IEEE 802.1x 定义局域网安全认证等。

2.4　介质访问控制方法

2.4.1　分布式传输控制

传统的局域网属传输介质共享型局域网。在局域网中所有的节点通过一条公共的传输介质交换信息，控制网中的每个节点有效合理地使用公共传输介质构成了局域网的核心技术。无论是总线拓扑结构的局域网，还是环型拓扑结构的局域网均采用了分布式传输控制方式。所谓分布式传输控制就是把共享介质访问控制的功能分布在网络的每个节点上的介质访问控制 MAC 子层中。

介质访问控制 MAC 子层中的介质访问控制器 MAC（Media Access Controler）是局域网的心脏和灵魂，主要有三个功能：

- 决定节点发送数据包的时机。
- 将帧发送到物理层进行电磁信息的编码，然后发送到介质上。
- 从物理层接收帧，然后送给处理相应帧的协议和应用程序。

共享式局域网采用分布式传输控制有以下两个特点：

（1）局域网有较为灵活的扩展性

根据目前的网络技术，在网络中扩充若干节点或减少若干节点均不会影响其他节点正常工作。

（2）局域网有较强的适应性

整个网络并不因为个别节点出现故障而影响其他节点的正常工作，整个网络表现出了极强的适应性。

以上两个特点得益于分布式传输控制。基于分布式传输控制的介质共享式局域网其传输控制功能由每个节点自己完成，所以节点个体是否存在或是否出现故障，对整个网络的其他节点的正常工作是不会产生影响的。

对于不同拓扑结构的共享式局域网，IEEE 802 标准定义了以下类型的局域网介质访问控制方式：

- 总线型局域网的 CSMA/CD 介质访问控制方式。
- 总线型局域网的 Token Bus 介质访问控制方式。
- 环型局域网的 Token Ring 介质访问控制方式。

2.4.2　CSMA/CD 介质访问控制方式

目前应用最广泛的、发展最快的、技术上较成熟的局域网是以太网（Ethernet）。以太网是一以基带传输方式的共享总线型局域网，其核心技术是它的介质争用型访问控制方式，即带有冲突检测的载波侦听多路访问 CSMA/CD（Carrier Sense Multiple Access with Collision Detection）方式。

IEEE 802.3 标准是在 Ethernet 规范的基础上制定的。1980 年 9 月，Xerox、DEC、与 Intel 三家公司合作，首先公布了 Ethernet 的物理层、数据链路层规范；1981 年 11 月公布了 Ethernet V2.0 规范。根据 Ethernet V2.0 规范，IEEE 802 委员会制定了 IEEE 802.3 标准。

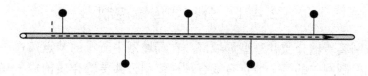

图 2-15　采用 CSMA/CD 方式的 Ethernet

如图 2-15 所示，以太网中所有的节点只能通过公共的总线交换数据。当某个节点要发送数据时，它只能以"广播"的方式将数据帧通过公共的总线发送出去。当某一节点向另一节点发送数据时，连接在总线上的所有的节点都能收听到发送的数据帧，但只有物理地址（MAC 地址）与发送数据帧中的目标地址相同的节点才接收数据帧。以太网可以通过广播方式发送三种类型的帧：单播帧、组播帧和广播帧。

某节点用另一节点的 MAC 地址作为目标地址向其发送的数据帧叫做单播帧。

某节点用 MAC 组地址作为目标地址向某一组节点发送的数据帧叫做组播帧。

某节点用全网广播地址作为目标地址向网上所有的节点发送的数据帧叫做广播帧。

因以太网采用了共享总线型的结构，所以在同一时间内以太网中只能允许一个节点发送数据帧。但在实际情况下，往往会出现几个节点同时争用总线发送数据的"冲突"现象。为了避免冲突对数据帧传输的影响，以太网采用了 CSMA/CD 介质访问控制方式。

处在同一个广播范围内的节点构成了一个广播域，能够直接发生冲突的范围叫做冲突域。因总线的带宽是有限的，所以广播域中的节点数不宜太多。随着广播域中的节点数的增加，以太网数据传输效率会降低，各节点发生冲突的机会会增加，严重时网络会出现拥塞现象。在网络流量不太大的情况下，CSMA/CD 规则非常有效。可将 CSMA/CD 规则概括为 4 点：

（1）载波侦听

以太网中的某个节点在发送数据帧之前先侦听总线上是否存在载波，载波的存在表明有其他节点正在通过总线发送数据，只有确认总线上无载波后节点才可发送数据。若侦听到载波，则待发送数据帧的节点必须等到发送数据帧的节点将一数据帧完整的发送出后，方可争用总线发送数据。

（2）冲突检测

CSMA/CD 规定：当总线上一帧数据完整地传输后，所有的有帧要发送的节点都必须等待一个很短的随机时间间隔后才可发送数据。因此，常常出现两个以上的节点同时开始发送数据帧，这种现象称为冲突。发送数据帧的节点在发送数据帧的同时检测冲突，将输出到总线上的信号与检测到的总线上的信号进行比较，若两者出现差异则说明冲突已发生；若两者相同，说明没有发生冲突，继续数据帧的发送直到本帧完整地发出。

（3）冲突恢复

若检测到冲突，发送数据帧的节点则发送一个 32 位的 JAM，并产生一个随机延迟时间间隔后再一次尝试数据帧发送。上述过程称为冲突恢复过程。CSMA/CD 规定最大恢复次数为 16，冲突超过 16 表明帧发送失败。

（4）接收处理

接收端将冲突造成的残帧和无效帧丢弃，将有效帧上传到上层协议进行处理。接收节点的 MAC 子层丢弃所有以下帧：

- 小于最小帧长度 64 字节（512 比特）。
- 无效的帧校验序列。
- 长度不是 8 位组的整数倍。

冲突是各节点竞争总线的结果，连在网上的所有节点都可争用总线，而不是顺从正在发送数据帧的节点。冲突是以太网的正常和预期的事件，因冲突出现的残帧也是在 CSMA/CD 规则预料之中的现象，所以冲突不是大问题。重要的是采用 CSMA/CD 方式的以太网工作起来非常有效，方法简单且容易实现。

2.4.3　Token Bus 介质访问控制方式

令牌总线（Token Bus）是总线型局域网的另一种介质访问控制方式，IEEE 802.4 标准定义了有关令牌总线介质访问控制规范。

Token Bus 适用于总线拓扑结构的网络。Token Bus 将连在总线上的节点初始化为一个逻辑环(如图 2-16 所示)，环上的节点按照地址从大到小的顺序构成闭合的环路，逻辑环与节点在总线上的物理位置无关。Token Bus 是一种利用"令牌"控制节点访问公共总线的确定型共享介质访问控制方法。

IEEE 802.4 标准规定有两种类型的帧格式：一类是维护网络正常工作的控制帧，另一类是数据帧。令牌是 Token Bus 控制类帧的一个特殊帧。在采用 Token Bus 控制方式的局域网中，任何一个节点在获得令牌后，在持有令牌的同时能够使用总线发送一个或多个数据帧。

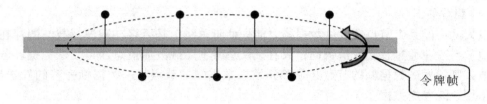

图 2-16　总线型结构的令牌环 Token Bus 逻辑环

令牌帧含有一个目的地址，逻辑环上的令牌是由每个节点沿逻辑环的顺序转发而存在的。只有当令牌经过某个节点时，该节点才能接收令牌帧并持有令牌帧。持有令牌帧的节点在发生下列情况时，必须交出令牌：

- 无数据帧发送。
- 已发送完所有的数据帧。
- 持有令牌的时间已到规定的最大令牌持有时间。

Token Bus 方式具有优先权控制功能，逻辑环优先级高的数据帧首先传送。比起 CS-MA/CD 介质争用方式，Token Bus 方式更符合实时数据的传输要求。Token Bus 方式不需要解决冲突问题，在信息流大的情况下，Token Bus 方式效率依然很高。

2.4.4　Token Ring 令牌环介质访问控制方式

早在 1969 年，贝尔实验室应用令牌环介质访问控制技术创建了 Newhall 网，但最有影响力的令牌环网是美国 IBM 公司于 1985 年推出的 IBM Token Ring。在此基础上，IEEE 802.5 标准制定了 Token Ring 令牌环介质访问控制规范。

如图 2-17 所示，环型结构的局域网是节点计算机用环型网络接口通过传输介质串接而成的一个闭合的环型网络。

Token Ring 令牌环介质访问控制规范定义了两类基本帧格式，即令牌帧和数据帧。在环型结构的网中，每个节点可担任收发数据帧的实体，同时也有转发数据帧的义务，而令牌帧是控制节点发送数据帧的关键。令牌帧有空令牌和忙令牌两个状态。当环中没有节点发送数据时，只有空令牌在环中流动。要发送数据帧的节点只有等到空令牌经过本节点时获得空令牌，把空令牌的状态改为忙令牌，并将数据帧嵌入忙令牌中形成一个完整的帧后发送到环的下一节点，节点一次可通过获得空令牌发送一或多个数据帧。

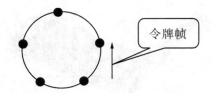

令牌帧

图 2-17 Token Ring 令牌环网基本工作过程

当数据帧在环上传输时，沿环节点检测数据帧中的目标地址是否与本节点地址相同：若相同则复制数据帧到缓冲区，然后将数据帧转发到下一节点；若不同则直接将数据帧转发到下一节点。所有的帧回传到源节点后由源节点撤销。

当本次发送的最后一数据帧沿环传回到源发送节点时，发送节点从环上撤销本次发送的数据帧，同时将令牌帧由忙令牌改为空令牌后发送到环上。

与令牌总线网类似，令牌环 Token Ring 介质访问控制方法同样具有优先级控制功能，优先级高的数据帧具有优先传输的特权。令牌总线网为广播式的传输方式，而令牌环网为点到点传输方式。在负载量大、实时性要求高的环境下，令牌环网仍然是较好的选择。同理，令牌环 Token Ring 属确定型介质访问控制方式，不需处理冲突问题。

2.5 以太网组网设备

以太网是由计算机通过网络适配器经传输介质连接到集线器或交换机构成的，就目前而言网络适配器、集线器和交换机是构成以太网的基本组网设备。

2.5.1 网络适配器

网络适配器又称网络接口卡（俗称网卡），节点计算机通过网卡接收和发送数据。如图 2-18 所示，每个网卡有自己的介质访问控制器，控制器的功能与介质访问控制 MAC 子层的功能密切相关。例如以太网网卡控制器将负责执行 802.3 标准规定的规则，如帧的构成、计算帧检验序列和执行编码译码转换等。因此，对应不同拓扑结构的网络应选用不同的网卡。以太网应选用以太网 CSMA/CD 控制方式的网卡；令牌总线网应选用令牌总线 Token Bus 网卡；环型网应选用令牌环 Token Ring 网卡。

一般网卡插在计算机主板的扩展槽中，不同的扩展槽对应不同的总线标准。目前常用的扩展槽总线标准有 ISA（工业标准体系结构）、EISA（扩展的工业标准体系结构）、MCA（微通道体系结构 Micro Channel）和 PCI（Peripheral Component Interconnect）体系结构等。相应的网卡也有 4 类：即 16 位的 ISA 卡，32 位的 EISA 卡、MCA 卡和 PCI 卡。

网卡的输入/输出接口的类型与接入网卡的传输介质的类型相对应，但特殊的网卡有多个不同类型的输入/输出接口，这种网卡可支持多种传输介质。目前网卡常用的输入/输出接口有以下几类：

• RJ-45 接口，用于双绞线构成的星型结构的以太网。按带宽可分为 10Mbit/s、100Mbit/s 快速以太网（Fast Ethernet）网卡、10M/100M bit/s 自适应网卡、1000Mbit/s 吉比

图 2-18　以太网网卡的结构示意图

特网卡。

- BNC 接口，用于细同轴电缆构成的总线型结构的以太网。带宽为 10Mbit/s。
- AUI 接口，用于粗同轴电缆构成的总线型结构的以太网。带宽为 10Mbit/s
- FDDI 接口，用于光纤传输介质构成的网络中。带宽为 100Mbit/s。
- ATM 接口，用于 ATM 异步传输模式的交换机构成的网络中。ATM 接口属一种光纤接口，其带宽达 155Mbit/s。

与通常的计算机外设安装相同，网卡在进行物理安装后还必须安装好网卡的驱动程序。网卡驱动程序在网络体系结构中占有重要的位置，它与网卡硬件共同完成 OSI 模型中数据链路层和物理层功能。一般来讲网卡驱动程序具有初始化网卡、控制网卡、在网卡与上层协议（软件）之间建立数据传输通道等功能。在安装好网卡的驱动程序后还必须设置好网卡的各项参数，网卡才能正常工作。一般网卡须设置的参数有以下几项：

- 中断请求 IRQ 号。
- I/O 端口地址。
- 网卡中数据缓冲区映射到内存的内存地址。
- DMA 通道号。

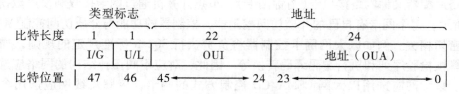

图 2-19　MAC 地址的结构

早期的系统须用户自己设置上述参数，如 Netware、Unix、Linux 等。在系统中网卡的参数不能与其他外设的参数相冲突。新一代的操作系统具有自动设置参数的功能（如 Windows 2000 Server 等），系统自己自动设置的网卡参数不会发生冲突。

每个以太网网卡都有一个内置的 48 位的 MAC 地址。与 IEEE 合作的厂商生产的网卡，其 MAC 地址是经 IEEE 注册权力机构统一注册的，确保这类地址不会与其他网卡的 MAC 地址发生冲突。

图 2-19 是 MAC 地址的结构示意图。类型标志 I/G = 0 的 MAC 地址属本网卡代表的节点地址，也叫单播地址；I/G = 1 的 MAC 地址是组播地址，而 48 比特全"1"的 MAC 地

址是广播地址。U/L 是通用或局部管理标志，当 U/L＝0 时的 MAC 地址是内置的且唯一的 48 位的节点地址；当 U/L＝1 时，MAC 地址的其他的 2～47 位可设置为需要的值，当然很少有软件需要手工设置 MAC 地址。22 位的组织唯一标识 OUI（Organizational Unique Identifier）是网络适配器生产厂商通过 IEEE 注册机构注册的生产商标识号，24 位的组织化唯一地址 OUA（Organizational Unique Address）是制造商可以生产的网络适配器的内置地址码。为确保 MAC 地址的唯一性，每注册一个 OUI 标识号可生产 600 万个以上的网卡。

2.5.2　集线器

集线器（HUB）是星型拓扑结构以太网的中枢设备（如图 2-20 所示），不仅具有将多个节点汇接到一起的能力，而且采用了模块化结构设计。利用集线器组网可优化网络的布线结构，提高网络的可靠性和扩充的灵活性，并且有利于网络的管理。

图 2-20　以太网集线器图

利用集线器构建的以太网是以星型拓扑结构进行连接的，但所提供的逻辑功能与总线拓扑结构的以太网完全相同。

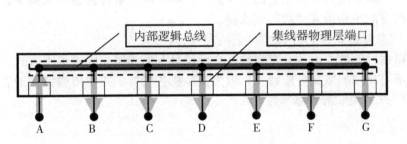

图 2-21　以太网集线器内部逻辑总线结构图

如图 2-21 所示，集线器是一个 OSI 模型的一层设备，集线器中连接到每一个节点的端口只处理 OSI 模型的物理层定义的电磁信号。因此，集线器端口与网络适配器（网卡）节点使用相同的物理层标准。一般集线器端口有以下功能：

- 能够以标准的方式接收与发送信号。
- 对失真的信号可恢复到原来的状态。
- 能够检测和处理连接节点的链路造成的错误。
- 可对出现冲突大的端口进行隔离处理。
- 如果某一节点发送超长帧，集线器会终止该节点的发送过程，这种情况叫做 Jabber。
- 每个端口能对接收到的信号进行放大和转发的中继功能。实际上集线器是一具有功能增强性的多端口的中继器。

集线器在同一时间内只能有一个端口可接收数据，并通过内部数据总线将接收到的数据包复制到其他所有的端口。集线器工作在物理层，既不对帧操作，也不对帧解码。其通信方式与总线型拓扑结构的以太网完全相同，属于广播通信方式。因此，集线器内部结构完全是一个逻辑的总线型结构，其介质访问的规则仍然是 CSMA/CD 方法。

普通的集线器一般都提供两类端口：一类是用于双绞线的 RJ‒45 端口，这类端口是集线器的主要端口，端口数可以是 8、12、16、24 等。另一类是可以连接粗缆的 AUI 端口和连接细缆的 BNC 端口，也可以是光纤连接端口。这类端口的数量并不多，其主要作用是在扩大网络的规模时将多个集线器级联成一个整体。普通集线器只支持 10Mbit/s 的端口速率，而快速以太网集线器的端口支持 100Mbit/s 端口速率。与普通集线器不同，快速以太网集线器只提供用于双绞线的 RJ‒45 端口和光纤端口。

用集线器组建的局域网与总线型网络有着共同的特点，就是共享总线和带宽。当网络中的节点数增大时网络通信的负荷会加重，同时冲突和重发现象将大量发生，严重时会发生网络拥塞现象。为了克服网络规模与性能之间的矛盾，可采取以下三种解决方法：

（1）高总线带宽

把传统集线器端口的速率从 10Mbit/s 提高到 100Mbit/s 或者 1000Mbit/s。无论是快速以太网还是千兆位以太网都保留了传统以太网（10Mbit/s 端口）的所有特征：即相同的帧格式、相同的介质访问控制 CSMA/CD 规则、相同的组网方法，不同的只是位于物理层的端口速率由 10Mbit/s 提高到 100Mbit/s、1000Mbit/s。

（2）分隔冲突域

用网桥、交换机、路由器将一个规模较大的以太网分隔为多个较小规模的子网。这样把一个大的冲突域分隔为各自独立的小冲突域，域中冲突事件将会大大减少，每个冲突域中的节点所拥有的平均带宽将会得到改善。

（3）将"共享总线式"以太网改为"交换式"以太网

交换式以太网的核心设备是交换机，交换机具有集线器相同的组网方式，但交换机还具有集线器不可比拟的数据传输特性，因为交换机各端口的并发传输特性彻底改变了传统的"共享总线"式的集线器传输特性。

2.5.3　以太网交换机

帧交换（Frame Switching）技术是一种在以太网中广泛使用的技术，在以太网建设中扮演着重要的角色。交换机技术由网桥技术发展而来，所以网桥技术是交换机技术的基础。

（1）网桥

总线式以太网组网规模比较小，随着组网规模的扩大，连在同一个网段上的节点增多，每个节点的平均带宽就小。当总线式网的规模增加后，网络性能会显著下降。为了改善以太网的性能，人们利用网桥将以太网分段以减少冲突。网桥对总线式以太网的改进不会改变原网络的广播域，而只是分割冲突域以改善提高原以太网的性能。

当以太网的规模增大后，也就增大了网络的广播域，同时也增大了网络的冲突域，从而使各节点之间冲突的机会大大增加。为了改善扩大网络规模给网络带来的负面影响，通常采用网桥对网段进行分割,这样既减小了网络的冲突域又不影响原网的有效通信范围,从而提高了网络的整体性能。如图 2-22 所示,用网桥分隔后的各网段中的各节点间发生冲突的现象大为改善。

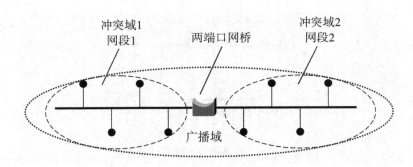

图 2-22 两端口网桥对以太网网段的分隔

网桥是一种两层设备,网桥在帧一级上操作,也是一种存储转发设备。网桥根据数据帧的目标地址决定数据帧是否需要转发。网桥将丢弃目标地址与源地址在同一冲突域中的数据帧,只转发目标地址与源地址不在同一个冲突域中的数据帧。所以网桥的这种按需转发数据帧的功能被称为帧过滤功能。利用网桥的数据帧过滤功能对以太网进行分隔,通过减小冲突域的方法使网络的数据传输效率得到提升。网桥的使用不需要配置,同时被网桥分段后的以太网仍然是一个整体。

网桥基本功能是过滤所有的单播帧,转发所有的组播帧和广播帧。对网桥来讲,广播域仍然是整个以太网。

构成网桥的核心部件是 CPU,网桥在 CPU 的控制下工作。大多数网桥只有一个 CPU,所以在同一时间只能处理一个数据帧。网桥存在的另一问题是端口数量少,更多端口的网桥需要更高处理能力的 CPU。

(2)交换机

交换机(Switch)的基本功能就是多端口的网桥功能。世界上的第一部交换机是由 Kalpana 开发出来的,现在是 Cisco System 的一部分。交换机的基本功能就是网桥的功能,但交换机对数据帧的处理不是来自 CPU,而是来自特定用途的集成电路

图 2-23 思科交换机

ASIC(Application Specific Integrated Circuit)。与网桥相比,交换机具有更多的端口、更快的速度和更高的性能,图 2-23 为思科交换机。

图 2-24 为交换机内部电路的结构示意图。交换机的端口与网络适配器或中继器的端口一样,每个端口都有一个接收端和发送端。端口的接收端和发送端在逻辑上都连接到纵横开关(Crossbar Switch)上。从图中可以发现,交换机内部的纵横开关的逻辑结构更适合过滤单播帧、转发组播帧和广播帧。交换机基本的工作原理是其内部设计有物理的纵横开关,通过对纵横开关的控制,交换机可同时在多个端口之间建立多个连接,以实现交换机的多端口同时发送数据的并发处理功能。

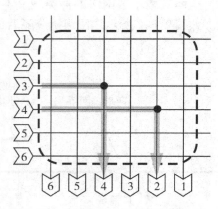

图2-24　交换机内部逻辑纵横开关

交换机与网桥的基本功能相同，要根据帧的目标地址做出转发和过滤的决策。与网桥不同的是交换机具有多端口并发处理能力，即可在多个端口之间同时提供多条路径，对数据帧进行过滤和转发。因而与网桥相比，交换机的工作速度非常快。

交换机一般有12、16、24个端口，快速以太网交换机端口的速率为100Mbit/s，其组网方式与集线器相同。为提高以太网的传输效率，常用交换机代替集线器组建快速的交换式以太网。

对于不同厂商生产的交换机，可能采用以下三种基本交换技术：

①直接（Cut-Through）交换

与集线器不同，帧交换机能直接对帧进行操作。交换机在做出转发决策之前，它必须检查帧的目标地址。这就意味着交换机至少要缓冲到目标地址到达才能做出转发或过滤数据帧的决策。所以说直接交换技术是转发反应时间最快的数据帧交换技术。这种交换机的工作方式是最快的，因为根据帧格式，缓冲一个数据包从开始到目标地址只需120bit左右的缓冲时间。但这样的帧交换会存在以下三个问题：

- 转发运行帧。
- 转发错误帧和残帧。
- 容易拥塞。

产生上述问题的道理很简单，在交换机转发帧的开始部分时，该帧的数据部分仍在接收中。

②准直接（Interim Cut-Through）交换

准直接交换是对直接交换的简单改进。由于冲突会造成不完整的残帧，所有残帧的长度都小于512bit。为避免残帧的转发，准直接交换将接收到的数据帧缓冲到512bit。在整个网络性能中，集线器和交换机本身的反应时间所起的作用很小。即使是大于512bit的反应时间与其他节点发生冲突造成的后退时间相比仍旧显得微不足道。准直接交换虽然避免了残帧的转发，但仍然不可避免转发错误帧。因为当准直接交换在能够检测到错误以前，已经做出了转发决策并开始转发。

准直接交换（Interim Cut-Through）常被称为无残帧直接交换（Runt-Free Cut-Through）或改进型直接交换（Modified Cut-Through）。

③存储转发(Store and Forward)交换

存储转发交换在帧被转发之前，整个帧被接收并保存在缓存中。这样解决了直接交换机的所有问题，残帧和错误帧永远也不会被转发。另外因为有足够的缓存保存接收到的数据帧，所以存储转发交换不像前面的两种直接交换那样容易发生拥塞，这也是存储转发方式最大的优点。

直接交换的缓存是一种先进先出的 FIFO 队列，存储转发交换在整个工作过程中没有必要维持所有的帧 FIFO 传送，但必须保证两个节点间发送的顺序。存储交换的另一优点是支持不同速率端口间的数据转发，其缺点是数据帧转发的反应时间正比于帧长度。

2.5.4　常见局域网类型

目前常见的局域网类型包括：以太网(Ethernet)、令牌环网(Token Ring)、光纤分布式数据接口(FDDI)网络、交换网(Switching)等。它们在拓扑结构、传输介质、传输速率、数据格式等多方面都有许多不同。其中应用最广泛的当属以太网，以太网是目前发展最迅速，也是最经济的局域网。

（1）以太网 Ethernet

Ethernet 是 Xerox、Digital Equipment 和 Intel 三家公司开发的局域网组网规范，并于20世纪 80 年代初首次出版，称为 DIX1.0。1982 年修改后的版本为 DIX2.0。这三家公司将此规范提交给 IEEE 802 委员会，经过 IEEE 成员的修改并通过，变成了 IEEE 的正式标准，并编号为 IEEE 802.3。Ethernet 和 IEEE 802.3 虽然有很多规定不同，但术语 Ethernet 通常认为与 IEEE 802.3 是兼容的。IEEE 将 802.3 标准提交国际标准化组织(ISO)第一联合技术委员会(JTC1)，再次经过修订变成了国际标准 ISO 802.3。

以太网是应用最为广泛的局域网，包括标准的以太网(10Mbit/s)、快速以太网(100Mbit/s)和 10G(10Gbit/s)以太网。它们都符合 IEEE 802.3。

（2）令牌环

令牌环是 IBM 公司于 20 世纪 80 年代初开发的一种网络技术，之所以称为环，是因为这种网络的物理结构是一环状结构。令牌环网上的多个站点逐个与环相连，相邻站点之间是一种点对点的链路。因此令牌环与广播方式的 Ethernet 不同，它是一种顺序向下一站点广播的 LAN。与 Ethernet 不同的另一个诱人的特点是，即使负载很重，仍具有确定的响应时间。令牌环所遵循的标准是 IEEE 802.5，它规定了三种操作速率：1Mbit/s、4Mbit/s 和16Mbit/s。

（3）FDDI 网络

光纤分布数据接口(FDDI)是目前成熟的 LAN 技术中传输速率较高的一种，传输速率高达 100Mbit/s，该类网络技术所依据的标准是 ANSIX3T 9.5。该网络具有定时令牌协议的特性，支持多种拓扑结构，传输媒体为光纤。使用光纤作为传输媒体具有许多优点：

●较长的传输距离，相邻站间的最大长度可达 2km，最大站点间的距离为 200km。

●具有较大的带宽，FDDI 的设计带宽为 100Mbit/s。

●具有对电磁和射频干扰的抑制能力，在传输过程中不受电磁和射频噪声的影响，也不影响其他设备。

• 光纤可防止辐射波的窃听，因而是最安全的传输介质。

◀◀ ‖ 复习思考题 ‖ ▶▶

一、填空题

1. 局域网基本的拓扑结构有＿＿＿＿、环型和星型三种。

2. 通常用于局域网的传输介质有同轴电缆、＿＿＿＿和光纤三种类型。

3. 以太网是一以基带传输方式的共享总线型局域网，其核心技术是它的＿＿＿＿型访问控制方式，即带有冲突检测的载波侦听多路访问 CSMA/CD（Carrier Sense Multiple Access with Collision Detection）方式。

4. 每个以太网网卡都有一个内置的 48 位的＿＿＿＿地址。

5. 交换机的三种基本交换技术是：直接交换、＿＿＿＿和存储转发交换。

6. 常见的局域网类型有＿＿＿＿、令牌环、FDDI 和 ATM 网。

7. 网桥对总线式以太网的改进不会改变原网络的＿＿＿＿，而只是分割冲突域以改善提高原以太网的性能。

二、单项选择题

1. 不能用于分布式传输控制的局域网联网设备是（　　）。

A. 集线器　　　　B. 网桥　　　　C. 交换机　　　　D. 调制解调器

2. 在以下组网的设备中，只有（　　）组建的局域网，具有相同的广播域和冲突域。

A. 交换机　　　　B. 网卡　　　　C. 集线器　　　　D. 网桥

三、简答题

1. 简述局域网的特点。

2. 为什么说交换机具有多端口并发处理功能？

第三章 组建以太网

本章学习目标

- 以太网组网设备
- 组建单集线器、多集线器以太网
- 组建交换式以太网

3.1 以太网组网设备的参数

以太网组网设备主要包括网卡、集线器、交换机、计算机，而连接以太网的传输介质构成了网络中各设备之间的传输数据的信道。

3.1.1 关于传输介质的物理层标准

(1)传统的以太网

传统的以太网 Ethernet 集线器接口支持 IEEE 802.3 协议的物理层标准有：

- 10BASE–5(粗缆)，阻抗 50Ω、使用 15 针的 AUI 连接器、最大电缆长度 500m、传输速率 10Mbps。
- 10BASE–2(细缆)，阻抗 50Ω、使用 BNC–T 连接器、最大电缆长度 185m、传输速率 10Mbps。
- 10BASE–T(非屏蔽双绞线)，使用 RJ–45 连接器、最大电缆长度 100m、传输速率 10Mbps。
- 10BASE–FP、10BASE–FB、10BASE–FL(光缆)，主要使用 ST 类型的插接件、最大光缆长度 500m、传输速率 10Mbps。

(2)快速以太网

快速以太网(Fast Ethernet)集线器接口支持 IEEE 802.3u 协议的物理层标准有：

- 100BASE–TX，支持五类非屏蔽双绞线 UTP 与一类屏蔽双绞线 STP。
- 100BASE–T4，支持三类非屏蔽双绞线。
- 100BASE–FX，支持二芯的多模或单模光纤。

快速以太网标准的数据传输速率为 100Mbps。双绞线的最大长度为 100m，使用 RJ–45 连接器；光纤的最大传输距离为 412m 左右，100BASE–FX 用 MIC–FC 或 SC 插接件。

(3)吉比特以太网

吉比特以太网支持的接口标准是 IEEE 802.3z 协议规定的物理层标准。

● 1000 BASE－T，采用超五类(5e)以上的 UTP 双绞线为传输介质，双绞线的最大长度为 100m。

● 1000 BASE－LX，采用单模光纤作为传输介质，光纤长度可达 3000m。

● 1000 BASE－SX，采用多模光纤作为传输介质，光纤长度可达 550m。

吉比特以太网的最大传输速率为 1000Mbps。

(4) 万兆以太网

万兆以太网支持的接口标准是 IEEE 802.3ae 协议规定的物理层标准。

万兆以太网采用光纤作为传输介质，支持全双工的通信方式，不再采用 CSMA/CD 介质访问控制方式，其最大传输距离为 40km，最高传输速率为 10000Mbps。

3.1.2 以太网网卡

以太网网卡是计算机接入以太网的最基本的部件级设备(如图 3－1 所示)。

(1) 网卡的类型

网卡是计算机接入网络的接口，也叫网络适配器。网卡的种类较多，根据不同的情况可选用不同类型的网卡。网卡可以按照以下几个方面分类：

● 根据传输方式可分为有线网卡和无线网卡。

● 按 照 网 速 可 分 为 10Mbps 、100Mbps 、1000Mbps 网卡。

图 3－1 以太网网卡的结构示意图

● 按照支持的传输介质类型可分为支持 RJ－45 接口的 UTP 非屏蔽双绞线网卡、支持 BNC 接口的同轴线网卡、连接粗同轴电缆的 AUI 接口的网卡，以及支持 FDDI 光纤分布式数据接口的光纤网卡。

● 按照网卡的安装部位可分为内置网卡和外置网卡，外置网卡是安装在计算机机箱外的网卡，而内置网卡是安装在机箱内主板的扩展槽中的网卡。

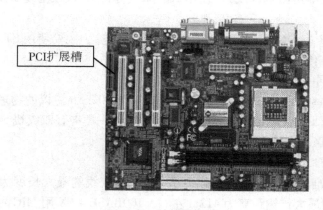

PCI扩展槽

图 3－2 计算机主板

图 3-2 是计算机主板,计算机的内置网卡就是插在主板的扩展槽中。主板上的扩展槽也叫总线,一般来讲主板的总线类型有以下几种:

16 位的 ISA 总线、32 位的 EISA 总线、IBM PS/2 微通道 MCA 总线,以及 32 位的 PCI 总线。因此相应的网卡也有上述四种总线类型的网卡。

选用网卡要考滤网卡的综合性能,比如可靠性、稳定性以及数据的缓存能力,工作时占用 CPU 资源的多少等等。

高质量的网卡稳定可靠,一般不会出现硬件故障,数据处理能力强,工作时占用 CPU 资源少。

(2)网卡的参数

网卡参数决定了网卡的主要性能,以 TP – LINK TG – 3201 为例,其主要参数包括:

- 适用网络类型:千兆以太网 / 传输速率:10/100/1000Mbps
- 总线类型:PCI
- 网络标准:IEEE 802.3、IEEE 802.3u、IEEE 802.3ab
- 网线接口类型:RJ45
- 全双工/半双工:全双工/半双工自适应

3.1.3 以太网集线器

集线器(Hub)是指将多条以太网双绞线或光纤集合连接在同一段物理介质下的设备。集线器工作在 OSI 模型中的物理层。它可以看做多端口的中继器,若它侦测到碰撞,它会提交 jam signal。

集线器通常会附上 BNC and/or AUI 转接头来连接传统 10BASE2 或 10BASE5 网络。

(1)集线器的特点

集线器属于端口共享带宽组网设备,且有以下两个显著特点:

①共享传输媒体的带宽。例如对于普通 10 Mbps 的共享式以太网,若共有 N 个用户,则每个用户占有的平均带宽只有总带宽(10 Mbps)的 $1/N$。

②以太网集线器的每个端口都直接与主机相连,并且一般都工作在半双工方式。

集线器是典型的物理层联网设备,集线器把输人的信号送到除了发出者之外的每一个连接的端口,这种广播通信方式造成信号之间碰撞的机会很大,而且信号也可能被窃听,因此大部分集线器已被交换机取代。

但是,集线器仍然是小型局域网建网的最佳选择,因为它具有结构简单、可靠性高、成本低的特点,图 3-3 是一款典型的具有 24 端口的集线器。

图 3-3 集线器 B – Link BL – HB24

(2)集线器的种类

●被动型集线器(Passive Hub)，集线器不需连接电源，因此网络信号随距离衰减，只适用于短距离的网络连接。

●主动型集线器(Active Hub)，集线器需连接电源，可加强信号强度(整形放大)。

●集线器具有 Up Link 上行接口，此类集线器可级联成树状结构。

(3)集线器的参数

与网卡相同，集线器也有其相应的参数，对集线器来讲，最主要的参数就是端口类型和端口数量及端口速率。例如，型号为 B - Link BL - HB24 的集线器的详细参数如下：

●设备类型：24 口双 BNC 集线器(不可堆叠，堆叠是一种级联方式)

●传输速率：10Mbps

●端口类型：RJ - 45 / 端口数：24 个 RJ - 45，2 个 BNC 同轴电缆线接口，1 个 AUI 接口

●网络标准：符合 IEEE 802.3，10Bset - T，10Bset - 2

3.1.4 以太网交换机

1990 年问世的交换式集线器(Switching Hub)，可明显地提高局域网的性能。交换式集线器常称为以太网交换机(Switch)或第二层交换机，因为交换机是工作在数据链路层的设备。

以太网交换机的主要功能是：分割网段、减小冲突域、多端口并发传输。

(1)以太网交换机的特点

以太网交换机具有以下两个特点：

①以太网交换机的每个端口可直接与主机相连，并且一般都工作在全双工方式。

②交换机能同时连通许多对端口，使每一对相互通信的主机都能像独占通信媒体那样，进行无冲突的传输数据。

因此，交换机多端口并发传输数据的能力是提高以太网传输性能的最佳联网设备，是集线器的最佳替代产品。如果把集线器的数据传输能力比做十字路口，那么交换机就是立交桥。图 3 - 4 是型号为 H3C S1024R 的

图 3 - 4　H3C S1224R 交换机

交换机，其外形与集线器相同，但其内部的矩阵开关电路与集线器内部的放大功能相比，已产生了质的飞跃。

(2)以太网交换机的参数

同集线器一样，交换机也有自己的参数，下面列出了以型号为 H3C S1224R 交换机的详细参数，以供学习时参考。

H3C S1224R 详细参数：

●产品类型：千兆以太网交换机 / 应用层级：二层

●传输速率：10/100/1000Mbps / 交换方式：存储 - 转发

●背板带宽：48Gbps / 包转发率：35.71Mbps / MAC 地址表：8K

●端口结构：非模块化 / 端口数量：24 个

- 端口描述：24 个 10/100/1000Mbps 自适应以太网端口
- 接口介质：10Base – T：3/4/5 类双绞线 / 100Base – TX：5 类双绞线
- 传输模式：全双工/半双工自适应
- 网络标准：IEEE 802.3，IEEE 802.3u，IEEE 802.3ab

3.1.5　计算机

计算机是构成以太网的主要设备，是属于计算机网络的资源子网部分。接入计算机网络的计算机类型可以是巨型机、大型机、小型机、微型机和笔记本电脑。按照连入网络中的作用来分，可分为服务器和客户机。一般来说，服务器对计算机的硬件性能要求很高，而客户机对计算机的硬件性能要求可根据实际需要来决定，只要能满足网络应用的需要，笔记本电脑也可以。

（1）服务器

服务器要配置性能高的 CPU，大容量、速度快的内存和外存，只有这样的服务器才能符合大吞吐量的需求。图 3 – 5 所示的是一款联想集团生产的服务器，表 3 – 1 中的详细参数说明了一切。

图 3 – 5　联想 ThinkServer RD630 S2609 4/1THROD

表 3 – 1　**联想** ThinkServer RD630 S2609 4/1THROD **详细参数**

基本参数	产品类别：机架式 / 产品结构：2U
处理器	CPU 类型：Intel 至强 E5 – 2600 / 型号：Xeon E5 – 2609 / CPU 频率：2.4GHz 标配 CPU 数量：1 颗　（最大 CPU 数量：2 颗、制程工艺：32nm） 三级缓存：10MB / 总线规格：QPI 6.4GT/s CPU 核心：四核/ CPU 线程数：四线程
主板	扩展槽：2 × PCI – E 3.0 x16 / 3 × PCI – E 3.0 x8
内存	内存类型：DDR3 / 容量：4GB / 描述：4GB RDIMM DDR3 1333MHz 内存 内存插槽数量：20 / 最大内存容量：320GB
存储	硬盘接口类型：SATA / 标配硬盘容量：1TB 硬盘描述：1 块 1TB 3.5 英寸热插拔 7200 转 SATA 硬盘 内部硬盘架数：最大支持 8 块 3.5 英寸硬盘或 16 块 2.5 英寸硬盘 磁盘控制器：RAID 500 卡 / 热插拔盘位：支持热插拔 光驱：Slim DVD – RW / 软驱：USB 闪存式软驱(可选)

计算机网络技术

网络	网络控制器：双端口千兆网卡，单端口管理千兆网卡
显示系统	显示芯片：集成显卡
接口类型	标准接口：3×RJ45 网络接口（1 个为管理接口） 8×USB 接口（2 个前置，4 个后置，2 个内置）／1×串口／2×VGA 接口

（2）普通客户机

在计算机网络中的客户机一般不需要太高档次，配置的档次以够用为好，这样会使有限的资金资源得到合理的配置；同时要注重提升网络的整体性能，应该尽可能地提升服务器、交换机、路由器等组网设备的性能。图 3－6 是联想集团生产的一款笔记本电脑，其性能完全能够符合一般自动化办公的需要。其参数如表 3－2 所示。

图 3－6　联想昭阳 K49A 笔记本电脑

表 3－2　联想 K49A（i7 3520M/4GB/750GB/SSD）详细参数

处理器	CPU 系列：英特尔 酷睿 i7 3 代系列（Ivy Bridge） CPU 型号：Intel 酷睿 i7 3520M/ CPU 主频：2.9GHz / 最高睿频：3600MHz 总线规格：DMI 5 GT/s 三级缓存：4MB 核心类型：Ivy Bridge/（核心/线程数：双核心/四线程） 制程工艺：22nm/指令集：AVX，64bit/功耗：35W
存储设备	内存容量：4GB/类型：DDR3 1600MHz 插槽数量：2xSO－DIMM/最大内存容量：8GB 硬盘容量：16GB＋750GB/硬盘描述：SSD＋5400 转，SATA 光驱类型：DVD 刻录机（内置）/光驱描述：Rambo
显卡	显卡类型：双显卡（独立＋集成） 显卡芯片：NVIDIA Quadro NVS 5400M ＋ Intel GMA HD 3000 显存容量：2GB/类型：DDR3/显存位宽：128bit 流处理器数量：96 DirectX：11

3.2　集线器网络的构成

传统的以太网是以集线器为核心设备构建的，主要由三部分构成：一是传输介质；二是属于通信子网的联网设备——集线器；三是联网的计算机。

3.2.1　双绞线网线的制作

非屏蔽双绞线的制作是以太网组网环节中的一个基本环节，其主要过程就是将 RJ－45 水晶头与非屏蔽双绞线做成与图 3－7 相同的网线。

（1）双绞线布线标准

双绞线制作规则就是要求我们在制作网线时，要严格遵守国际布线标准 T568A、T568B，这样制作的网线在网络工程中便于使用和维护。

图 3－7　双绞线网线

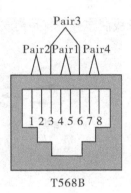

图 3－8　双绞线布线标准

图 3－8 所示的是 T568A、T568B 布线标准的示意图，用文字可表述如下：

T568A：白绿/绿/白橙/蓝/白蓝/橙/白棕/棕 1 2 3 4 5 6 7 8

T568B：白橙/橙/白绿/蓝/白蓝/绿/白棕/棕 1 2 3 4 5 6 7 8

（2）双绞线的两种布线方法

● 交叉线制作

交叉线制作方法，是在双绞线的两端用不同的布线标准：一端用 T568A，而另一端用 T568B。

交叉线主要用于计算机连计算机、集线器普通端口的级联、交换机普通端口的级联。

● 直通线制作

直通线制作方法，是在双绞线的两端用相同的布线标准：两端同用 T568A 或同用 T568B，通常习惯上多用 T568B 标准。

直通线主要用于计算机连集线器、计算机连交换机，或集线器通过上行口的级联，或交换机通过上行口的级联。

（3）制作双绞线的工具

如图 3－9 所示，制作网线的主要工具是网线制作钳和网线测试仪。网线钳可用来剥双绞线、剪切双绞线头（使双绞线线头整齐）、压制双绞线与水晶头结合。测试仪可用来测试网线通断情况，通过测试仪上面的指示灯的闪烁，可明确地测试网线中每根线的通断情形，从而可以判断出制作的双绞线是否合格。

（4）双绞线制作材料

计
算
机
网
络
技
术

（a）网线制作钳　　　　　　　　　（b）网线测试仪

图 3-9　网线制作工具

双绞线制作材料就是构成网线的双绞线和水晶头，如图 3-10 所示。

（a）双绞线　　　　　　　　　（b）水晶头

图 3-10　双绞线网线制作材料

（5）双绞线网线的制作步骤

①用网线制作钳剥离电缆的护套，剥离长度约为 3cm。

②将 4 对双绞线按照网线的布线标准顺序排列整齐（按 T568A 或 T568B 标准）。

③将芯线压平压直，使芯线排列整齐后，用斜口钳剪去长出的芯线，并使剩余芯线长度整齐一致（约 1cm）。

④将整齐一致的线芯插入水晶头线槽，注意一定要保证插入到位，如图 3-11 所示。

⑤用压接钳压接水晶头上面的金属片，使芯线的导体和水晶头的金属片电气导通良好。

⑥用网线测试仪检验网线中所有的压接芯线是否导通（如图 3-12 所示）。

图 3-11　将网线插入水晶头线槽　　　　　图 3-12　用测试仪测试网线

3.2.2 单集线器构成的简单以太网

集线器是对以太网进行集中管理的最小单元。如果网络的规模不大，需要联网的计算机又比较集中，使用单一集线器进行组网是较好的解决方案。

图 3 - 13 是一个单一集线器结构的以太网，采用直通 UTP 电缆直接将安装网卡的计算机连接到集线器构成。目前大多集线器接口支持双绞线的 RJ - 45 接口，用双绞线组网成本低、技术成熟、可靠性高。传统以太网集线器的端口速率为 10Mbps，快速以太网集线器的端口速率是 100Mbps，组网时应选用与集线器端口速率一样的网卡。

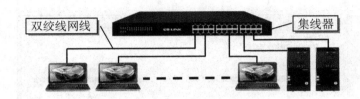

图 3 - 13 单一集线器结构的以太网

单集线器结构的以太网，其规模受到单集线器端口数的限制，因此单集线器构成的局域网只适应小规模的办公网络。

一、网卡驱动程序的安装

驱动程序是一种允许计算机与硬件设备之间进行通信的软件。没有驱动程序，连接到计算机的设备（如鼠标或外部硬盘驱动器）无法正常工作。Windows 可以自动检查是否存在可用于连接到计算机的新设备的驱动程序。

Windows 7 只需通过将硬件或移动设备插入计算机便可安装大多数硬件或移动设备，并自动安装合适的驱动程序（如果可用）。如果驱动程序不可用，系统会提示您插入可能随硬件设备附带的软件光盘。

现代计算机基本上配有内置网卡，例如笔记本电脑、服务器等。要让网卡正常工作，必须安装相应的网卡驱动程序，然后检验网卡的有效性；在所有联网的计算机接入集线器或交换机后，要进行连通性测试。下面以 Windows 7 为例，介绍网卡驱动程序的安装过程。

（1）网卡驱动程序的安装步骤

首先将操作系统光盘插入光驱中，或将网卡厂方提供的驱动程序光盘插入光驱，然后按下述步骤操作。

①在"控制面板"中，单击"设备管理器"图标，右键单击"计算机名"（如图 3 - 14 所示），单击选择"添加过时硬件（L）"，在"添加硬件"对话框中选择"安装我手动从列表选择的硬件（高级）（M）"，手动安装驱动程序。

②在图 3 - 15 中选择已安装的网卡，按照向导提示单击"从磁盘安装"命令按钮，直到网卡驱动程序安装结束。

③网卡驱动程序安装的有效性检验，可通过单击"控制面板"中"网络和共享中心"图

计
算
机
网
络
技
术

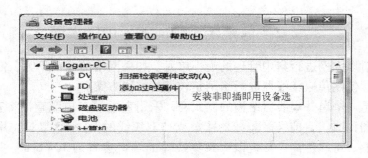

图 3-14　添加硬件向导

图 3-15　添加硬件安装对话框

标，打开"网络和共享中心"工作窗口(如图 3-16 所示)，单击图 3-16 左侧"更改适配器设置"打开"网络连接"窗口(如图 3-17 所示)。

　　④正确安装驱动程序的网卡，其"本地连接"图标会出现在"网络连接"的窗口中，如果安装的驱动程序有问题或者出错，相应的"本地连接"图标不会出现在"网络连接"的窗口中。

　　如果网线不通，在"网络连接"中的"本地连接"图标上会出现红色的"叉"。如果驱动程序和网卡的硬件有兼容性问题，会在"网络连接"的窗口中，出现黄色的警告标志的"本地连接"图标。

　　(2)连通性测试

　　当一个简单的以太网的硬件、软件及网卡的驱动程序安装成功后，首先要进行的工作是网络的连通性测试，只有经过连通性测试后，才能表明组建的网络工作正常。

　　在 Windows 系统中，常用 Ping 命令来测试网络的连通性，其前提条件是在安装操作系统时，一定要安装 TCP/IP 协议。可以用下面的方法查看 TCP/IP 协议的安装情况：

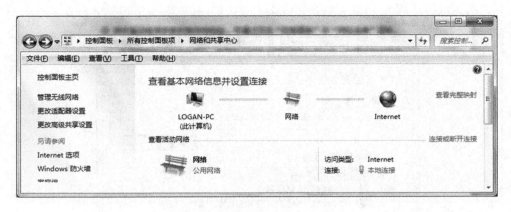

图 3-16　网络和共享中心窗口

图 3-17　网络连接

STEP 1 单击图 3-16"网络和共享中心"窗口中的"本地连接"图标，弹出"本地连接状态"对话框。

STEP 2 单击"本地连接状态"对话框中的"属性"命令按钮，弹出图 3-18"本地连接属性"对话框。

STEP 3 在图 3-18 中，可看到 TCP/IP 协议已被正确安装，选择"Internet 协议版本 4(TCP/IPv4)"，单击"属性"命令按钮，弹出"Internet 协议版本 4(TCP/IPv4)属性"对话框（如图3-19所示）。

STEP 4 在"Interner 协议版本 4(TCP/IPv4)属性"对话框中正确配置 IP 地址后（参见第五章 IP 地址），我们就可以用 Ping 命令进行以太网连通性测试。

STEP 5 在图 3-20 命令窗口中显示的内容是执行命令 Ping 10.160.1.20 的测试结果，其中 10.160.1.20 是网中另一台计算机的 IP 地址。在一台计算机分别用 Ping 命令测试每一台计算机，如果 Ping 命令执行的结果与图 3-20 相同，则表明所有联网的计算机硬件、软件都工作正常。图 3-20 中的统计结果表明：数据包：已发送 =4，已接收 =4，丢失 =0 <0% 丢失 >。

即 Ping 命令向目标主机发送了 4 个数据包，并且目的主机返回了 4 个数据包，同时告知丢失的数据包的个数为 0。因此，这台计算机通信正常，而且具有较高的可靠性。

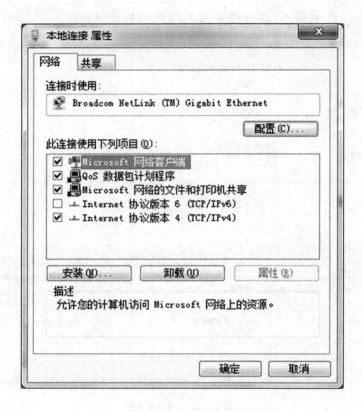

图3-18　本地连接的属性对话框

二、基本网络服务

计算机网络的基本网络服务就是文件和打印机共享服务，要配置某些网络的服务功能需要以 Administrators 组成员身份登录网络中的服务器或客户机。

Microsoft 操作系统通过服务器消息块 SMB 协议，实现计算机之间的文件和打印机共享功能。SMB 协议定义了一系列的用来在计算机之间传递消息的命令，如会话控制、文件、打印机和邮件等。SMB 协议的新版名称为 Internet 通用文件系统 CIFS，通过 CIFS 协议用户可访问远程计算机中的文件。

"Microsoft 网络的文件和打印机共享"组件允许网络上的其他计算机通过 Microsoft 网络访问本地计算机资源，以实现 Microsoft 网络的文件和打印机共享。

如图 3-21 所示，默认情况下 Windows 系统将安装并启用该组件，每个使用 TCP/IP 的连接都会启用该组件，支持文件和打印机共享功能。

（1）安装打印机共享服务

在图 3-22 中所示的是共享打印机系统，只有打印服务器连接有一台打印机，而其他计算机没有连接打印机，但这些没有直接连接打印机的计算机，可以配置为打印服务器的客户机，以便共享打印服务器所连接的打印机。如果用 Windows 7 操作系统，安装共享打印机服务需要以下两个步骤：

①安装打印服务器，打印服务器安装可以有以下两种方法选择：

图 3 - 19　Internet 协议版本 4 (TCP/IP) 属性

图 3 - 20　Ping 命令测试连通性

● 先在打印服务器上添加打印机，然后设置打印机共享属性。

● 在打印服务器上添加打印机的同时，在选项中直接选择安装网络打印机，使安装的打印机成为网上共享的打印机，其实质就是共享打印机。

②在打印客户机上添加网络打印机，其操作与通常添加打印机过程相同，只是在安装过程中进行选项时，注意选择打印服务器上安装的"共享（网络）打印机"。

经上述步骤安装后，如果打印服务器和打印机正常开机，客户机产生的打印作业将由连接到打印服务器上的打印机打印，步骤如下。

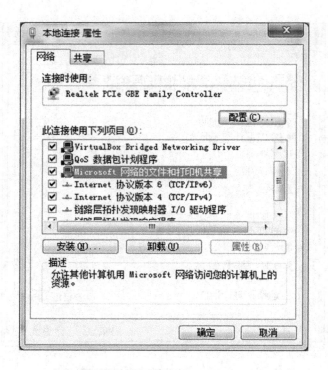

图3-21 文件和打印机共享协议

（a）共享打印机 （b）打印服务器 （c）打印客户机

图3-22 共享打印机

①在"打印服务器"上"添加打印机"，设置"共享打印机"。

STEP 1 通过单击"开始"按钮 ，然后在"开始"菜单上单击"设备和打印机"，打开"设备和打印机"。然后单击"添加打印机"按钮→"添加本地打印机 L"……。安装后的"本地打印机"如图3-23所示。

STEP 2 在"设备和打印机"窗口（图3-23）中右键单击要共享的打印机，然后单击"打印机属性"。单击"共享"选项卡，选中"共享这台打印机"复选框（如图3-24所示）；单击"安全"选项卡，添加 Everyone 用户组并设置打印权限（如图3-25所示）。

②安装打印服务器的客户机。

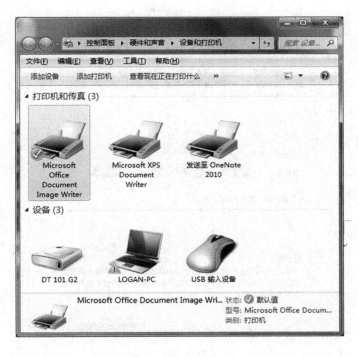

图 3 – 23 　添加打印机

STEP 1 通过单击"开始"按钮，然后在"开始"菜单上单击"设备和打印机"，打开"设备和打印机"窗口(如图 3 – 23 所示)。

STEP 2 在"设备和打印机"窗口(如图 3 – 23 所示)单击"添加打印机"。

STEP 3 单击"添加网络、无线或 Bluetooth 打印机"，在"添加打印机"对话框中选择"共享的打印机"(如图 3 – 26 所示)，单击"下一步"然后按照向导提示进行操作，即可完成打印客户机的安装。

(2)在网络上共享驱动器或文件夹

"文件共享服务器"是网络操作系统提供的基本服务功能之一。与共享打印机相同，这种服务是基于文件和打印机共享协议 SMB 的。在 Windows 操作系统上，只要设置驱动器或文件夹的属性为共享，此计算机就成了"文件共享服务器"，在网上的其他计算机，只要和此计算机在同一个网段中，并且具有该计算机的用户账户、密码和共享权限，就可以在本机中共享"文件服务器"上的某个"共享驱动器"或某个"共享文件夹"中的内容。

图 3 – 27 是一文件共享服务系统，图(b)为文件服务器，图(c)是共享服务器文件的客户机。实际上在以太网中的计算机是对等的，只要设置为文件夹或驱动器共享属性的计算机，就具备了文件服务器的功能。如果其他计算机具备如下两个条件就可共享文件服务器上的文件：

- 具有最小的"读取"权力。
- 具有"文件服务器"上的用户账户和密码。

计算机网络技术

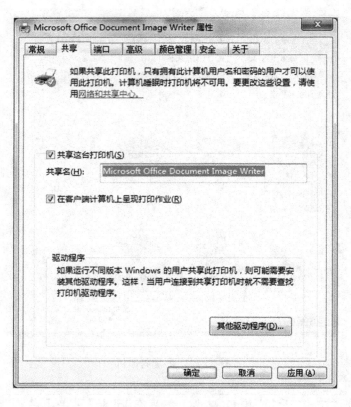

图 3-24　打印机共享属性设置

以图 3-27 为例，文件服务器为 Windows 7 系统，其共享文件夹的配置方法如下：

①配置文件夹的共享属性及权限。

Windows 7 共享文件配置有多种方式，最具代表性的常规配置方法是文件夹共享属性配置方法，其过程如下：

STEP 1 在资源管理器中，右击"文件夹"（丹霞山照片），选择"属性"命令，单击"共享"选项卡中的"高级共享"命令按钮，在高级共享对话框中，单击选择"共享此文件夹（S）"确定文件夹的共享属性（如图 3-28 所示）。

STEP 2 配置用户账户的共享权限，单击"高级共享"对话框中的"权限"按钮，弹出"共享权限"对话框（如图 3-29 所示）。添加"用户账户"，设置每个"用户账户"的"共享权限"。

STEP 3 如果在整个网段范围内共享文件夹，须激活"来宾账户 Guest"。

②NTFS 文件系统"安全"权限配置。

只有某些版本的 Windows 7 中才提供了"安全"选项卡。"安全"选项卡还只能用在使用 NTFS 文件系统格式化的驱动器中。如果您使用的是 FAT 或 FAT32 文件系统，则不会看到"安全"选项卡。安全选项卡的配置步骤如下：

STEP 1 在资源管理器中，右击"文件夹"（丹霞山照片），选择"属性"命令，单击

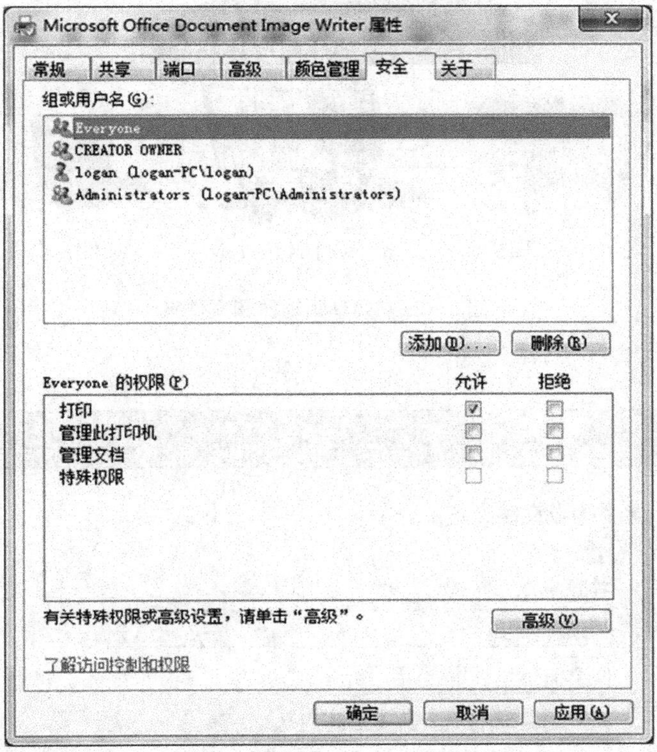

图 3－25　设置用户共享权限

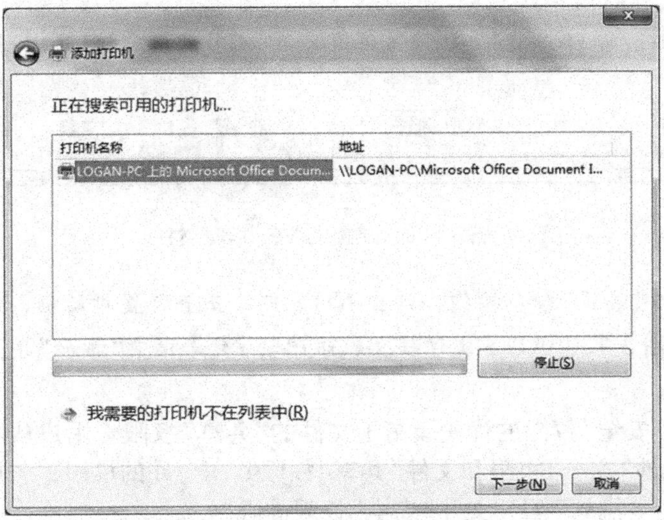

图 3－26　添加网络打印机

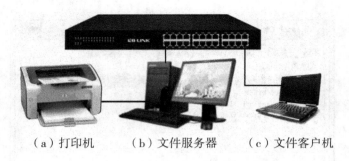

（a）打印机　　　（b）文件服务器　　　（c）文件客户机

图3-27　共享驱动器和文件夹

图3-28　配置文件夹共享属性

"安全"选项卡中的"编辑"命令按钮，弹出NTFS文件安全配置对话框（如图3-30所示）。

STEP 2 在图3-30"NTFS文件安全权限配置"对话框中"添加"用户名，配置用户的NTFS文件的权限。

NTFS文件的"安全"权限的优先级高于文件的"共享"权限。用户从网络共享文件的有效权限是NTFS文件"安全"权限和文件"共享"权限共同允许的权限；若用户登录本机处理本地文件则只受到本机的NTFS文件"安全"权限的限制。

③共享文件夹客户机的操作。

同一网段上的任何一台主机，只要具有文件服务器上的共享文件夹的权限，均为文件服务器的客户机。安装Windows 7操作系统的客户机读取和下载共享文件的操作极其简

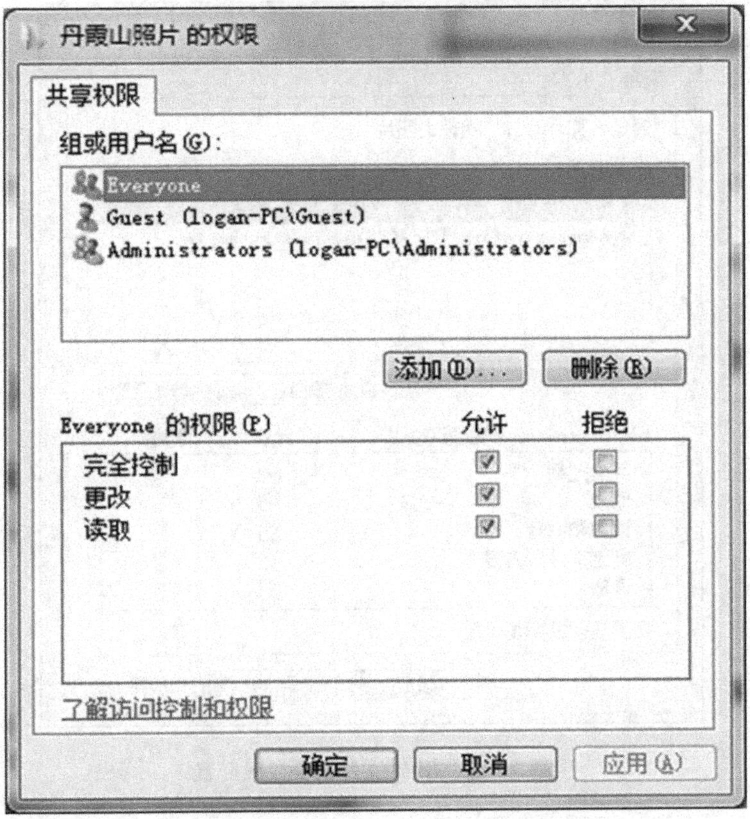

图 3 - 29　配置文件夹共享权限

单。操作过程如下：

STEP 1　单击"开始"按钮、"计算机"、在"计算机"窗口（图 3 - 31 所示）的左窗格中双击"网络"展开网段中的所有主机。

STEP 2　如图 3 - 31 所示，单击"计算机"窗口左窗格中的"文件服务器名"（提供共享文件夹的主机名），在"计算机"窗口的右窗格中，可读取"共享文件夹"中的内容。

（3）在"网络和共享中心"进行"更改高级共享设置"

如果网段中的客户机不能正常读取"共享文件夹"中的内容，可在"网络和共享中心"中进行"更改高级共享设置"。其操作过程如下所述：

STEP 1　单击"控制面板"中"网络和共享中心"图标，打开"网络和共享中心"工作窗口（如图 3 - 16 所示）。

STEP 2　单击"网络和共享中心"左窗格中的"更改高级共享设置"命令，单击"家庭和工作"选项。

STEP 3　在"高级共享设置"窗口中进行设置：启用网络发现、启用文件和打印机共享、使用 128 位加密帮助保护文件共享连接……、关闭密码保护共享、允许 Windows 管理

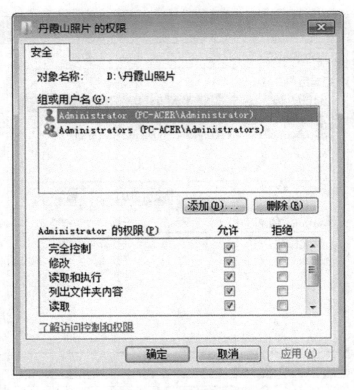

图 3-30　NIFS 文件安全权限配置

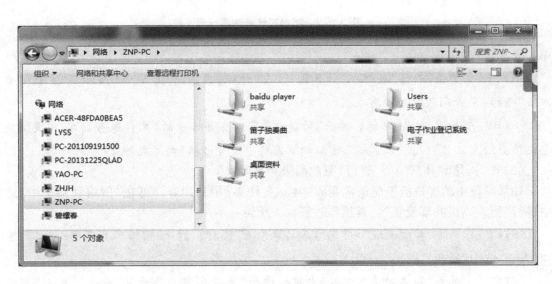

图 3-31　读取共享文件

家庭组连接。

　　上述的"关闭密码保护共享"可根据安全要求进行设置，前两项是必须要设置的。

3.3 多集线器网络

3.3.1 多集线器以太网

当以太网的规模超过了单一集线器所提供的端口数量时，可采用多集线器级联方式进行组网。多集线器级联的目的是把多个集线器组合成一个整体，这样可以为组网提供更多的端口数。

集线器能够级联的充分必要条件是集线器具有相同的端口速率，只有端口速率一样的集线器才可级联为一个整体，构成一个逻辑集线器。

（1）上行端口 Up Link

通常集线器会提供一个上行端口 Up Link（如图 3 - 32 所示），它是专门用来同其他集线器进行级联用的，对于没有上行端口的集线器可以用普通端口进行级联。无论采用哪类端口进行级联，级联后的拓扑结构一般都是树型结构。

（2）总线型级联方式

图 3 - 32 是利用直通 UTP 电缆将一集线器的上行端口与另一集线器的普通端口级联构成的多集线器以太网，实际上的上行接口与网卡接口相同。

图 3 - 32 中的级联方式属于总线型级联方式，这种方式可以使集线器中继功能得到充分的应用。这种级联方式不仅可以扩展以太网的规模，同时可以将集线器布局在不同的地理位置，这样级联的优点是可以延伸以太网组网的地理范围。

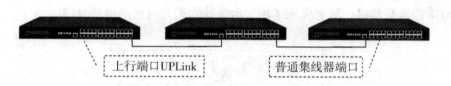

图 3 - 32　上行端口与普通端口的多集线器级联

（3）树型级联方式

图 3 - 33 同样是利用直通 UTP 电缆将集线器的上行端口与普通端口级联起来的多集线器以太网，但其级联的拓扑结构是树型的，而只有一级树型的级联方式也可称为星型级联结构。通过多集线器级联可以扩展网络的规模和增加组网的端口数量，一般来说端口数为10M 的集线器，端口数可扩到 100 左右。

通常树型结构的级联方式是园区以太网（校园网）组网的主要方式，以集线器为主要组网设备的网络，其优点是结构简单、成本低、便于维护。缺点是组网规模不宜过大，随着同一网段上的计算机数量的增多，冲突的机会也增大了，很容易造成"网络拥塞"。

利用多集线器级联可构成规模较大的 10M 或 100M 以太网，但不可构成 10M 与 100M 的混合型以太网。

（4）集线器级联规则

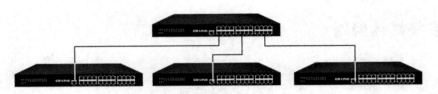

图 3-33　普通端口与普通端口的多集线器级联

尽管 10M 和 100M 网的集线器级联方法相同，但级联规则却有很大区别。

①10M 网的多集线器级联规则是：

- 每段 UTP 电缆的最大长度为 100m。
- UTP 电缆的串接最大长度为 5 个网段(4 个集线器)，也就是说整个网络的覆盖范围为 500m。
- 网络中不能出现环路。

②100M 网的多集线器级联规则是：

- 每段 UTP 电缆的最大长度为 100m。
- UTP 电缆的串接最大长度为 3 个网段(2 个集线器)，因为集线器间的级联 UTP 电缆长度不能超过 5m，也就是说整个网络的覆盖范围为 205m。
- 网络中不能出现环路。

（5）集线器堆叠

有些集线器具有堆叠功能，集线器堆叠是将多个集线器集成为一个整体的一种特殊功能，这种功能为扩展组网的规模提供了一种新的方式。如图 3-34 所示，集线器堆叠是通过厂家提供的一条专用连接电缆，从一台集线器的"UP"堆叠端口直接连接到另一台集线器的"DOWN"堆叠端口，从而实现了用多台集线器扩充组网规模的目的。

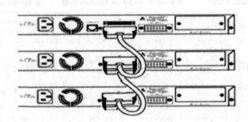

图 3-34　集线器堆叠

当多个集线器堆叠在一起时，其作用就像一个模块化集线器一样，组网时可以当作一个逻辑集线器来进行管理。一般情况下，当有多个 HUB 堆叠时，其中存在一个可管理 HUB，利用可管理 HUB 可对此可堆叠式 HUB 中的其他"独立型 HUB"进行管理。可堆叠式 HUB 可非常方便地实现对网络的扩充，是组建网络时最为理想的选择。

图 3-34 是由三个集线器堆叠成的一个逻辑集线器，假设每个独立的集线器的端口数为 24，那么由这样三个集线器堆叠起的逻辑集线器将提供 72 个组网端口。可见，集线器堆叠功能对扩展以太网规模提供了最好的选择，这种扩充网络规模的方法不受级联规则的

限制，只受集线器本身堆叠技术标准的限制。

需要说明的是，在同一地点扩展网络，堆叠功能的集线器是最佳选择；如果是既要扩充网络的端口数量，又要扩展以太网的地理范围，那么具有上行口的集线器是最好的选择。

3.3.2　交换机、集线器混合组网方式

用多集线器级联虽可扩大网络的规模，但这种方式对网络的扩展也是有限的。用多集线器级联的网络拓扑结构从物理结构上来讲是树型的，若从网络的内部逻辑结构来讲仍属共享总线型结构。对于共享总线型的网络，凡是连接到级联在一起的集线器上的节点计算机位于同一个广播域或冲突域中，其特点与总线型以太网完全相同。

- 网络的总带宽有限并固定。
- 不能支持多种速率的端口。
- 组网的规模或覆盖的地理范围有限。
- 半双工端口传输方式。

（1）集线器以太网的改进方法

如图 3-35 所示，当网络的规模足够大时位于根节点上的集线器会呈现较大的流量负荷，严重时会造成整个网络拥塞甚至瘫痪。解决的方法是采用交换机替代位于根节点上的集线器，构成以交换机为核心设备的交换式以太网。交换机最大的优点一是多端口并发传输的能力，二是端口的全双工传输方式。因此交换式以太网可从以下三个方面改善网络的性能：

一是利用交换机对单播帧的过滤功能对冲突域进行分隔。

二是利用交换机的多端口并发传输特性增大网络的总带宽。

三是利用快速以太网交换机的100M端口或者千兆网交换机的1000M的端口提高总干线的带宽。

（2）用交换机改进以太网

利用交换机可以构建一个大规模的、信息畅通的、无瓶颈的、性能优良的交换式以太网。图 3-35 所示的是用一台交换机改进的以太网。在该网中以交换机作为级联的根设备，从而实现了分割网段，提高传统的以集线器为主的以太网性能。在网络中可采用端口速率为 100Mbps 的快速以太网交换机作为整个树型网络的根设备，实现对更大规模的以太网的冲突域的分隔。

可以发现根交换机位于整个网络的干线位置，这样不仅可以提升整个网络的带宽，而且有利于对各个冲突子域的管理。通常是按照部门来划分冲突子域的。这种划分方法不仅有利于各部门的应用，同时也对建网施工有很大的帮助。为了有效地利用各种设备，可以根据各部门的数据流量为各冲突子域选用不同速率的集线器和交换机。与交换机端口连接的设备有两种连接方式：一是独享交换机端口连接，二是共享交换机端口连接。

- 独享交换机端口连接

对于数据流负荷大的服务器，可以直接连入根交换机的数据传输率高的干线端口上（比如千兆网端口），直接连接到交换机端口上的服务器工作在独享交换机端口速率状态，

计算机网络技术

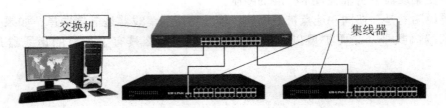

图 3 - 35　用交换机改进的以太网

这样会大幅提高服务器的输入输出数据的吞吐量。

　　● 共享交换机端口连接

图 3 - 35 中的两个集线器相当于两个网段，每个集线器上的端口工作于共享交换机端口速率的状态。如果将服务器连入集线器端口，则是不恰当的，因为集线器的共享交换机端口的工作方式会降低服务器的数据吞吐量。

3.3.3　交换式以太网

随着微电子技术的发展，传统的集线器组网方式与交换机组网方式相比，已不具备低生产成本的优势。相反，交换机越来越显示出其快速低价的优势，也就是说目前的交换机具有很高的性价比。同时网络规模越来越大，网络数据的吞吐量相对于 20 世纪来讲有了突飞猛进的增长，因此以交换机为主的交换式以太网就成为集线器以太网的升级换代产品。

（1）交换式以太网

交换式以太网是以交换机设备（交换机为核心）为中心构成的以太网络，近几年得到了非常广泛的应用。与集线器式的以太网相比具有以下优点：

　　● 交换式以太网不需要改变网络的其他硬件，包括线缆和用户的网卡，仅需要用交换机。

　　● 可在高速与低速网络间转换，实现不同网络的协同。目前大多数交换式以太网都具有 100M/1000M 的端口，通过与之相对应的 100M/1000M 的网卡接入到服务器上，解决了传输的瓶颈，成为局域网升级时首选的方案。

　　● 它同时提供多个通道，比传统的共享式集线器提供更多的带宽。传统的共享式 10M/100M 以太网采用广播式通信方式，每次只能在一对用户间进行通信，而交换式以太网允许不同用户间并发传输。特别是在时间响应方面，其优点更加突出，使得局域网交换机倍受青睐。

（2）单一交换机组成的以太网

图 3 - 36 为一单一交换机结构的以太网，与图 3 - 13 单一集线器结构的以太网的结构完全相同，只是将集线器替换为交换机，这一切得益于以太网介质访问控制原理 CSMA/CD。

以太网介质访问控制 CSMA/CD 方法是分布式控制法，这种端口自行控制的方法适应性很强。所以在创建交换式以太网时，只需将计算机通过网线直接插入交换机端口。从这

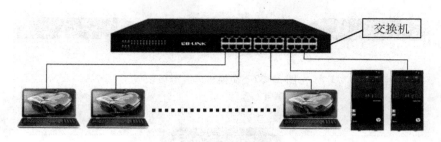

图 3-36　单一交换机结构的以太网

一点来讲，交换机相当于一台具有交换功能的集线器。其实交换机的功能远不止于此，但其最基本的应用方式就是一种特殊的"交换式集线器"。

在图 3-36 中的交换机，在其内部矩阵开关的作用下，可具有多端口并发传输能力，而且每个端口工作于全双工通信方式。如果交换机的每个端口速率为 100Mbps，这种 100Mbps 端口与 100Mbps 计算机接口相连，并且这种计算机独享端口速率的工作方式，此时它的并发传输能力是单一集线器构成的以太网望尘莫及的。

例如，一台 24 端口交换机，如果端口速率为 100Mbps，那么在交换机满负载时的数据吞吐量可达 24/2 × 100M(1200Mbps)。而对一个 24 端口的 100Mbps 速率的集线器网来讲，在满负载时每个端口的最大平均速率只有 100/24(约 4Mbps)左右，可见数据的吞吐量相差了 300 倍。

（3）多交换机以太网

在多交换机的局域网环境中，交换机可以通过级联、堆叠和集群技术将多交换机集成为一个整体。

● 级联技术可以实现多台交换机之间的互联。

● 堆叠技术可以将多台交换机组成一个单元，从而提高更大的端口密度和更高的性能。

● 集群技术可以将相互连接的多台交换机作为一个逻辑设备进行管理，从而大大降低了网络的管理成本，简化了网络的管理操作。

一、交换机的级联

同集线器一样，交换机同样可以级联，通过级联的方式可以充分地扩展交换式以太网的规模。对于较大规模的局域网(例如园区网)，将多台交换机按照实际应用的需求，从原理上讲可级联成"总线型"、星型(或树型)的拓扑结构。

图 3-37 是一"总线型"级联方式，而图 3-38 是一星型(或树型)级联方式。

快速以太网交换机的级联受到媒体最大跨度的制约(参阅集线器的级联规则)。因为交换机的生成树协议的作用，交换机的级联不受环路限制。

交换机间一般是通过普通用户端口进行级联的，而有些交换机则提供了专门的级联端口(上行口)。这两种端口的区别仅仅在于普通端口符合 MDIX 标准，而级联端口(或称上行口)符合 MDI 标准。与集线器级联方式相同，由此导致了两种方式下接线方式不同：

● 当两台交换机都通过普通端口级联时，端口间电缆采用交叉电缆(Crossover Cable)；

图 3 - 37　交换机总线型级联

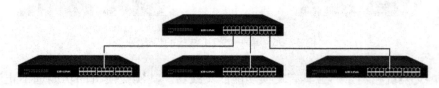

图 3 - 38　交换机星型级联

● 当且仅当其中一台通过上行端口 Up Link 级联时，采用直通电缆（Straight Through Cable）。

为方便级联，某些交换机上提供一个两用端口，可以通过开关或管理软件将其设置为 MDI 或 MDIX 方式。更进一步，某些交换机上全部或部分端口具有 MDI/MDIX 自校准功能，可以自动区分网线类型，进行级联时更加方便。

交换机级联时要注意以下几个问题：

①原则上任何厂家、任何型号的以太网交换机均可相互进行级联，但也不排除一些特殊情况下两台交换机无法进行级联。

②交换机间级联的层数是有一定限度的，其规则与集线器级联规则相同。

③成功实现级联的最根本原则，就是任意两节点之间的距离不能超过媒体段的最大跨度。

④进行级联时，应该尽力保证交换机间中继链路具有足够的带宽，为此可采用全双工技术和链路汇聚技术。

交换机端口采用全双工技术后，不但相应端口的吞吐量加倍，而且交换机间中继距离大大增加，使得异地分布、距离较远的多台交换机级联成为可能。

链路汇聚也叫端口汇聚、端口捆绑、链路扩容组合，由 IEEE 802.3ad 标准定义。即两台设备之间通过两个以上的同种类型的端口并行连接，同时传输数据，以便提供更高的带宽、更好的冗余度以及实现负载均衡。

链路汇聚技术不但可以提供交换机间的高速连接，还可以为交换机和服务器之间的连接提供高速通道。需要注意的是，并非所有类型的交换机都支持这两种技术。

二、交换机的堆叠

多台交换机经过堆叠形成一个堆叠单元。可堆叠的交换机性能指标中有一个"最大可堆叠数"的参数，它是指一个堆叠单元中所能堆叠的最大交换机数，代表一个堆叠单元中所能提供的最大端口密度（如图 3 - 39 所示）。

堆叠与级联这两个概念既有区别又有联系。堆叠可以看作是级联的一种特殊形式，它们的不同之处在于：级联的交换机之间可以相距很远（在媒体许可范围内），而一个堆叠单元内的多台交换机之间的距离非常近，一般不超过几米；级联一般采用普通端口，而堆叠

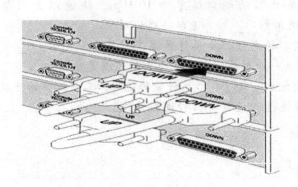

图 3 – 39 具有堆叠功能的交换机

一般采用专用的堆叠模块和堆叠电缆。一般来说，不同厂家、不同型号的交换机可以互相级联，堆叠则不同，它必须在可堆叠的同类型交换机（至少应该是同一厂家的交换机）之间进行；级联仅仅是交换机之间的简单连接，堆叠则是将整个堆叠单元作为一台交换机来使用，这不但意味着端口密度的增加，而且意味着系统带宽的增加。

真正意义上的堆叠应该满足：采用专用堆叠模块和堆叠总线进行堆叠，不占用网络端口。

三、集群

所谓集群，就是将多台互相连接（级联或堆叠）的交换机作为一台逻辑设备进行管理。集群中，一般只有一台起管理作用的交换机，称为命令交换机，它可以管理若干台其他交换机。在网络中，这些交换机只需要占用一个 IP 地址（仅命令交换机需要），节约了宝贵的 IP 地址。在命令交换机统一管理下，集群中多台交换机协同工作，大大降低管理强度。例如，管理员只需要通过命令交换机就可以对集群中所有交换机进行版本升级。

交换机的级联、堆叠、集群这 3 种技术既有区别又有联系。级联和堆叠是实现集群的前提，集群是级联和堆叠的目的；级联和堆叠是基于硬件实现的；集群是基于软件实现的；级联和堆叠有时很相似（尤其是级联和虚拟堆叠），有时则差别很大（级联和真正的堆叠）。随着局域网和城域网的发展，上述三种技术必将得到越来越广泛的应用。

◄‖ **复习思考题** ‖►

一、填空题

1. 10BASE – T（非屏蔽双绞线），使用 RJ – 45 连接器、最大电缆长度_____、传输速率 10Mbps。

2. 服务器的一般要求是配置性能高的_____，大容量、速度快的内存和外存，只有这样的服务器才能符合大吞吐量的需求。

3. 客户机一般不需要太高档次，配置的档次_____为好，这样会使有限的资金资源得到合理的配置。

计算机网络技术

4. 传统以太网集线器的端口速率为 10Mbps，快速以太网集线器的端口速率是 100Mbps，组网时应选用与_____速率一样的网卡。

5. 集线器能够级联的充分必要条件是集线器具有相同的_____，只有端口速率一样的集线器才可级联为一个整体，构成一个大的逻辑集线器。

6. 交换机最大的优点一是_____传输的能力，二是端口的全双工传输方式。

7. 与交换机端口连接的设备有两种连接方式：一是_____交换机端口连接，二是共享交换机端口连接。

二、单项选择题

1. 交换式以太网组网的核心设备是( )。

A. 网卡 B. 集线器 C. 交换机 D. 路由器

2. 快速以太网标准的数据传输速率是( )Mbps。

A. 10 B. 100 C. 1000 D. 10000

三、简答题

1. 简述集线器的两个特点。

2. 简述交换机端口的两种接入方式。

第四章　虚拟局域网 VLAN

本章学习目标

- 交换机工作原理、地址映射表和数据过滤功能
- 虚拟局域网、主干链路及其配置
- 交换机生成树协议 STP 及其配置

虚拟局域网 VLAN(Virtual Local Area Network)是一种能将局域网逻辑地划分成一个个孤立网段的组网技术，这种技术可以将局域网创建为虚拟工作组。虚拟局域网 VLAN 技术主要应用于以交换机为组网设备的交换式以太网，前提条件是交换机具有虚拟局域网 VLAN 功能。要说明的一点是：不是所有交换机都具有此功能。

4.1　交换机工作原理

以太网交换机是交换式以太网 Ethernet 组网的核心设备，基于交换机的多端口并发通信方式，根本性地改变了共享总线式的以太网广播通信方式。多端口交换机能同时连通许多对端口，使每一对相互通信的主机都能像独占通信媒体那样，进行无冲突地传输数据。以太网交换机的每个端口可直接与主机相连，并且工作在全双工通信方式。

4.1.1　交换机的基本功能

目前的以太网交换机大都具有以下三个功能：

(1)转发/过滤

以太网交换机了解每一端口相连设备的 MAC 地址，并将 MAC 地址同相应的端口号存放在"端口/地址(MAC 地址)"映射表中。事实上交换机的"端口/地址"映射表被存放在交换机的缓存中，当一个数据帧的目的地址在 MAC 地址表中有映射时，它被转发到连接目的节点的端口，如果数据帧为广播/组播帧则转发到所有端口。

(2)分割广播域

VLAN 技术实现了对以太网广播域的划分，从而限制了无效数据流对资源的占用，增强了网络管理性能和安全性能。

(3)消除回路

交换机的生成树协议 STP 可阻断交换式以太网因级联形成的回路，从而构成了逻辑的树型结构网，避免了广播帧在回路中循环引起的风暴。这一功能不仅允许交换式以太网存

在构建的回路，同时存在的回路还能够为网络提供一条冗余路径。

以太网交换机是一个多端口的网桥，其基本特点有3个：

- 分割冲突域。
- 多端口并发传输。
- 每个端口全双工的通信方式。

4.1.2 交换机的端口/MAC 地址表

以太网交换机是一典型的智能型网络设备，主要功能就是它对冲突域的分割，被称为数据过滤功能。交换机这一数据过滤功能是基于交换机内部的端口地址映射表。

如图4-1所示为单一交换机以太网，且交换机的1、2、4端口分别由计算机 A、B、C 独占，而交换机的端口6则由一共享式以太网上的两台计算机 D、E 共享。共享端口6的这两台计算机所占有的端口带宽只有独占端口计算机所占端口带宽的一半。

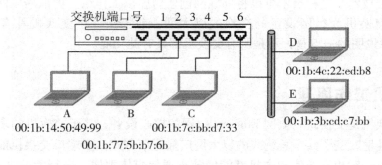

图4-1 单一交换机以太网

（1）端口/MAC 地址映射表

交换机的数据帧过滤功能主要是建立在交换机缓存中的 MAC 地址表上的，这张表称为"端口/MAC 地址映射表"。表4-1是图4-1交换式以太网的端口/MAC 地址映射表，它是根据图4-1交换机上的端口与节点的 MAC 地址的对应关系建立起来的。

表4-1 端口/MAC 地址映射表

端口	MAC 地址	计时
1	00：1b：14：50：49：99（A）	…
2	00：1b：77：5b：b7：6b（B）	…
4	00：1b：7c：bb：d7：33（C）	…
6	00：1b：4c：22：ed：b8（D）	…
	00：1b：3b：cd：c7：bb（E）	…

端口/MAC 地址映射表描述了图4-1交换式以太网的拓扑结构，交换机可根据这张表，确定端口上连接的计算机地址，从而可以利用这张表确定是否转发数据帧，从而实现

交换机的数据帧过滤功能。

（2）地址学习

插入以太网交换机端口上的计算机或集线器是变动的，同时插入集线器网段上的计算机也可能有所变动。这就要求交换机随时能够及时地维护更新端口/MAC 地址表，只有这样才能保证交换机中的端口/地址映射表的有效性。

以太网交换机的端口/MAC 地址映射表不需要人工维护，而是由以太网交换机自身通过"地址学习"功能自动完成的。交换机的地址学习过程由以下三个过程构成：

①通过读取数据帧中的源地址，获取数据帧通过的交换机的端口号。

②当得到"端口/MAC 地址对"后，交换机检查地址映射表中是否存在该对应关系。如果不存在该"端口/MAC 地址对"，交换机就将端口/MAC 地址对存入映射表；如果存在端口/MAC 地址对，交换机就将更新该映射表。

③在交换机每次更新地址映射表项时，计时字段都将被赋予一个新的计时器，这使得相应的端口/MAC 地址对的有效时间重新计时，直到计时器溢出之前没有再次捕获到该端口与 MAC 地址的对应关系，该表项将被交换机删除。

通过"地址学习"的方式，端口/MAC 地址映射表不断地被刷新，使得交换机的端口/MAC 地址映射表保持高度精确的有效。

因此，以太网交换机中的端口/MAC 地址映射表是通过动态学习自动建立的，只要节点发送信息，交换机就能捕获到它的端口/MAC 地址对，从而实现了动态端口/MAC 地址映射表的管理和刷新。

（3）交换机的数据过滤功能

基于端口/MAC 地址映射表，交换机实现了以下数据过滤功能：

①交换机将数据帧中的目的 MAC 地址同已建立的 MAC 地址表进行比较，以决定向哪个端口进行转发。

②如数据帧中的目的地址不在 MAC 地址表中，则向所有端口转发，这一过程称为泛洪（flood）。

③在同一网段上传送的数据帧交换机不会转发。

④交换机会把输入到某个端口的广播帧和组播帧向所有的端口转发。

4.2　虚拟局域网 VLAN

虚拟局域网 VLAN（Virtual Local Area Network）主要应用于交换式以太网。随着网络技术的发展，网络信息流也越来越大，从而对网络的整体传输速率提出了更高的要求。交换式以太网的应用越来越广泛，规模也越来越大，这对网络的管理和安全以及网络的性能提出了更高的要求。虽然交换式以太网对提升网络的整体性能功不可没，但组成交换式以太网的交换机所具有的 VLAN 功能在网络管理中的作用越来越显得尤为重要。

4.2.1　虚拟局域网 VLAN 的特点及其优势

虚拟局域网 VLAN 是一组逻辑上的设备和用户，这些设备和用户并不受物理位置的限制，可以根据功能、部门及应用等因素将它们组织起来，相互之间的通信就好像它们在同一个网段中一样，由此得名虚拟局域网。它主要有以下三个特点：

- 网络设备的移动，添加和修改的管理开销减少；
- 可以控制广播活动；
- 可提高网络的安全性。

（1）虚拟局域网 VLAN 的应用

在交换式以太网中的通信方式属链路通信方式，其广播域主要是指链路层中的广播帧在整个网络中传播的区域。虚拟局域网的应用就是把同一物理局域网内的不同用户逻辑地划分成不同的广播域，每一个广播域构成一独立的虚拟局域网 VLAN。

在图 4-2 中，分布在不同楼层中的交换式以太网被逻辑地划分为三个虚拟局域网 VLAN1、VLAN2 和 VLAN3，每一个 VLAN 都包含一组有着相同需求的计算机工作站，与物理上形成的局域网 LAN 有着相同的属性。虚拟局域网 VLAN 的逻辑划分不受物理网段的限制，所以同一个 VLAN 内的各个工作站可以由不同物理网段的工作站构成。当一个交换式以太网划分为逻辑 VLAN 之后，每个 VLAN 内部的广播和单播流量都不会转发到其他 VLAN 中，因此 VLAN 有助于控制流量、减少设备投资、简化网络管理、提高网络的安全性。

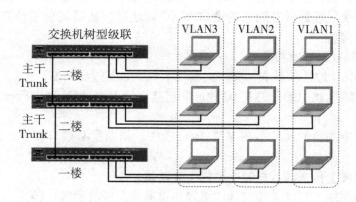

图 4-2　虚似局域网 VLAN

在同一个 VLAN 中的工作站，不论它们实际与哪个交换机连接，它们之间的通信就好像在独立的交换机上一样。同一个 VLAN 中的广播只有 VLAN 中的成员才能听到，而不会传输到其他的 VLAN 中去，这样可以很好地控制不必要的广播风暴的产生。

VLAN 除了能将网络划分为多个不同的广播域，有效地控制广播风暴的发生，还可以用于控制网络中不同部门、不同站点之间的互相访问。如果没有路由，不同 VLAN 之间不能相互通信。网络管理员可以通过配置 VLAN 之间的路由，来全面管理企业内部不同管理单元之间的信息互访。

VLAN 是跨越多个物理 LAN 网段的逻辑广播域，它是为分割以太网的广播域和解决以太网的安全性而提出的一种协议。

（2）VLAN 的优点

VLAN 具有以下优点：

①广播风暴防范。

VLAN 可以限制网络上的广播信息的传播范围，降低网络资源的开销。将网络划分为多个 VLAN 可减少参与广播风暴的设备数量，防止广播风暴波及整个网络。

②使网络更安全。

VLAN 可增强局域网的安全性，含有敏感数据的用户组可与网络的其余部分隔离，从而降低泄露机密信息的可能性。不同 VLAN 内的报文在传输时是相互隔离的，即一个 VLAN 内的用户不能和其他 VLAN 内的用户直接通信，如果不同 VLAN 要进行通信，则需要通过路由器或三层交换设备。

③性能提高。

将链路层的平面网络划分为多个逻辑工作组（广播域）可以减少网络上不必要的流量，进一步提高网络的传输性能。

④增加网络连接的灵活性。

借助 VLAN 技术，能将不同地点的网络设备和用户聚合在一起，形成一个方便、灵活、有效的虚拟的网络环境，降低移动用户变更工作站地点的管理费用。

4.2.2 虚拟局域网 VLAN 的工作方式

VLAN 是建立在物理网络基础上的逻辑网络，因此建立 VLAN 需要相应的支持 VLAN 技术的网络设备。要想对交换式以太网配置虚拟局域网 VLAN，就必须使用具有 VLAN 功能的交换机来组网。当网络中的不同 VLAN 间进行相互通信时，需要路由的支持，这时就需要增加路由设备——路由器。只有路由器能够实现不同 VLAN 之间的相互通信。

划分 VLAN 要充分地考虑到网络的应用功能及部门的职能，尽可能把业务相同或职能相同的终端划分在同一个 VLAN 中，而这种划分不必考虑用户的地理位置。因此 VLAN 在现代办公网中的应用，不仅能进一步提高网络的管理水平，同时也提高了网络信息的安全性。

（1）VLAN 工作方式

配置在交换机上的每一个 VLAN 都能执行地址学习、转发过滤和阻塞回路的功能。创建 VLAN 功能的交换机限制数据帧在端口间转发，VLAN 交换机只在同一个 VLAN 内部的端口间转发单播帧、泛洪（Flooded）组播和广播帧。因此 VLAN 限制了单播、组播和广播通信量。

VLAN 基本工作方式是建立在两个 VLAN 标签协议基础上的，这两个协议是交换机间链路协议 ISL 和 IEEE 802.1Q 标签协议。通过标签协议对 VLAN 帧的进一步封装，在不同的交换机间标识了数据帧所属的 VLAN 信息，以此实现了 VLAN 数据帧限制转发和跨越交换机的需求。

①交换机间链路 ISL（Inter switch link）标签协议。

ISL 是 Cisco 专用的标签协议，用于多交换机互联和维持 VLAN 信息在多交换机间传输。为在以太网全双工或半双工的链路中维持完全线速特性，ISL 提供了 VLAN 主干的能力。ISL 支持点对点的传输方式，可以支持 1000VLANS。因为 ISL 的标签的封装，原数据帧和附加的头部信息同时穿越主干链路。在接收端 ISL 头部被去除，数据帧被传输到指定的 VLAN。ISL 使用每 VLAN 生成树协议 PVST(Per VLAN Spanning Tree)，每个 VLAN 运行一个生成树协议 STP(Spanning Tree Protocol)的实例。PVST 允许每一个 VLAN 有一个最优化的根交换机，支持多个 VLAN 负载均衡和穿越主干链路。

②802.1Q 标签协议。

802.1Q 是 IEEE 标准的主干链路的帧标签协议，支持多达 4096 个 VLAN。在 802.1Q 中，主干设备在主干传输数据帧之前在原帧中插入了 802.1Q 协议标签并重新计算了帧校验序列 FCS。在接收端标签被去除，原数据帧被传输到指定的 VLAN。

802.1Q 不封装本地(native) VLAN 数据帧(默认 VLAN1)，它只封装所有穿越主干的其他 VLAN 的数据帧。当你配置一个 802.1Q 主干时，你必须确信在主干的两边配置有相同的本地(native)VLAN。对于 802.1Q 标签，本地 VLAN 承载有特殊信息。

在本地 VLAN 中，IEEE 802.1Q 为所有在网络中的 VLANS 定义了一个单一的生成树实例，该实例被称为 MST(Multiple Spanning Tree)。这样虽然缺乏灵活性和基于 ISL 的 PVST 的负载均衡特性，但无论怎样，每生成树协议 PVST + 通过 802.1Q 主干可提供和维持多生成树拓扑结构的能力。

③主干链路。

大多交换机支持 VLAN 功能，一个 VLAN 可跨越多个交换机，主干在多个交换机间为多个 VLAN 传输数据帧。主干是多交换机端口间或交换机与路由器端口间的点对点链路，主干支持多个 VLAN 的数据帧在单一链路上穿越多个交换机或其他设备(路由器)，并将 VLAN 扩展到整个网络。

图 4-3 是一典型的主干 VLAN 结构，主干链路由交换机 Switch0 的端口 Fa0/1 和交换机 Switch1 的端口 Fa0/1 组成，主干链路的端口工作在主干模式。

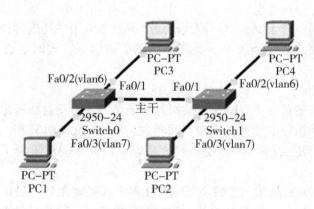

图 4-3 跨越多交换机的多 VLAN 结构

主干端口的封装标签有两种选择，这通常依赖于交换机的硬件：

● 交换机间链路协议 ISL：ISL 是 Cisco 设备专用的主干端口 VLAN 标签封装协议。

● 基于 IEEE 工业标准的 IEEE 802.1Q 协议：通常是默认的主干端口 VLAN 标签封装协议。

(2)划分 VLAN 的基本策略

VLAN 是由交换机结构的第二层实现的，如果要在两个 VLAN 间通信，需要路由器或三层协议来支持。当给一个 VLAN 定义了所有的成员后，来自该网段的数据帧只被转发到相同的 VLAN 端口。

从技术角度讲，划分 VLAN 的成员资格通常依据以下两种方法：

● 静态 VLAN：基于端口的 VLAN 划分。

● 动态 VLAN：基于 MAC 地址的 VLAN 划分。

①根据端口划分 VLAN。

基于端口的划分是最简单、最有效的 VLAN 划分方法，它按照局域网交换机的端口来定义 VLAN 成员。VLAN 从逻辑上把局域网交换机的端口划分开来，从而把终端系统划分为不同的部分，各部分相对独立，在功能上模拟了传统的局域网。

如图 4-4 所示，交换机 Switch1 的 1、2、3 端口和交换机 Switch2 的 4、5、6 端口组成 VLAN2，交换机 Switch1 的 4、5、6、7 端口和交换机 Switch2 的 2、3、7、8 端口组成 VLAN3。

以交换机端口来划分 VLAN 成员，其配置过程简单明了。从目前来看，这种根据端口来划分 VLAN 的方式仍然是最常用的一种方式。

基于端口的 VLAN 配置方式又称为静态 VLAV，其主要优点是配置简单、安全性高。不足之处就是当客户端在网中移动时（比如从一个虚拟网移动到另一个虚拟网时），需要管理员重新配置主机所属的虚拟网 VLAN 信息。

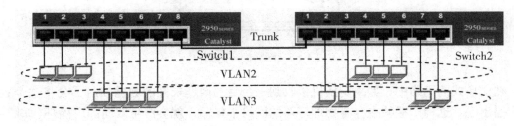

图 4-4　多交换机端口定义 VLAN

②根据 MAC 地址划分 VLAN。

这种划分 VLAN 的方法是根据每个主机的 MAC 地址来划分的，即针对每个主机的 MAC 地址，配置主机所属的逻辑分组。

这种划分 VLAN 方法的最大优点就是当用户的物理位置变动时（即从一个交换机移动到其他的交换机时），VLAN 不用重新配置。这种根据 MAC 地址的划分方法是基于用户的 VLAN，所以也叫动态 VLAN。

动态 VLAN 需要 VLAN 成员资格策略服务器 VMPS 的支持，策略服务器 VMPS 可以是 Catalyst5000 或一个外部服务器。VMPS 包括一个映射 MAC 地址到 VLAN 分配的数据库。当一个数据帧到达交换机的动态端口时，交换机会根据帧的源 MAC 地址查询 VMPS，获得相应的 VLAN 分配。

这种方法的缺点是初始化时，所有的用户都必须进行配置，如果有几百个甚至上千个用户的话，配置 VLAN 的工作量是非常大的。

4.2.3　生成树协议

生成树协议 STP(Spanning Tree Protocol)又称扩展树协定，是一个基于 OSI 网络模型的数据链路层(第二层)通信协定，主要目的是确保一个无环路的区域网络环境。STP 有选择地阻塞网络的冗余链路来达到消除网络链路层环路的目的，同时具备链路备份的功能。

STP 在大的网络中定义了一个树，并且迫使一些构成环路的路径处于备用状态。如果生成树中的网络一部分不可达或 STP 值发生了变化，生成树算法会重新计算生成树拓扑，并且通过启动备份路径来重新建立连接。

一、计算机网络环路

在实际的网络环境中，人们希望将网络构建为带有环路的拓扑结构，这样可以提高网络的可靠性。如图 4-5 所示，当组成环路的一条物理线路断路时，仍有一条链路能够通向该网段。

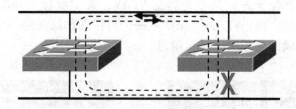

图 4-5　网络的环路结构

在交换式的网络中，如果交换机接收到一个目的地址未知的数据帧时，会将这个数据帧广播出去。这种广播帧在存有物理环路的网络中传输，就会产生双向的广播环(如图 4-5 虚线所示)，甚至产生广播风暴导致整个网络瘫痪。人们一方面需要物理环路来提高网络的可靠性，而另一方面环路的广播风暴有可能拥塞网络，生成树协议 STP 就是用来解决这个矛盾的。STP 协议可在逻辑上阻塞网络的环路，防止广播风暴产生；如果正在使用的线路出现故障，被逻辑上阻塞的线路又会恢复畅通，继续传输数据。

二、生成树协议 STP

生成树协议是由 Sun 微系统公司著名工程师拉迪亚·珀尔曼博士(Radia Perlman)发明的。现代交换机使用珀尔曼博士发明的生成树协议 STP 能够达到一个理想的境界：链路冗余和无环路运行。

生成树协议是一种链路管理协议，它为网络提供路径冗余的同时能够防止网络环路的发生。

生成树协议的主要功能有以下两点：

①利用生成树算法，在以太网络中创建一个以某台交换机为根的生成树，从而避免网络环路的产生。

②以太网拓扑发生变化时，通过生成树协议达到收敛保护的目的。如果网络中某个路径出现了故障，生成树协议会启用某个备用链路。

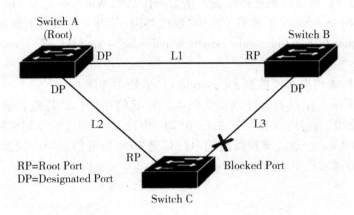

图 4 - 6　生成树协议的基本算法

图 4 - 6 所示的是一典型的具有环路结构的交换式以太网，因为生成树协议 STP 网络工作得很好。

三、生成树协议的算法

生成树协议 STP 的基本算法是在网络中，以根交换机为中心，通过阻塞网络中的冗余链路的端口消除环路从而实现了 STP 协议生成树。当与环路有关的处在正常转发状态的链路出现故障时，STP 协议会将阻塞状态的端口转变为转发状态从而启用备用链路。

如图 4 - 6 所示，在一个具有环路的交换式网络中，STP 协议首先确定根交换机 Switch A，根交换机上的所有端口为指定端口 DP，指定端口为转发工作状态；并为网络中的其他的每个成员交换机选择一个根端口 RP，根端口通向根交换机的链路成本最小、始终工作在转发状态(如 Switch B 和 Switch C 中的链路 L1 和 L2)。其他多余的链路通过阻塞端口 Blocked Port 被切断。阻塞端口通向根交换机的链路成本较大(如 Switch C 的阻塞端口 Blocked Port)。

被切断的冗余链路成为网络环路中的备用链路，如果连接根端口的链路工作失败，STP 会再次转变阻塞端口为转发端口，通过备用链路连接到根交换机。

4.3　虚拟局域网 VLAN 的配置

最具代表性的以太网交换机是 Cisco 公司的产品，目前国内厂家生产的交换机其质量和功能与 Cisco 公司的产品基本相当。凡是支持 VLAN 的交换机都可以配置 VLAN，各厂家生产的交换机的配置方法和命令基本相同。

4.3.1　Cisco Catalyst 2950 交换机基本配置

大多数交换机的基本配置方法都是一样的，如 Cisco Catalyst 2950 交换机，其基本的方法就是通过交换机的控制台端口 Console 进行配置。用一条专用电缆将计算机的串行口 COM 连到交换机控制台端口 CONSOLE，在计算机上执行"超级终端"命令与交换机建立连接后，执行配置命令对交换机进行配置。新版操作系统 Windows 7 或 Vista 不包含"超级终端"命令，需要在 Internet 中下载第三方的"超级终端"软件，也可从下面网址中下载：

http：//ituploads.com/microsoft/hyperterminal – for – windows – 7 – vista/Full Download：hyperterminal.zip

（1）计算机终端与交换机控制台（console 口）的硬件连接

如图 4-7 所示，主机 PC0 作为交换机本地配置使用的仿真终端，通过一条专用的带有 RJ-45 连接器的翻转电缆将 PC0 机的 RS232 串行口（COM）连接到交换机 Switch0 的控制台端口 CONSOLE。一般计算机配置的串行口是 DB9 类型的接口，交换机的控制台端口 Console 接口类型通常是 RJ-45。

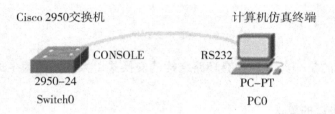

图 4-7　交换机 Console 口的本地配置连接图

（2）建立"超级终端"到"交换机"的连接

对交换机进行初次配置时须按图 4-7 连接后进行本地配置。为了在仿真终端上配置交换机，首先要在图 4-7 的 PC 机上执行"超级终端"命令登录交换机系统，然后执行交换机的 IOS 命令，对交换机进行配置操作。其操作过程如下：

①选择"开始"菜单"程序"→"附件"→"通信"→"超级终端"，打开超级终端。在连接描述对话框图 4-8 中输入名称"Cisco 2950"。

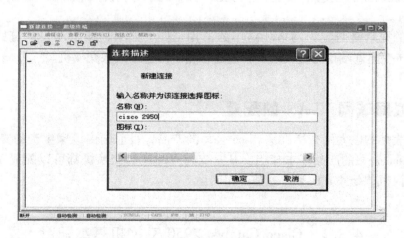

图 4-8　输入连接名称

②直接在图 4-9 的"电话的详细信息"对话框中选择 COM1 串行口，端口 COM1 是直接连接到交换机控制台 Console 端口的串行口，选择好串行口 COM1 后然后单击"确定"

按钮。

图 4-9　选择串行口 COMI

③设置 COM1 端口的属性。

如图 4-10 所示，将 COM1 端口的属性设为：波特率 9600 波特、数据位 8 位、奇偶校验位无、停止位 1 位、数据流控制硬件，或者直接点击"还原为默认值"即可。

图 4-10　COM1 串行口的属性配置

④进入超级终端程序后，单击"回车"键，系统将收到交换机的回送信息。图4-11所示的是"超级终端"登录连接到"交换机"的用户界面，通常称为交换机的命令行界面 CLI（Command Line Interface），用户通过命令行界面 CLI 输入交换机的配置命令对交换机进行配置。

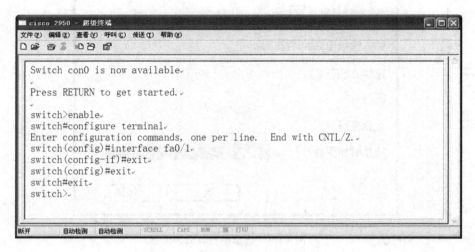

图4-11　交换机的命令行界面 CLI

（3）用户界面模式

交换机配置命令是分等级的，这种分级称为用户界面模式。不同的界面模式有不同的命令，只有进入相应的命令模式后，才能执行与该模式相关的命令。交换机用户界面模式可由默认状态下的模式组成。

- 用户级（user level）EXEC 模式。
- 特权级（privileged）EXEC 模式。
- 全局配置模式。

在全局配置模式下可进入其他配置模式，例如接口（Interface）配置模式、虚拟局域网 VLAN 配置模式等。

全局配置模式：

- 接口配置模式。
- 虚拟局域网 VLAN 配置模式。

交换机命令行 CLI 用户界面模式的切换操作命令如表4-2所示：

表4-2　命令模式切换命令表

模式名称	进入模式命令	模式提示符	可以进行的操作
用户模式	开机直接进入	Switch >	查看交换机状态
特权模式	Switch > enable（口令）	Switch#	查看交换机配置
全局配置模式	Switch#config terminal	Switch（config）#	配置主机名、密码、创建 VLAN 等

模式名称	进入模式命令	模式提示符	可以进行的操作
接口配置模式	Switch(config)#Interface 接口	Switch(config – if)#	配置接口参数
数据库配置模式	Switch#Vlan database	Switch(vlan)#	创建 VLAN
VLAN 配置模式	Switch#Vlan n	Switch(config – vlan)#	VLAN 配置
返回上一级	Switch(config – if)#exit	Switch(config)#	退出当前模式
返回特权模式	Switch(config – if)#Ctrl – Z	Switch#	返回特权模式

①用户级 EXEC 界面模式。

Switch >

在默认情况下，对交换机的访问会让用户处于用户级 EXEC(user EXEC)模式，用户级 EXEC 模式提供了有限的能够查看交换机的工作状态的命令。当终端计算机通过用"超级终端"与交换机建立连接后，可能会要求提供用户级口令(user – level password)，也可能不作要求，这要看交换机是否设置了用户级的口令。通过 console(控制台)端口连接到交换机的本地终端，在默认情况下不需要输入口令，系统会直接进入用户级 EXEC 界面模式。

②特权级 EXEC 界面模式。

Switch > enable

Password：[password]

Switch#

一旦系统开工进入用户级 EXEC 模式，就可以使用 enable 命令进入特权级 EXEC(privileged EXEC)模式，从而使用户能够访问特权模式下的所有命令，若要退出特权级 EXEC 模式可以使用 disable 或 exit 命令。默认情况下，没有配置口令，如果配置了口令需要在 Password：后输入口令(参见下面的第 3 条)。

③全局配置界面模式。

Switch#configure terminal

Switch(config)#

从特权级 EXEC 模式可以进入全局配置模式。在全局配置模式下，用户可以输入交换机命令来配置交换机的功能。只要用户输入一条有效的配置命令并按下回车键 Enter，交换机的活动内存就会被改变。

全局配置模式会让命令影响整个交换机，例如接口配制命令会使系统进入接口配置模式，接口配置模式的命令会改变交换机接口的工作方式，而且在交换机的接口配置模式下只能执行接口配置命令。

全局配置模式也是用层次结构的方式管理的，要退出接口配置模式，同样要用 exit 命令返回上层命令模式。要离开任何配置模式并且返回到特权级 EXEC 模式，可以用 end 命令或者按下 Ctrl + Z 键。

在全局配置模式中可配置"用户模式中"的 enable 命令的"口令"，配置了 enable 命令的口令的交换机，从用户界面进入特权界面时必须输入口令，这对系统的安全很有用。下面是配置 enable 命令的口令方法：

Switch#conf t

Switch(config)#enable password 123

Switch(config)#

(4)用户界面常用功能

①输入命令。

(任何模式)command

(任何模式)no command

可以从任何模式(EXEC、全局配置、接口、子接口等)输入命令。通常在命令行界面的模式提示符的光标处键入命令及其选项功能或者参数，以便执行相应的交换机命令。

如果要禁用已经起作用的一条命令，可以让命令行以 no 开头，后面跟着禁用的命令。用户可以使用 show running - config 命令查看命令是否已经起作用。

②交换机的命令支持缩写格式。

任何模式的命令及其选项可以缩写成尽可能少而不会产生混淆的几个字母。例如下面的两条命令：

Interface Fastethernet 0/1 可以缩写成"int Fa 0/1"。

Configure terminal 可以缩写成"conf t"。

③上下文相关的帮助。

• 在命令行上的任何一个位置输入一个问号"?"就能从交换机得到相应的帮助信息。

• 如果只键入问号"?"，就会显示出在当前模式下可以用的所有命令。

• 还可以在一条命令、一个关键字，或者一个选项之后的任何位置上键入问号"?"。

• 如果问号后面跟着一个空格，那么就会显示出可以用的所有关键字或者选项。

• 如果后面跟着其他单词而且没有空格，那么就会显示出所有以这个字符串开头的而且可以用的命令清单。

• 在键入一条命令之后，如果没有二义性就会扩展为命令的完整形式。

如果输入的命令有语法错误，那么就会返回出错信息"% Invalid input detected at '^' marker."，并且用符号"^"标记出无效的字符位置。

④命令历史。

可以设置缓存的命令数，默认为 10 条。下面的命令可设置当前终端会话的历史命令保存的条数。

Switch#terminal history [size lines]

也可以设置一条线路上所有会话的历史命令数，可以输入下面的命令。

Switch#history [size lines]

在任何输入模式里，可以用方向键↑(或 Ctrl + P)、↓(或 Ctrl + N)调用上一次或下一次使用的命令。命令从历史记录中回调的时候，就好像刚刚键入的一样可以对其进行编辑。

Switch#Show history 命令可显示出所有记录的命令历史。

4.3.2 交换机的基本配置命令

(1)登录交换机

交换机第一次起动时,使用默认的初始化配置。首次对交换机进行配置时,须采用本地连接交换机 CONSOLE 端口的配置方法。通过连接交换机的控制台端口 CONSOLE 进行配置时,作为计算机的仿真终端连接登录到交换机后,将会显示一段启动登录的信息:

……

Press RETURN to get started!

Switch >

按下回车键,系统进入用户模式,在提示符"Switch >"后输入相应的命令,可以观察到交换机执行命令的结果。

(2)Cisco 交换机常用的命令

Switch#show running – config	;显示当前运行的配置文件
Switch#show startup – config/config	;显示 NVRAM 中的配置文件
Switch#show interfaces 接口	;显示接口状态
Switch#show mac – address – table	;显示 MAC 地址表
Switch#show vlan	;显示 VLAN 配置信息

例如,执行 Switch#show vlan 命令可显示当前配置的 VLAN 信息:

```
Switch > en
Switch#show vlan
VLAN NameStatus        Ports
--------------------------------------------------------
1      defaultactive    Fa0/1, Fa0/2, Fa0/3, Fa0/4
                        Fa0/5, Fa0/6, Fa0/7, Fa0/8
                        Fa0/9, Fa0/10, Fa0/11, Fa0/12
                        Fa0/13, Fa0/14, Fa0/15, Fa0/16
                        Fa0/17, Fa0/18, Fa0/19, Fa0/20
                        Fa0/21, Fa0/22, Fa0/23, Fa0/24
1002 fddi – default     act/unsup
1003 token – ring – defaualt/unsup
1004 fddinet – default  act/unsup
1005 trnet – default    act/unsup
VLAN Type  SAID    MTU   Parent RingNo BridgeNo Stp  BrdgMode Trans1 Trans2
--------------------------------------------------------------------------
1     enet  100001  1500   –      –        –       –    –       0      0
1002  fddi  101002  1500   –      –        –       –    –       0      0
1003  tr    101003  1500   –      –        –       –    –       0      0
```

```
1004 fdnet 101004 1500  - - - ieee  - 0 0
1005 trnet 101005 1500  - - - ibm  - 0 0
Remote SPAN VLANs
-------------------------------------------------------------------------------

Primary Secondary TypePorts
-------------------------------------------------------------------------------
Switch#
```

从 show vlan 显示结果可知，在默认状态下交换机所有的 FastEthernet 端口属于
VLAN1，所有的端口同在一个广播域中，所以各个端口之间都可以通信，这时的单个交换
机在用法上相当于一个交换式的集线器。

在创建 VLAN 时，其创建的 VLAN 序号及名称不能与默认的序号"1"和名称"default"
发生冲突。

同理，Show vlan 命令显示的其他类型的虚拟局域网序号及名称 1002 fddi - default、
1003 tocken - ring - default、1004 fddinet - default、1005 trnet - default 是连接其他网络类型
的虚拟局域网 VLAN 的默认序号和名称，这些序号和名称同样是被系统保留的，不能被
删除。

4.3.3　单交换机的静态 VLAN 的配置

在单交换机上配置 VLAN 可以用于小公司或一个小部门。

（1）单交换机 VLAN 的配置步骤

①进入特权模式。

```
Switch > enable
Switch#
```

②创建一个 VLAN。

```
Switch#config terminal
Switch( config)#vlan n
Switch( config - vlan)#
```

VLAN 编号 n 是一个数字，其取值可以是 2 ~ 1001。如果创建的 VLAN 已经存在了就
不再创建，而系统会直接进入 VLAN 配置模式。

③配置 VLAN 的名称。

```
Switch( config - vlan)#name XXXX
Switch( config - vlan)#
```

④退出 VLAN 配置模式。

```
Switch( config - vlan)#exit
Switch( config)#
```

⑤给 VLAN 指定端口。

```
Switch(config)#Interface 端口号
Switch(config-if)#switchport access vlan n
Switch(config-if)#exit
Switch(config)#
```

⑥查看 VLAN 的配置信息。

```
Switch(config)#exit
Switch#show vlan
```

用 show vlan 命令可以查看 vlan 的配置信息，也可以查看交换机有效的端口号。

（2）静态 VLAN 配置举例

例如，在 Cisco 2950 上配置两个 VLAN：VLAN 2 和 VLAN 3，且 VLAN2 由端口 Fa0/6、Fa0/7、Fa0/8 组成、VLAN3 由端口 Fa0/16、Fa0/17、Fa0/18 组成。配置命令如下：

```
Switch(config)#vlan 2                        ; 创建 Vlan 2
Switch(config-vlan)#exit                     ; 返回全局模式
Switch(config)#vlan 3                        ; 创建 Vlan 3
Switch(config-vlan)#exit                     ; 返回全局模式
Switch(config)#interface Fa0/6               ; 进入接口 Fa0/6 配置模式
Switch(config-if)#switchport access vlan 2   ; 将接口 Fa0/6 分配给 VLAN 2
Switch(config-if)#exit
Switch(config)#interface Fa0/7
Switch(config-if)#switchport access vlan 2   ; 将接口 Fa0/7 分配给 VLAN 2
Switch(config-if)#exit
Switch(config)# interface Fa0/8
Switch(config-if)#switchport access vlan 2   ; 将接口 Fa0/8 分配给 VLAN 2
Switch(config-if)#exit
Switch(config)#interface Fa0/16
Switch(config-if)#switchport access vlan 3   ; 将接口 Fa0/16 分配给 VLAN 3
Switch(config-if)#exit
Switch(config)# interface Fa0/17
Switch(config-if)#switchport access vlan 3   ; 将接口 Fa0/17 分配给 VLAN 3
Switch(config-if)#exit
Switch(config)# interface Fa0/18
Switch(config-if)#switchport access vlan 3   ; 将接口 Fa0/18 分配给 VLAN 3
Switch(config-if)#ctrl-Z
Switch#show vlan                             ; 显示 Vlan 分配的信息
```

VLAN	Name	Status	Ports
1	default	active	Fa0/1, Fa0/2, Fa0/3, Fa0/4
			Fa0/5, Fa0/9, Fa0/10, Fa0/11
			Fa0/12, Fa0/13, Fa0/14, Fa0/15
			Fa0/19, Fa0/20, Fa0/21, Fa0/22
			Fa0/23, Fa0/24

2 VLAN0002 activeFa0/6，Fa0/7，Fa0/8

3 VLAN0003 activeFa0/16，Fa0/17，Fa0/18

从 show vlan 显示的结果中可知：VLAN2、VLAN3 成功创建，而且端口分配也正在有效，同时还可看出，分配后余下的端口仍属于系统默认的 VLAN 1（default VLAN）。

（3）保存配置文件

将配置的信息保存到 NVRAM 中，否则关机后所有的配置将丢失。保存到 NVRAM 中的配置信息将作为启动配置文件，在启动时加载到系统中作为 startup-config。

①用命令 write memory 保存当前配置信息。

```
Switch#write memory
Switch#
```

②用下面的命令可显示当前正运行的配置内容。

```
Switch > en                        ; enable 命令的缩写
Switch#show running-config          ; 显示配置内容命令
……
hostname Switch
interface FastEthernet0/1
……
interface FastEthernet0/5
interface FastEthernet0/6
switchport access vlan 2
interface FastEthernet0/7
switchport access vlan 2
interface FastEthernet0/8
switchport access vlan 2
……
interface FastEthernet0/15
interface FastEthernet0/16
switchport access vlan 3
interface FastEthernet0/17
switchport access vlan 3
interface FastEthernet0/18
switchport access vlan 3
……
interface FastEthernet0/24
interface Vlan1
no ip address
shutdown
Switch#
```

（4）用 no command 命令方式删除 VLAN、删除 VLAN 中的端口

①删除 VLAN 中的端口。

```
Switch#conf t
Switch(config)#interface Fa0/16
Switch(config-if)#no switchport access vlan 3      ；从 VLAN 3 中删除 Fa0/16
Switch(config-if)#^Z
Switch#
Switch#show vlan                                  ；查看 VLAN 端口删除情况
```

从表中可见，Fa0/16 已从 VLAN 3 中删除。
②删除 VLAN 3。

```
Switch#conf t
Switch(config)#no vlan 3                          ；直接删除 VLAN 3
Switch(config)#^Z
Switch#
Switch#show vlan                                  ；查看 VLAN 删除情况
Switch#
```

从 show vlan 显示的信息中可查看到，VLAN 3 已被删除。

4.3.4 在数据库配置模式中配置静态 VLAN

除在全局配置模式中创建静态 VLAN 之外，Cisco 交换机还可以在数据库模式中创建静态 VLAN。

（1）数据库模式创建 VLAN 的命令
创建 VLAN2、VLAN3、VLAN4，并且由系统自动配置 VLAN 的名称。

```
Switch>en
Switch#vlan database          ；进入数据库配置模式
Switch(vlan)#vlan 2           ；创建 VLAN 2
   Name：VLAN0002             ；系统自动创建的 Name
Switch(vlan)#vlan 3           ；创建 VLAN 3
   Name：VLAN0003             ；系统自动创建的 Name
Switch(vlan)#vlan 4           ；创建 VLAN 4
   Name：VLAN0004             ；系统自动创建的 Name
Switch(vlan)#
```

（2）在数据库模式中删除 VLAN
在数据库模式中一次可以删除多个 VLAN。

```
Switch(vlan)#no vlan 4        ；删除 VLAN 4
Switch(vlan)#no Vlan 2,3      ；删除 VLAN 2、VLAN 3
Switch(vlan)#no Vlan 2-4      ；删除 VLAN 2、VLAN 3、VLAN 4
```

（3）为 VLAN 一次指定多个输入端口

Cisco 交换机支持为 VLAN 一次指定多个端口的功能，这样的指令提高了操作效率。下面的操作一次指定 Fa0/1、Fa0/2、Fa0/3、Fa0/4、Fa0/5 端口到 VLAN 2 中。

```
Switch( vlan)#vlan 2
Switch( vlan)#exit
Switch#conf t
Switch( config)#interface rang Fa0/1 – 5
Switch( config – if – range)#switchport access vlan 2
Switch( config – if – range)#^Z
Switch#
Switch#show vlan                    ；查看 VLAN 端口指定情况
```

（4）从 VLAN 中一次删除多个端口

不仅能够从 VLAN 删除端口，而且系统还支持从 VLAN 中一次删除多个端口的功能。下面的操作命令可从 VLAN 2 中一次删除端口 Fa0/3、Fa0/4、Fa0/5。

```
Switch#conf t
Switch( config)#interface rang Fa0/3 – 5
Switch( config – if – range)#no switchport access vlan 2
Switch( config – if – range)#^Z
Switch#
Switch#show vlan                    ；查看 VLAN 端口删除情况
```

4.3.5　多交换机的 VLAN 配置举例

多交换机的 VLAN 配置的关键是主干链路的配置，主干支持多个 VLAN 的数据帧在单一链路上穿越多个交换机，并将 VLAN 扩展到整个网络。VLAN 有以下三个特性：

- 每一个 VLAN 是一独立的以太网，属于同一个广播域。
- VLAN 能跨越多个交换机。
- 主干为多个 VLAN 运载通信量。

只有快速以太网接口支持主干工作模式，在实际应用中需用交叉线缆（双绞线）连接两个交换机的快速以太网接口，并指定接口为主干工作模式。主干链路就是连接两个交换机之间的主干接口的链路。主干链路的配置命令如下：

①指定接口为主干工作模式。

Switch(config – if)#switchport　mode　trunk　　　　　　　　　　；指定接口为主干
　　　　　　　　　　　　　　　　　　　　　　　　　　　　　　　　　　工作模式

②指定主干端口封装标签。

Switch(config – if)#switchport trunk　encapsulation　isl　　　　；isl 封装

Switch(config – if)# switchport trunk　encapsulation　dot1q　　；802.1q 默认封装

③根据需要可以改变交换机的本地（native）VLAN，默认本地（native）VLAN 是 VLAN1，要求主干链路两边的 native VLAN 必须相同。使用下面的命令改变本机（native）VLAN。

Switch(config – if)# switchport trunk native vlan < vlan ID >

④允许所有的 VLAN 通信量穿越主干(trunk)链路。

Switch(config – if)# switchport trunk allowed vlan all   ；默认允许

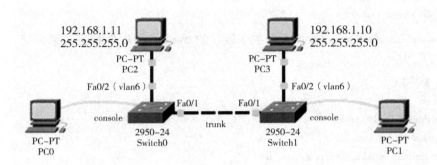

图 4 – 12　VLAN 主干链路配置实例

(1)多交换机 VLAN 主干链路的配置实例

图 4 – 12 是一个在两个交换机间配置 VLAN 主干链路的实例，图中的 VLAN 主干链路分别由交换机 Switch0 和 Switch1 的两个接口 Fa0/1 通过一交叉线连接构成。主机 PC2 和 PC3 分别连接到交换机 Switch0 和 Switch1 的 Fa0/2 接口上，并共同构成了 VLAN 6 的成员。主机 PC0 和 PC1 是对交换机分别进行本地配置的超级终端，通过 PC0 和 PC1 可分别配置交换机 Switch0 和 Switch1 的 VLAN 6 和主干链路。

(2)多交换机 VLAN 的配置步骤

多交换机 VLAN 的配置可分为四个步骤。

STEP 1 分别在两个交换机上创建 VLAN。

Switch(config)#vlan 6   ；创建 VLAN 6

STEP 2 分别在两个交换机上为 VLAN 6 分配成员接口(如图 4 – 12 的接口 Fa0/2)。

Switch(config)# interface Fa0/2
Switch(config – if)#switchport access vlan 6   ；将接口 Fa0/2 分配给 VLAN 6

STEP 3 分别配置两个交换机上的主干端口(如图 4 – 12 接口 Fa0/1)为主干工作模式。

Switch(config)# interface Fa0/1
Switch(config – if)#switchport mode trunk   ；将接口 Fa0/1 配置为主干模式

STEP 4 配置主机 PC2 和 PC3 的 IP 地址及掩码(参考第五章 IP 地址)。

PC2 的 IP 地址及掩码是：192.168.1.11　255.255.255.0

PC3 的 IP 地址及掩码是：192.168.1.10　255.255.255.0

(3)用相关命令查看配置信息

①用 show running – config 命令查看配置信息。

Switch#show running – config
Building configuration...

```
......
interface FastEthernet0/1
switchport mode trunk
interface FastEthernet0/2
switchport access vlan 6
```

②用 show interface switchport 查看主干接口的 trunk 和 VLAN 标签封装信息。

```
Switch#show interface switchport
Name：Fa0/1
Switchport：Enabled
Administrative Mode：trunk
Operational Mode：trunk
Administrative Trunking Encapsulation：dot1q
Operational Trunking Encapsulation：dot1q
Negotiation of Trunking：On
Access Mode VLAN：1（default）
Trunking Native Mode VLAN：1（default）
......
Trunking VLANs Enabled：All
Pruning VLANs Enabled：2 – 1001
Capture Mode Disabled
Capture VLANs Allowed：ALL
```

4.3.6　Cisco 交换机生成树协议 STP 模式的配置

交换机生成树协议 STP 的配置较复杂，一般工作在默认模式下就可以。但就目前的技术来讲，进行简单的工作模式配置仍可取得较好的效果。

一、STP 模式的配置

交换机生成树协议 STP 的工作模式有 PVST、Rapid – PVST、MST 三种。

（1）生成树模式 MODE

①PVST 模式。

每 VLAN 生成树协议（PVST）：每一个 VLAN 有一个生成树的计算进程。基本算法是通过在交换机之间传递一种特殊的协议报文（在 IEEE 802.1d 中这种协议报文被称为"配置消息"）来确定网络的拓扑结构。配置消息中包含了足够的信息来保证交换机完成生成树计算。

②Rapid – PVST 模式。

快速生成树协议 RSTP（Rapid Spaning Tree Protocol）802.1w 由 802.1d 发展而成，这种协议在网络结构发生变化时，能更快地收敛网络。它比 802.1d 多了两种端口类型：预备端口类型（alternate port）和备份端口类型。这能使网络拓扑发生变化时快速收敛。

③MST 模式。

多生成树 MST(Multiple Spanning Tree)是对 IEEE 802.1w 的快速生成树 RST 算法的扩展。多生成树 IEEE 802.1s 标准中的 MST 技术把 IEEE 802.1w 快速单生成树 RST 算法扩展到多生成树，这为虚拟局域网 VLANs 环境提供了快速收敛和负载均衡的功能，是 IEEE 802.1 VLAN 标记协议的扩展协议。采用多生成树(MST)，能够通过干道(trunks)建立多个生成树，关联 VLANs 到相关的生成树进程，每个生成树进程具备单独于其他进程的拓扑结构；MST 提供了多个数据转发路径和负载均衡，提高了网络容错能力，因为一个进程(转发路径)的故障不会影响其他进程(转发路径)。

(2)PVST、Rapid – PVST、MST 比较

由于 IEEE 802.1d 协议虽然解决了链路环路引起的广播风暴问题，但是生成树的收敛(指重新设定网络中的交换机端口状态)过程需要的时间比较长，可能需要花费 1 分钟。因此 IEEE 802.1d 协议已经不能适应现代网络的需求。

快速生成树 IEEE 802.1w 协议使收敛过程由原来的 1 分钟减少为现在的 1 ～ 10s，因此 IEEE 802.1w 又称为"快速生成树协议"。

多生成树 IEEE 802.1s 标准中的 MST 技术把 IEEE 802.1w 快速单生成树 RST 算法扩展到多生成树，这为虚拟局域网 VLANs 环境提供了快速收敛和负载均衡的功能。MST 不仅具有收敛快速的特性，并且能够应用于较大规模的网络。

(3)生成树协议的工作模式配置

可以通过下面的行命令指定生成树协议的工作模式。有些交换机可能不支持 MST 多生成树模式。

Switch(config)#spanning – tree mode [pvst | rapid – pvst | mst]

- mst_ 全局模式，全局一个生成树。
- pvst_ 每个 vlan 一个生成树模式(cisco 默认)。
- Rapid – pvst_ 每个 vlan 一个快速生成树模式。

mst	multiple spanning tree
pvst	Per – Vlan spanning tree mode
rapid – pvst	Per – Vlan rapid spanning tree mode

二、STP 协议的简单配置

VLAN1 在缺省情况下启用 STP，并且新创建的 VLANs 同样会启用 STP。在一个交换机上启用 STP 的实例限制为 128 个，如果确定在网络 VLAN 的拓扑结构中无物理回路可停用或关闭 STP。

(1)STP 协议的缺省配置

VLAN1 在缺省情况下采用缺省参数启用 STP 协议，表 4 – 3 为 STP 协议的缺省参数。

表 4 – 3　STP 协议的缺省参数

STP 特性(Feature)	缺省设置(Default Setting)
STP 启用状态	在缺省情况下 VLAN 1 启用 STP，最多可启用 128 个生成树实例。

续表 4-3

STP 特性(Feature)	缺省设置(Default Setting)
交换机优先级 Switch priority	32768.
生成树端口优先级（当接口配置为访问端口时）	128.
生成树端口成本（当接口配置为访问端口时）	1000 Mbps：4. 100 Mbps：19. 10 Mbps：100.
生成树 VLAN 端口优先级（在配置的 VLAN 中的接口配置为主干接口时）	128.
生成树 VLAN 端口成本（在配置的 VLAN 中的接口配置为主干接口时）	1000 Mbps：4. 100 Mbps：19. 10 Mbps：100.
Hello 间隔(Hello time)	2 seconds.
转发延迟时间(Forward - delay time)	15 seconds.
最大老化时间(Maximum - aging time)	20 seconds.
Port Fast	Disabled on all interfaces.
BPDU guard	Disabled on the switch.
UplinkFast	Disabled on the switch.
BackboneFast	Disabled on the switch.
Root guard	Disabled on all interfaces.

（2）STP 协议的简单配置

STP 用缺省参数运算得到的根交换机或根端口有可能不是理想的选择，STP 协议的简单配置主要包括 STP 协议的启用和停用、根交换机、根端口的选择和优先级及其相关参数的配置。

①在每个 VLAN 的实例中启用或停用 STP。

Catalyst 2950 支持 pvst（per vlan spanning tree），最多支持 128 个 STP 实例，全局配置模式下用下面的命令可启用或停用 SPT：

```
Switch(config)# spanning - tree vlan vlan - id        ；在 VLAN - ID 上启运 STP
Switch(config)# no spanning - tree vlan vlan - id     ；在 VLAN - ID 上停运 STP
```

在一个无环路的 VLAN 中完全可停用 STP 协议的运行。

②根交换机(Root Switch)的配置。

交换机为每个配置的 VLAN 保持有一个生成树实例。一个交换机标识 ID 由交换机优先级和 MAC 地址组成，并且与每个实例相关。对于每一个 VLAN，交换机利用最低的交换机 ID 成为 VLAN 的根交换机。配置一个交换机成为根交换机，交换机的优先级可被改变，可从缺省值（32768）到一个配置为更低数字，以便使交换机成为指定 VLAN 的根交换机。

◆下面的命令直接配置一个交换机成为一个 VLAN 中的根交换机和备用根交换机。

Switch(config)# spanning − tree vlan vlan − id root primary ［diameter net − diameter ｜ hello − time sec-
onds］　　　　　　　　　　；推荐使用该命令直接配置根交换机

Switch(config)# spanning − tree vlan vlan − id root secondary ［diameter net − diameter ｜ hello − time sec-
onds］　　　　　　　　　　；有条件时可用该命令配置备用根交换机

当在一个交换机上输入上述关键字 primary 的命令，交换机将检查 vlan − id 当前根交换机的优先级。并为 vlan − id 指定的 VLAN 设置自己的交换机优先级为 8192，如果对于指定的 VLAN 的任何根交换机有一个低于 8192 的交换机优先级，交换机将为指定的 VLAN 设置自己的优先级到 1，这样比最低的交换机优先级更低，保证交换机自己成为根交换机。

当在一个交换机上输入上述关键字 secondary 的命令，配置一个交换机为第二根交换机时，STP 交换机优先级从缺省值(32768)被改变到 16384，以便交换机有希望成为一个 VLAN 的根交换机。如果另一个交换机在网络中用缺省交换机优先级 32768，此交换机不希望成为根交换机，则第一根交换机失败。

关键字 diameter 指定网络的直径 diameter(在网络的任意两个站点之间的交换机跳数的最大值)，设置范围是从 2 到 7。当指定一个网络的直径，交换机会自动为网络设置一个最理想的 hello 时间、转发延迟时间、最大老化时间，这样可以明显地减少收敛时间。

关键字 hello − time 重设 hello 时间，Hello 时间间隔为 1 ∼ 10s。

命令中的 vlan − id 范围是从 1 到 1005，不能是零。

◆可用配置交换机优先级的方法，使交换机更有希望被选为根交换机。

Switch(config)# spanning − tree vlan vlan − id priority priority

命令中的 vlan − id 范围是从 1 到 1005，不能是零。优先级 Priority 范围是 0 到 65535，缺省值是 32768，优先级小的数字表示交换机的高优先级。

注：no spanning − tree vlan vlan − id root 全局配置命令，可使交换机返回到缺省设置。

③配置 STP 端口优先级。

在一个环路事件中，当选择一个接口设置为转发状态时 STP 首先选择的是高优先级端口。可以分配一更高的优先级(低优先级数字)到第一接口。如果所有的接口有相同的优先级数字，STP 会选择最低编号的接口为转发状态的端口，并阻塞其他接口。端口优先级的范围是从 0 到 255，缺省优先级为 128。

当接口被配置为访问端口时，Cisco IOS 用端口优先级；如果接口被配置为干线端口时，Cisco IOS 用 VLAN 端口优先级数字。

Switch(config)#interface interface − id

Switch(config − if)# spanning − tree port − priority priority
　　　　　　　　　　　　；配置访问接口的端口优先级

Switch(config)#interface interface − id

Switch(config − if)#spanning − tree vlan vlan − id port − priority priority
　　　　　　　　　　　　；为干线端口配置 VLAN 优先级

上述命令可为接口配置端口优先级，vlan − id 范围是从 1 到 1005，不能是零。priority 范围是从 0 到 255，缺省优先级为 128。用 no spanning − tree vlan vlan − id port − priority 接口配置命令，会使接口返回到缺省状态。

计算机网络技术

（3）配置信息的检查与保存

①当对交换式网络的 STP 协议配置后，可用以下命令查看交换机的配置信息。

Switch# show spanning – tree   ; 检查 STP 配置。

Switch#show spanning – tree interface interface – id

           ; 显示接口的 STP 优先级信息。

Switch#show running – config interface

          ; 接口工作在主干状态，显示端口优先级。

Switch#show spanning – tree vlan vlan – id bridge［brief］

          ; 检查交换机的优先级及配置的参数。

②如果要使 STP 配置有效，用下面的命令将交换机的配置信息保存到启动配置文件中。

Switch# copy running – config startup – config

          ; 将配置信息保存在启动配置文件中

关于 cisco 2950 交换机的 STP 协议的改进特性的配置可参考以下在线文章：

http：//www. cisco. com/c/en/us/td/docs/switches/lan/catalyst2950/software/release/12 –1_ 6_ ea2c/configuration/guide/scg/swgstp. html，《Configuring STP》。

◄┃┃复习思考题┃┃►

一、填空题

1. 以太网交换机的端口/MAC 地址映射表不需要人工维护，而是由以太网交换机自身通过"_____"功能自动完成的。

2. 通过"地址学习"的方式，端口/MAC 地址映射表不断地被刷新，使得交换机的端口/MAC 地址映射表保持高度精确的_____。

3. 虚拟局域网的应用就是把同一物理局域网内的不同用户_____地划分成不同的广播域，每一个广播域构成一独立的虚拟局域网 VLAN。

4. 动态 VLAN 划分方法的最大优点就是当用户的_____变动时（即从一个交换机换到其他的交换机时），VLAN 不用重新配置。

5. 生成树协议 STP（Spanning Tree Protocol）是一基于 OSI 网路模型的数据链路层（第二层）通信协定，主要目的是确保一个_____的区域网络环境。

6. 生成树协议 STP 通过有选择性地_____网络冗余链路来达到消除网络二层环路的目的，同时具备链路的备份功能。

二、单项选择题

1. 交换机的端口/MAC 地址映射表是通过（ ）方式建立起来的。

 A. 动态地址学习   B. 人工输入

 C. 生成树协议   D. VLAN

2. 虚拟局域网就是把同一物理网络内的用户逻辑地划分为不同的(　　)中。

A. 广播域　　　　　　B. 冲突域　　　　　　C. 工作组　　　　　D. 域

3. 在链路层能够配置有冗余链路的设备是(　　)。

A. 调制解调器　　　　B. 集线器　　　　　　C. 路由器　　　　　D. 交换机

三、简答题

1. 简述 VLAN 的划分策略。

2. 快速生成树协议及其优点。

四、实训题交换机配置

1. 写出下面交换机配置命令的功能。

Switch > enable

Switch#configure terminal

Switch#show vlan

Switch#show running – config

Switch#show mac – address – table

Switch#show interfaces 接口

Switch#show startup – config/config

2. 在单一交换机中创建虚拟局域网 VLAN5，并将交换机端口(Fa 0/1，Fa 0/2，Fa 0/3，Fa 0/4，Fa 0/5)分配在 VLAN5 中，写出配置命令。

第五章 IP 地址

本章学习目标

- 网络互联的基本概念
- IP 地址、子网划分与合并方法
- IP 地址的配置规则和配置实例

IP 地址是互联网协议地址，又称为网际协议 IP 地址（Internet Protocol Address）。IP 地址是网络互联的基础，世界通过 IP 地址实现了国际互联网 Internet 的统一编址。

5.1 IP 地址概念

网络互联是指两个以上的计算机网络，通过一定的网络互联设备连接成一个更大的网络，这样可以使用户在一个更为广阔的范围内实现资源共享。

5.1.1 IP 地址的作用

网络互联是通过专门的网络互联设备实现的，网络互联的目的就是把一种或多种类型的多个网络通过网络互联设备相互连接起来，以构成更大规模的计算机网络系统。

（1）网络互联设备

网络互联设备称为路由器（Router）。路由器工作在 OSI 体系结构中的网络层，可在多个网络中交换和转发数据包。比起网桥，路由器不但能过滤和分隔网络信息流、连接网络分支，还能访问数据包中更多的信息。

（2）网络互联需要解决的三个问题

网络互联是网络发展的必然结果，要实现网络互联，必须解决好以下三个问题：

- 一是异种类型网络的互联。
- 二是实现统一地址分配。
- 三是实现不同逻辑子网之间的路由。

TCP/IP 协议是全球网络互联的标准，IP 地址统一标识了 Internet 互联网地址。

一、IP 地址的一般概念

IP 协议为互联网提供了统一的 IP 地址。IP 地址是一个 32 位的二进制编码，在实际应用时由 IP 地址管理机构统一分配或由部门向 IP 地址管理机构申请注册。IP 协议属网络体系结构的上层协议，这种利用上层软件对互联网中的节点地址进行统一的规定，可以屏蔽各物理网络地址的差异，因此 IP 地址又称为互联网的逻辑地址。

在互联网中的主机是通过 IP 地址来标识的。因此，在互联网中的每台主机至少配置一个以上的 IP 地址来标识主机的存在。实际情况下，网络中的计算机是通过网卡与网络相连的，而作为路由器的计算机往往需要安装多个网卡连接到多个网络，这种装有多个网卡的多宿主计算机需要配置多个 IP 地址与每个网卡对应。一般情况下，多宿主计算机中的每个网卡须一一对应地配置一个不同的 IP 地址，但现代网络操作系统的功能都具备了良好的扩展性，允许将多个 IP 地址绑定到同一条物理连接（网卡）上，以提供到多个网络的逻辑连接。严格地讲，IP 地址在互联网中唯一地标识了一个物理连接（接口）。

二、与 IP 地址有关的二进制数制转换问题

与 IP 地址相关的运算主要是 8 位二进制数与十进制数之间的转换。如果较好地掌握了 8 位二进制数与十进制数的转换，那么理解 IP 地址的一般概念就容易多了。图 5 - 1 表示出了 8 位二进制数 $(1111\ 1111)_2$ 与十进制数的位权关系。记住了下面的位权，那么低于8 位的二进制数转换为十进制数就容易多了，转换的方法就是将二进制数的每个"1"位的位权相加。

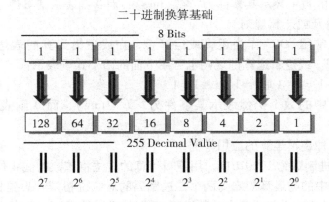

图 5 - 1　8 位二进制数的位权

①通用的二进制数转换为十进制数的方法用权展开法，例如：

例 1：$(10110110)_2$

$$= 1 \times 2^7 + 1 \times 2^5 + 1 \times 2^4 + 1 \times 2^2 + 1 \times 2^1$$

$$= 128 + 32 + 16 + 4 + 2$$

$$= 182$$

②十进制整数转换为二进制数的方法——"除 2 取余"法。

例 2：利用"除 2 取余"法将十进制数 141 转换为二进制数

解：如图 5 - 2 所示，通过"除 2 取余"得：

$(141)_{10} = (10001101)_2$ ；等式的左边是十进制数，右边是二进制数。

③关于二进制数的逻辑运算。

在计算机领域中常用的运算不仅有算术运算，而且逻辑运算也占有相当重要的地位。为了使读者更好地学习 IP 地址，这里补充两种逻辑运算符以及它们的运算规则：

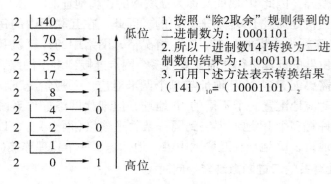

图5-2 除2取余法

a)"与"运算符及与运算规则

常用"AND"作为与运算符,有时也直接用"×"作为与运算符,与逻辑的运算规则可用下面的四个式子表示:

$0 \times 0 = 0$　　$0 \times 1 = 0$　　$1 \times 0 = 0$　　$1 \times 1 = 1$

在逻辑运算中的数1表示某事件为"真"(ture),而0则表示某事件为"假"(false)。

b)"或"运算符及或运算规则

在逻辑运算中常用"OR"作为逻辑或运算符,在或逻辑运算的表达式中也可直接用"+"作为或运算符。或逻辑运算的规则也可用下面的四个式子表示:

$0 + 0 = 0$　　$0 + 1 = 1$　　$1 + 0 = 1$　　$1 + 1 = 1$

在或逻辑运算中的数1仍然表示某事件为"真"(ture),而0则表示某事件为"假"(false)。

下面是以上两种逻辑运算的应用举例:

例3:八位二进制数为10101011,用逻辑运算的方法将该数的低4位置"0"。

解:在计算机中的与运算规定为两个二进制码的对应位相"与",这样我们用一组特殊的二进制编码"1111 0000"和题目中的数进行逻辑"与"运算即可得到希望的结果,其算法如下式所示:

```
   1010   1011
× 1111   0000
─────────────
   1010   0000
```

在IP地址的这种运算中,为了能够将一个二进码的低4位置"0",我们用的编码"1111 0000"称为"掩码"。经过掩码与原操作数进行"与"运算后,其结果将原操作数的低4位置"0",而高4位保持不变,有时"与"运算也叫逻辑乘。

例4:八位二进制数为1010 1011,用逻辑运算的方法将该数的高4位置"1"。

解:在计算机中的或运算规定为两个二进制码的对应位相"或",这样我们用一组特殊的二进制编码"1111 0000"和题目中的数进行逻辑"或"运算即可得到希望的结果,其算法如下式所示:

```
   1010   1011
+ 1111   0000
─────────────
   1111   1011
```

按照"或"运算规则，经上述表示式的或运算后，无论第一操作数的高 4 位是什么码，通过用一特殊的编码"1111 0000"与原操作数进行或运算后的高 4 位都将成为"1"，而原操作数的低 4 位保持不变，有时"或"运算也叫逻辑加。

5.1.2　IP 地址的分类

互联网是由多个网络构成的，而每个网络中又包括了多个主机。因此，互联网是一个具有两层结构的网络，如图 5-3 所示。

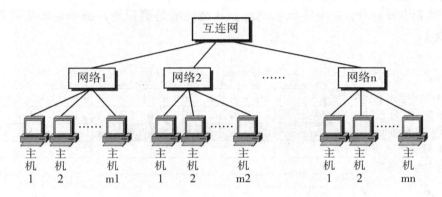

图 5-3　网络互联层次结构

与互联网的两层结构一样，32 位的 IP 地址相应地采用了相同的两层结构，如图 5-4 所示。两层结构的 IP 地址将 32 位的二进制地址码分为网络地址和主机地址两部分，用网络地址标识互联网中的一个特定网络，用主机地址标识主机到该网络的一个特定的连接。IP 地址不仅可以准确地表示一个主机在互联网中的位置，而且可以确定主机与网络的连接关系。

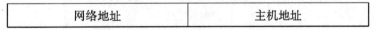

网络地址	主机地址

图 5-4　IP 地址的组成

（1）IP 地址的分类

在 TCP/IP 协议中规定，IP 地址由 32 位的二进制码组成，如下面一组 32 位二进制编码唯一地表示了一个主机在互联网中的地址：

11010001 11101111 00010101 11001101

互联的网络规模有大有小，而 IP 地址只有 32 位。规模大的网络需要有较长的 IP 地址的主机地址位，规模较小的网络则无须较长的 IP 地址的主机地址位。同理，IP 地址中网络地址部分越长，就可提供较多的网络地址，较短的 IP 地址的网络地址位只能提供较少的网络地址。为了能提高 IP 地址的利用率和支持其他特殊的用途，IP 协议把 IP 地址分为A、B、C、D、E 5 类。如图 5-5 所示，每个 IP 地址的最高几位固定的前缀编码是用来分类的，有阴影的部分为网络地址"n"，无阴影的部分是主机地址"h"部分。

计算机网络技术

读者可以发现 IP 地址是经过精心设计的，它可以适用于不同规模的网络，具有一定的灵活性。在 A、B、C、D、E 这 5 类 IP 地址中，只有 A、B、C 三类用于主机地址，D 类用于组播地址，E 类保留后用。

①A 类地址的类型识别码是由前缀"0"标识，A 类地址的高 8 位表示网络地址，后 24 位表示主机地址，主要用于规模大的网络。

②B 类地址的类型识别码是由前缀"10"标识，B 类地址的高 16 位表示网络地址，后 16 位表示主机地址，主要用于规模中等的网络。

③C 类地址的类型识别码是由前缀"110"标识，C 类地址的高 24 位表示网络地址，后 8 位表示主机地址，主要用于小规模的网络。

④D 类为组播地址，E 类为保留地址，其地址的类型识别码分别由前缀码"1110"和"11110"标识。

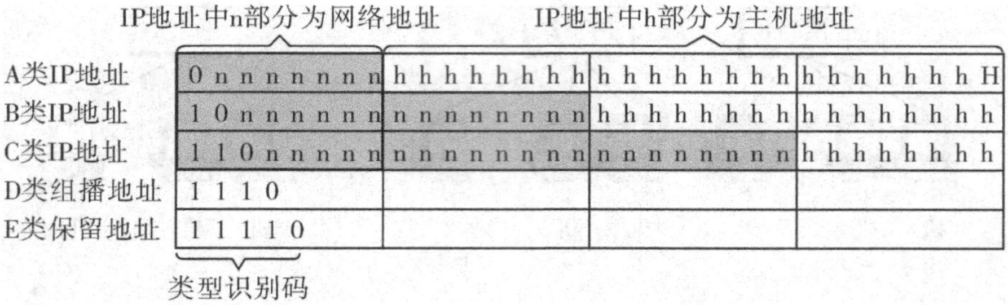

图 5-5 IP 地址的分类

在 A、B、C 三类地址中，第一个字节的数值范围是与类型有关的，它们各自的数值范围是：

A 类：首字节二进制数的范围是：0000 0000 ～ 0111 1111

　　　　　　　　　　　　　　　 0 ～ 127

B 类：首字节二进制数的范围是：1000 0000 ～ 1011 1111

　　　　　　　　　　　　　　　 128 ～ 191

C 类：首字节二进制数的范围是：1100 0000 ～ 1101 1111

　　　　　　　　　　　　　　　 192 ～ 223

上述 IP 地址的首字节二进制码中，粗体部分是地址的类型识别码（地址前缀）。表 5-1 对 A、B、C 三类 IP 地址能够容纳的网络数和主机数进行了统计，以供参考。

表 5-1　A、B、C 三类 IP 地址适用范围

类别	网络地址长度	第一字节范围	主机地址长度	最大主机数	适用网络规模
A	1 byte	1 ～ 126*	3 byte	16777214	大规模网络
B	2 byte	128 ～ 191	2 byte	65534	中规模网络
C	3 byte	192 ～ 223	1 byte	254	小规模网络
D	4 byte 组播地址	组播地址范围	224. 0. 0. 0 … 239. 255. 255. 255		

* 0 和 127 系统保留用。

要说明的是，在 D 类地址中的 224.0.0.0…224.0.0.255 范围的地址块是为路由协议或它有关的拓扑发现协议或网络的维护协议而保留的。

（2）IP 地址的十进制数的表示法

为了便于理解和应用，IP 地址采用十进制数点分法表示。这种表示法是将 32 位的 IP 二进制地址编码，按字节转换为 4 个十进制数，十进制数之间用符号"."分隔。

因为 $(1111\ 1111)_2 = (255)_{10}$。这样 IP 地址的每个十进制数都小于等于 255。下面我们用举例的方法来说明 IP 地址的"十进制数点分法表示法"。

例 5：下面是一个 32 位的二进制的 A 类 IP 地址：

0100 1010 0110 1010 1011 1011 0101 1101

试说明该地址是哪类地址，并指出网络地址部分和主机地址部分，用十进制点分法写出其相应的 IP 地址。

解：①二进制地址的最高位为 0，这是 A 类地址的前缀（类型识别码）。该地址码的第一字节为网络地址部分，后三个字节为主机地址部分。

0100 1010 0110 1010 1011 1011 0101 1101
网 络 地 址　　　　主 机 地 址

②4 字节的 IP 地址的十进制点分法表示为

```
0100  1010   0110  1010   1011  1011   0101  1101     ；二进制码
  ‖            ‖            ‖            ‖           ；按字节转换
   74           106          187          93          ；十进制数
```

该 IP 地址用十进制点分法表示为：

74. 106 . 187 . 93
网络地址　 主机地址

5.1.3　特殊的 IP 地址形式

IP 地址的绝大部分可以用做主机地址，但是少数 IP 地址已被系统保留为特殊用途的 IP 地址。

（1）网络地址

在互联网中，经常要标识某个网络的地址。IP 地址的方案规定，在互联网中的某个网络地址是由 IP 地址的有效网络地址部分和全"0"的主机地址部分构成的。例如下面的一个 IP 地址：

202.93.129.44

这一 IP 地址属 C 类地址，只有最后一个字节的数字 44 是主机地址部分。因此，这一 IP 地址所标识的网络地址可表示为：

202.93.129.0

（2）直接广播地址

网络中的一台主机向另一个网络的所有主机发送信息叫做直接广播（directed broadcasting）。在互联网中，任何一台主机都可用直接广播地址向其他网络中所有的主机发送直接广播信息。一个网络的直接广播地址是由其有效的网络地址和全"1"的主机地址构成。

例如：

202.93.129.255 就 是 地 址 202.93.129.44 的 一 个 直 接 广 播 地 址。一 台 主 机 用202.93.129.255 作为目标地址，就可对网络 202.93.129.0 直接发送广播信息。

（3）有限广播地址

网络中的一台主机向本网的所有主机发送信息叫做有限广播（limited broadcasting）。在一个网络中，任何一台主机都可用有限广播地址向本网发送有限广播信息。IP 地址规定，32 位全"1"的 IP 地址为有限广播地址：

255.255.255.255

（4）回送地址

A 类网络地址 127.0.0.0 是一个保留地址，主要用于本机网络软件的测试和本地主机进程间的通信。所以，地址 127.0.0.0 叫回送地址（loopback address）。任何一台主机使用回送地址发送数据，IP 协议不会进行任何网络传输，而是立即将之返回发送进程而不会离开此设备。因此，含有 127 网络地址的数据包是不可能出现在网络中的，典型的环回地址是：

127.0.0.1 ；这个地址别名是"Localhost"

例如在 Windows 2000 操作系统可用命令"Ping 127.0.0.1"测试与本机有关的网络软件配置后的工作情况。

（5）私有地址

如果需要将一台主机或网络直接连入 Internet，应使用互联网信息中心 InterNIC 分配注册的合法 IP 地址。如果一个局域网不需要接入国际互联网 Internet，可以使用因特网地址分配管理局 IANA（Internet Assigned Numbers Authority）给部门专用网络保留的专用 IP 地址，这部分被保留的专用地址通常称为私有地址，私有地址不需要注册。被保留的私有地址空间的范围是：

A 类 10.0.0.1 — 10.255.255.254

B 类 172.13.0.1 — 172.32.255.254

C 类 192.168.0.1 — 192.168.255.254

部门中的孤立的网络应尽量选用私有地址，配有私有地址的网络是不可以直接连入Internet 的，因为私有地址在互联网中属非法地址。但是使用私有地址的网络可以通过路由器或代理服务器中的网络地址转换协议 NAT 接入 Internet。

5.2　子网的划分与 C 类网的合并

5.2.1　IP 地址的掩码（Address Mask）

连在网络中的每个主机都将被配置一个 IP 地址，用以确定主机所在的网络地址和主机地址。每个主机都要知道自己所在网络的"网络地址"，并且要知道自己所在网络的主机号（即明白自己在网络中的"编号"）。

IP 地址用 32 位二进制"掩码"标识出相应的 IP 地址的网络地址部分和主机地址部分。

表 5 - 2 给出了对应于 A、B、C 三类 IPv4 地址的标准的地址掩码。

从表 5 - 2 可以看出，掩码中的码"1"对应 IP 地址的网络地址部分，掩码中的码"0"对应 IP 地址的主机地址部分。

表 5 - 2　A、B、C 类地址的掩码

类别	掩码	十进制点分法表示
A	11111111 00000000 00000000 00000000	255.0.0.0
B	11111111 11111111 00000000 00000000	255.255.0.0
C	11111111 11111111 11111111 00000000	255.255.255.0

系统通过我们配置的掩码，能够确定 IP 地址的网络地址和主机地址，这对标准的 IP 地址来讲，掩码的作用不太明显，但对下面要讲的子网划分问题，掩码的作用是无可替代的。

5.2.2　IP 地址的配置实例

TCP/IP 协议的应用非常广泛，在网络领域占有统治地位，以至常用的操作系统全都支持 TCP/IP 协议（如 Windows、Unix 、Linux 等）。TCP/IP 协议不仅是互联网传输协议，而且也是局域网协议。TCP/IP 是目前普遍应用的协议，因此 IP 地址是网络中最重要的配置参数。

（1）IP 地址的配置规则

在进行 IP 地址配置规划的过程中，首先要根据计算机网络的组网规模，确定 IP 地址的类型。由表 5 - 1 可知：

- A 类地址主要用于大规模的网络，能够提供 16777214 个主机地址。
- B 类地址可用于中等规模的网络，能够提供 65534 个主机地址。
- C 类地址只能用于小规模的网络，能够提供 254 个主机地址。

因此用 IP 地址配置计算机网络，首先要注册配置相应的网络地址，然后要为网络中的每个主机配置主机地址。为了更准确而有效地配置互联网中主机地址，应该遵从下面的 IP 地址配置规则：

①在同一个网中的计算机的 IP 地址，网络地址相同，主机地址不同。

②在不同网络中的计算机的 IP 地址，网络地址不同，而主机地址可以相同。

（2）IP 地址的配置实例

下面通过一个实例，说明 IP 地址在局域网中的配置。

例 6：某单位要组建一办公局域网，该网的规模是由 200 台办公计算机组成。

①试按照 IP 地址的配置规则，规定配置 IP 地址的类型。

②规定 IP 地址的网络地址，以及主机地址的范围。

③画出本网络的逻辑结构图，并标出代表每个主机的节点的 IP 地址。

④说明在 Windows 系统中，配置 IP 地址操作方法。

解：

①组建一个具有 200 台主机的网，可以选用 C 类 IP 地址配置网络，因为一个 C 类网址有 254 台主机地址。

②根据题意，选用 C 类地址空间中的私有地址部分。私有地址无须注册申请，可以由网络管理员根据自己的习惯和理念设计，并且在以后也可以用 NAT 协议接入 Internet。

选定的网络地址是：　　　　　　　192.168.100.0

掩码为 C 类网的缺省掩码：　　　　255.255.255.0

③习惯上地址空间中的第一个地址（192.168.100.1）作为保留地址，大多作为接入互联网的网关地址。因此主机地址的范围制定为下面的地址空间较为合理：

192.168.100.50　……　192.168.100.250

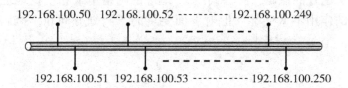

图 5-6　以太网 IP 地址编址实例

④根据题意画出的以太网逻辑图如图 5-6 所示，现在组网类型大多是以太网，以太网的逻辑结构属于总线结构，图中的节点表示计算机主机。

⑤Windows 7 系统配置主机 IP 地址的操作。

配制主机 IP 地址的操作步骤如下：

STEP 1 如图 5-7 所示，单击"开始" →"控制面板"→"网络和共享中心"，单击"本地连接"，再单击"本地连接状态"对话框中的"属性"按钮，弹出"本地连接"属性对话框。

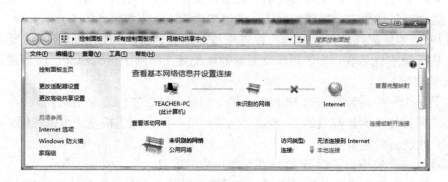

图 5-7　本地连接 1 属性操作图

STEP 2 如图 5-8 所示，在"本地连接 属性"对话框中选择"Internet 协议版本 4（TCP/IPv4）"，单击"属性"按钮，弹出"Internet 协议版本 4（TCP/IPv4）属性"对话框。

STEP 3 如图5-9所示，在"Internet 协议版本 4(TCP/IPv4)属性"对话框中，输入IP地址及掩码后单击"确定"按钮。

STEP 4 对网上的每一台主机重复上面的1、2、3步骤，配置其相应的IP地址。

　　IP地址的配置的一般规则是相同子网的IP地址的网络地址(包括子网网络地址)部分相同，主机地址不同；不同子网的IP地址的网络地址(包括子网网络地址)部分不同，主机地址可以相同。

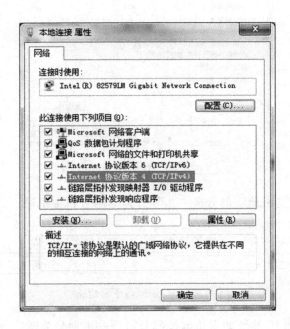

图5-8　本地连接属性

5.2.3　子网的划分与C类地址块的合并

　　IP协议的可变长子网掩码VSLM(Variable Length Subnet Masks)功能允许将一个A类、B类、C类网址划分为更小的子网地址。在有些情况下，子网划分可以简化管理、重组内部网络、提高网络的安全性和隔离网络的通信量。

　　与子网划分相反的是C类网的合并。为缓解大型网络对A类或B类网址的需求，超网化(supernetting)技术可将一组C类网合并为一个较大的网络。

　　C类网址合并的真正目的是优化路由表，支持C类网合并的无类别域间路由选择CIDR(Classless Inter – Domain Name Routing)技术能够将C类地址块概括为一条路由记录，这样的概括将减少分散的路由表记录数目。因此超网化减小了路由表，并且提高了路由表的选择效率。

　　(1)子网划分方法

　　子网划分是建立在可变长子网掩码VSLM基础上的。如图5-10所示，子网划分技术

图 5-9　TCP/IP 属性

是将规定的 IP 地址的主机地址部分进一步划分为子网号和主机号。

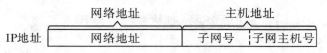

图 5-10　子网与子网地址

在图 5-10 中，原 IP 地址的主机地址部分被进一步划分为两部分：一部分被用于子网号，另一部分被划分为子网的主机号。

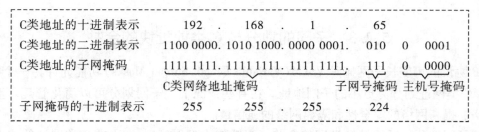

图 5-11　主机地址的高 3 位划分为子网地址的结构

子网划分后的子网号部分改用掩码"1"来标识，子网主机号部分仍然用掩码"0"标识，而网络地址部分的掩码仍然为"1"。

如图 5-11 所示，IP 地址" 192.168.1.65 "是一个经过子网划分后的 C 类地址。该地址的掩码说明原主机地址部分被划分为高 3 位子网号和低 5 位子网主机号。

需要说明的是，支持变长子网掩码 VLSM 的新版本路由协议支持全"0"和全"1"的子网号地址，如 OSPF 和 RIP 版本 2。考虑到整个系统和历史的原因，使用 VLSM 仍存在困难。

　　综上所述，通过改变缺省掩码来扩展子网号的位数的方法可将一个 C 类网划分为多个更小的子网，子网的大小可由子网号的位数来确定。同理，根据实际需要用同样的方法可对一个大型的 A 类网或一个 B 类网进行子网划分。

　　例 7：C 类地址的子网掩码是：11111111 11111111 11111111 11100000

　　①试说明该掩码划分的子网号位数和子网主机号位数。

　　②说明子网号地址的范围、子网主机号的范围。

　　③设 C 类地址的网络地址是 192.168.1.0，试确定第一个子网的 IP 地址十进制点分法的 IP 地址范围，同时将子网划分的掩码用十进制点分法表示。

　　解：根据题意，题目中给出的是 C 类子网划分掩码，所以掩码的前 3 个字节是网络地址部分的掩码，后一字节的掩码才是子网划分掩码。

　　①如图 5-12 所示：C 类地址的一字节的主机地址部分被子网掩码划分为两部分：其中子网号 3 位，子网主机号 5 位。

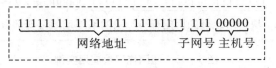

图 5-12　C 类地址掩码对子网的划分

　　②子网号的地址范围是：

001、010、011、100、101、110　　　　　　　；丢弃无效的全 000 和全 111

　　子网主机号的地址范围是：

00001、00010、00011…………11110　　　　；丢弃无效的全 00000 和 11111

　　③对于第一个子网号 001，对应的子网主机号的范围是 00001～11110。

　　因此子网划分后的 IP 地址的范围如下所示：

11000000.10101000.00000001.001 00001	192.168.1.33
11000000.10101000.00000001.001 00010	192.168.1.34
11000000.10101000.00000001.001 00011	192.168.1.35
…………·…………………………	……·……·…·…
11000000.10101000.00000001.001 11110	192.168.1.62

子网配制的掩码为：

11111111.11111111.11111111.111 00000	255.255.255.224

　　答：第一个子网的 IP 地址范围是 192.168.1.33～192.168.1.62

　　子网配置的掩码是 255.255.255.224

　　用同样的方法不难得出其他子网的 IP 地址范围，每个子网的掩码是相同的。

　　(2)C 类网址的合并

　　对一个大型网络，用超网化(supernetting)的方法可分配多个 C 类地址构成 C 类地址

计
算
机
网
络
技
术

块。而无类别域间路由选择 CIDR 技术能将一个 C 类地址块概括为一条路由记录，其路由表记录的 C 类地址块的组成结构为：

｛块中的开始地址，超网掩码｝

目前新版的网络操作系统和路由协议均支持无类别域间路由选择 CIDR 协议。与子网划分技术类似，增加 C 类网的缺省掩码的"1"位数可以划分子网；同理，减少 C 类网的缺省掩码的"1"位数可合并多个 C 类网址而构成一个独立的 C 类地址块，相应的掩码叫超网掩码。

图 5-13 是一个由超网掩码决定的 C 类块地址的实例，这一实例说明由超网掩码 255.255.224.0 确定的 C 类地址块的范围是 200.1.160.0 ～ 200.1.191.255。

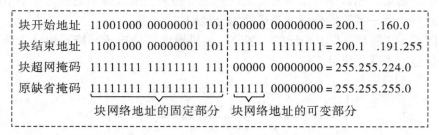

块开始地址	11001000 00000001 101	00000 00000000	= 200.1	.160.0
块结束地址	11001000 00000001 101	11111 11111111	= 200.1	.191.255
块超网掩码	11111111 11111111 111	00000 00000000	= 255.255.224.0	
原缺省掩码	11111111 11111111 111	11111 00000000	= 255.255.255.0	

块网络地址的固定部分　块网络地址的可变部分

图 5-13　超网掩码块应用实例

上述地址块的 CIDR 路由表记录格式为：

｛200.1.160.0，255.255.224.0｝

CIDR 可将上述格式表示为另一种形式：ip-address / prefix-length，即

200.1.160.0 / 19

· 上式中的"19"表示 C 类地址块超网掩码"1"的位数，标识 C 类地址块的固定地址的位数，称为地址前缀长度（prefix-length）。

· 超网掩码为"0"的位对应 C 类地址块的地址编码的可变部分。

因本例规定的超网的网络地址部分有 5 位是可变的（如图 5-13 所示），所以本例所定义的 C 类地址块由 $2^5 = 32$ 个 C 类网地址的空间构成。

在超网化的地址配置中，我们可以规划超网掩码中的"1"的位数来控制 C 类地址块的合并规模。

5.2.4　子网编址实例

IP 地址是 TCP/IP 协议的重要参数，当系统安装了 TCP/IP 协议后，还要配置好 IP 地址。在一个局域网中，如果不需要进行子网划分，只需要根据网络的规模选择配置 IP 地址的类型和主机地址的范围。

（1）网络互联中的标准类型的 IP 地址配置

下面通过举例说明在网络互联中的 IP 地址的配置方法。

例 8：某公司设想建一企业管理网，下设有行政部、销售部、生产部和后勤部 4 个部门。每个部门有 200 台计算机，希望在建网时，将 4 个部门的局域网用路由器互联起来。

①确定每个网络的 IP 地址类型及网络地址。

②写出每个网络标准的掩码。

③画出网络互联的逻辑结构图。

④标出每个网络主机地址的配置范围，路由器每个端口配置的 IP 地址。

⑤说明网关地址的配置方法。

解：根据公司每个局域网的规模，选择 C 类网址较合适，并且可采用私有地址块。所以本题的答案如下：

①选择 C 类私有地址。每个局域网的网络地址分别是：

网络 1：192.168.1.0

网络 2：192.168.2.0

网络 3：192.168.3.0

网络 4：192.168.4.0

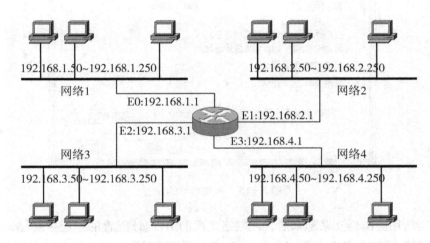

图 5 - 14　企业办公网实例

② 因为都是 C 类网址，所以每个局域网的掩码相同，因此它们的掩码是：

255.255.255.0

③ 根据题意画出网络的逻辑结构图(图 5 - 14)，每个局域网的 IP 地址范围是：

网络 1：192.168.1.50 ～ 192.168.1.250

网络 2：192.168.2.50 ～ 192.168.2.250

网络 3：192.168.3.50 ～ 192.168.3.250

网络 4：192.168.4.50 ～ 192.168.4.250

④ 路由器的端口 IP 地址配置规则是：网络地址部分与路由器端口所连接的网络的网络地址相同，主机地址部分与路由器端口连接网络的主机地址不同。

通常把网络地址块中的第一个 IP 地址分配给路由器端口，同时这个路由器端口的 IP 地址是这个端口所连接的网络中的所有主机的"网关地址"。在本例题中，给路由器的 4 个端口分配的地址分别是：

E0：192.168.1.1　　　　　　　；连接网络 1

E1：192.168.2.1   ；连接网络2
E2：192.168.3.1   ；连接网络3
E3：192.168.4.1   ；连接网络4

图5-15　网关地址的配置

⑤当网络用路由器互联起来后，在网络主机的IP地址配置的过程中要输入网关地址。本例中的网络1中的主机192.168.1.50的地址配置如图5-15所示，默认网关地址是192.168.1.1。其他主机的IP地址的配置方法相同，这里不再举例，由读者自己思考完成。

（2）子网划分后的IP地址配置方法

在子网划分后，子网中的IP地址配置与标准IP地址的配置方法类同，其配置的一般规则是：

相同子网的IP地址的网络地址（包括子网网络地址）部分相同，主机地址不同；不同子网的IP地址的网络地址（包括子网网络地址）部分不同，主机地址可以相同。

下面我们通过一个实例来说明子网划分后的IP地址配置方法。

例9：一个公司有300台计算机，分别划分为3个子网，其中每个子网由100台主机构成。试给出子网划分的掩码，每个子网IP地址的配置范围。并画出网络的逻辑结构图。

解：300台主机，划分为3个子网，每个子网100台主机，需要100个主机IP地址，用一个C类地址划分是行不通的。所以我们在这里选择B类的私有地址，并进行子网划分。

①B类地址有两字节的主机地址位，根据本题目中的要求，为了进一步简化配置方

案，我们用一个字节作为子网号，另一个字节作为子网的主机号。因此子网配置的掩码是：

11111111 11111111　　11111111　　00000000

　　网络地址掩码　　子网号掩码　主机号掩码

用十进制点分法表示为：255 . 255 . 255 . 0

②因为 B 类地址的私有地址的空间是：172. 13. 0. 1 ～ 172. 32. 255. 254

所以我们在这里选择子网地址的空间为：

子网 1：	172. 13.	1 .	1 ～	172. 13.	1 . 254
子网 2：	172. 13.	2 .	1 ～	172. 13.	2 . 254
子网 3：	172. 13.	3 .	1 ～	172. 13.	3 . 254

网络地址　子网地址　主机地址　　网络地址　子网地址　主机地址

③如图 5 - 16 是本题中网络的逻辑结构图。

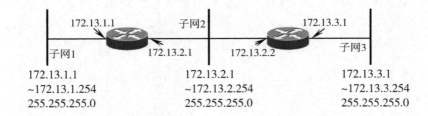

图 5 - 16　子网互联逻辑图

复习思考题

一、填空题

1. 网络互联设备称为路由器，路由器工作在 OSI 体系结构中的_____，可在多个网络上交换和转发数据包。

2. 严格地讲，IP 地址在互联网中唯一地标识了一个_____连接。

3. 具有层次结构的 IP 地址将 32 位的二进制地址码分为_____和主机地址两部分。

4. 为了能更充分地提高 IP 地址的利用率和支持其他特殊用途，IP 协议把 IP 地址分为_____ 5 类。

5. 部门中的孤立网络应尽量选用私有地址，使用私有地址的网络可以通过路由器或代理服务器中的网络地址转换协议_____接入 Internet。

6. "掩码"是一组与 IP 地址相对应的 32 位二进制编码，这种编码的作用就是"标识"出相应的 IP 地址的_____部分和主机地址部分。

7. 在同一个网络中的主机的 IP 地址的_____是相同的。

8. IP 协议的可变长子网掩码 VSLM（Variable Length Subnet Masks）功能允许把将一个 A 类、B 类、C 类网址划分为_____子网（subnetting）地址。

9. 与子网划分相反的是 C 类网的合并。为缓解大型网络对 A 类或 B 类网址的需求，_____技术可将一组 C 类地址合并为一个较大的网络地址。

二、单项选择题

1. IP 地址 74 . 106 . 187 . 93 是（   ）类地址。

A. A   B. B   C. C   D. D

2. IP 地址 202.93.129.44 的直接广播地址是（   ）。

A. 202. 93. 129. 0   B. 202. 93. 129. 255

C. 255. 255. 255. 255   D. 127 . 0 . 0 . 1

三、简答题

1. 简述 IP 地址的配置规则。

2. 超网化（supernetting）技术可将一组 C 类网合并为一个较大网络的真正目的是什么？

第六章 TCP/IP 协议数据单元

本章学习目标

- 应用层协议、客户/服务器工作模式和 Socket 套接字
- TCP 协议
- TCP/UDP 报文分组
- IP 数据报
- Ethernet II 与 802.3 数据帧

TCP/IP 协议的体系结构是一个四层结构，为了把数据准确地传送到目的地，每层的子协议均对数据进行了相应的处理和封装，每层的数据封装格式称为协议数据单元 PDU（Protocol Data Unit）。了解每一层的协议数据单元 PDU，对理解计算机网络的工作原理会有很大帮助。

对于 TCP/IP 协议，每一层的协议数据单元 PDU 有相应的名称，这些名称恰当地描述了每一层协议数据单元 PDU 的特征。通常，我们称物理层的 PDU 为数据位（bit）、数据链路层的 PDU 为数据帧（frame）、网络层的 PDU 为数据报（packet）、传输层的 PDU 为数据分组（segment）、应用层的 PDU 为数据（data）。

6.1 应用层协议与数据

6.1.1 应用层的主要功能

应用层是网络体系结构的最高层，主要功能是实现网络应用程序之间的相互通信，完成一系列的业务处理，为用户提供所需要的网络服务。

（1）网络应用层协议

每个应用层协议都是为了解决某一种类的网络应用而开发的通用网络应用程序，它为用户提供了基本的网络应用服务。

应用层协议的具体内容是每一个通用的网络应用程序，这些特定的通用的网络应用程序遵循特定的网络通信规则和数据表示方式。例如：Telnet、SMTP、FTP、Web、DNS、SMB 等等。

（2）应用层的功能

TCP/IP 协议应用层的主要功能有两个：

①直接为用户提供标准的网络服务。

应用层是 TCP/IP 体系结构的最高层，其基本功能是直接为用户提供标准的网络服务。这些标准的网络服务功能是通过标准的网络程序（协议）实现的。应用层在支持网络应用程序相互通信的同时，完成一系列业务处理所需的公共服务。

②为网络应用程序提供统一的编程接口。

网络应用层的另一个功能就是为应用程序提供统一的编程接口，这个接口就是 TCP/IP 套接字（socket）。

针对操作系统的不同，Socket 分为如下两类：

● Berkeley Sockets（或 BSD Sockets），随 BSD UNIX4.3 而普及起来。BSD Socket（伯克利套接字）是通过标准的 UNIX 文件描述符和其他程序通信的一个方法，目前已经被广泛移植到各个平台。

● Windows Sockets（Winsock），为 Microsoft Windows 环境而设计，是基于 BSD Sockets，它是网络应用程序对于 Microsoft Windows 系统的编程接口。

事实上套接字的主要作用有以下两点：

①套接字是同一台主机内应用层与传输层之间的接口。

②进程通过它的套接字在网络上发送和接收报文。

6.1.2　应用层协议的主要工作模式

应用层协议的本质是通用的网络应用程序。网络应用程序是用户应用网络的一个实例，它能够按照用户的需求将用户的数据从网络的一端传输到网络的另一端。因此网络应用程序的整体结构是由通信双方的网络应用程序共同决定的，其主要工作模式是客户/服务器工作模式。一般来说，提供网络信息的一方称为服务器，获取信息的一方称为客户机。

一、客户机/服务器的交互模式

从软件的角度来看，客户机（client）和服务器（server）分别是两个网络应用程序，安装在服务器一端的程序叫服务器软件，工作在守候状态，专门等待接收客户方的请求而提供网络服务；而工作在客户机一端的程序叫客户端软件，工作在"请求获得"的随意状态，只有客户机需要信息时才向服务器发出请求信息，通常不必守候。

如图 6-1 所示的客户机/服务器交互模式，当服务器接收到客户机的请求信息，就执行请求信息指定的任务，并将执行的结果回送到客户机。

客户机/服务器工作模式不但很好地解决了网络应用程序之间数据传输的同步问题，即数据发送或接收的控制问题，而且合理地分配了网络的硬件资源。

客户机/服务器模式的网络资源大多集中在服务器上，所以大大降低了安全管理网络的难度。因为这种模式的网络安全管理主要是服务器的安全管理，只要服务器安全了，网络的基本安全就有了保证。

二、服务器响应并发请求的方案

在客户机/服务器工作模式中，客户机请求服务器是一随机事件，但的确存在着多个

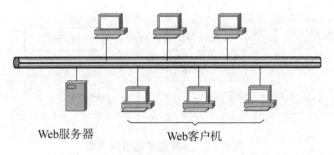

图6-1　服务器处理多个客户端请求

客户机同时请求服务器的可能，因此服务器必须具备处理多个并发请求服务的能力。为此服务器可以有以下两种解决方案：

（1）重复服务器（iterative server）解决方案

在服务器进程中建立一请求队列，客户请求信息到达服务器后，首先进入服务器的请求队列等待，服务器按照先进先出（First In，First Out）原则进行响应。如图6-2所示，这一解决方案称为重复服务器解决方案。

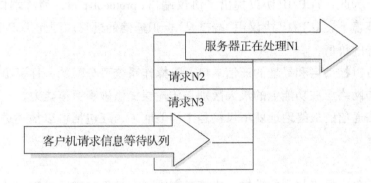

图6-1　重复服务器解决方案

（2）并发服务器（concurrent server）方案

并发服务器是一个主从服务器结构。主服务器（master）是一个守护进程（daemon），在没有请求到达时它处于等待状态；一旦客户机的请求到达服务器，服务器立即为之创建一个子进程响应客户机，而主服务器进程返回到等待状态。当下一个客户机的请求到达后，主服务器会再一次为之创建一个新的子进程来响应客户机（如图6-3所示），子进程又叫作从服务器（slave）。

并发服务器解决方案具有实时性和灵活性高的特点，对于多个客户机的同时请求，并发处理速度快。由于创建子进程会占用系统资源，同时系统的开销也大大增加，因此并发服务器对服务器的软硬件资源要求较高。

相对来讲重复服务器解决方案对系统的资源要求不高，但是如果服务器不能在很短时间内完成处理，有可能客户机请求会等待较长时间。因此重复服务器方案一般用于处理在预期时间内处理完成的请求，主要针对面向无连接的客户机/服务器模式。

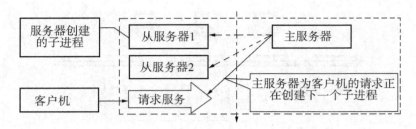

图 6-3 并发服务器解决方案

6.1.3 TCP/IP 协议端口号

网络操作系统是一多任务的工作环境，即在同一时间内可同时执行多个应用程序。例如我们在用浏览器上网浏览网页的同时，又可以通过另一个网络软件下载歌曲或者视频。也就是说，TCP/IP 协议的传输层不仅能确认信息传输的主机地址，而且要能确认信息传输的应用程序。为此，TCP/IP 协议提出了协议端口（protocol port，简称端口）的概念。在多任务的网络环境下，TCP/IP 协议用"端口号"标识通信的进程。因此 TCP/IP 协议的端口号被赋予了特殊的价值：

- 网络中可以被命名和寻址的通信端口，是操作系统可分配的一种资源。
- 传输层与网络层在功能上的最大区别是传输层提供进程通信能力。

因此，网络通信的最终地址就不仅仅是主机地址了，还包括可以描述进程的某种标识符——端口号。

（1）端口号

为了区分一台主机接收到的数据包应该递交给哪个进程来进行处理，传输层使用端口号来标识网络通信的进程。对传输层来讲，TCP 端口号与 UDP 端口号是独立的，例如无论是 TCP 协议还是 UDP 协议，它们都有自己的端口号 20。

端口号一般由 IANA（Internet Assigned Numbers Authority，互联网数字分配机构）管理，负责对 IP 地址分配规划以及对 TCP/UDP 公共服务的端口定义。

TCP/IP 协议的端口号分为以下三类：

- 众所周知端口：1～1023，1～255 之间为大部分众所周知端口，256～1023 端口通常由 UNIX 占用。
- 注册端口：1024～49151。
- 动态或私有端口：49151～65535。

通过网址：http：//www. iana. org/assignments/service - names - port - numbers/service - names - port - numbers. xml 可查看众所周知的知名端口号（如表 6 - 1 所示）：

表 6－1　一些著名的 TCP、UDP 端口号

# < service name >	< port number >/ < protocol >	[aliases...]　[# < comment >]
ftp – data	20/tcp	#FTP, data
ftp	21/tcp	#FTP. control
telnet	23/tcp	
smtp	25/tcp　mail	#Simple Mail Transfer Protocol
nameserver	42/tcp　name	#Host Name Server
nameserver	42/udp　name	#Host Name Server
domain	53/tcp	#Domain Name Server
domain	53/udp	#Domain Name Server

（2）进程通信的全局唯一性标志

在互联网中，要实现端到端的通信（进程之间的通信），通常需要以下三个参数来唯一标识通信的进程：

协议、端口号、IP 地址。

对于 TCP/IP 协议族来讲传输层有两个通信协议，一个是传输控制协议 TCP，它是面向连接的可靠的传输协议，另一个就是无连接的不可靠的用户数据报传输协议 UDP。要标识一个通信进程，首先要确定通信进程使用的协议。

在传输层的 TCP 和 UDP 协议都是用端口号来唯一标识网络通信的进程。因此，要在一个多任务的网络工作环境中，实现端到端（end to end）的通信（进程之间的通信），协议和端口号同时作为进程的标识缺一不可。

协议和端口号只能确定主机的进程，不能确定网络中的主机。在网络中 IP 地址能够唯一地标识互联网中的主机，实现点对点的通信（point to point）。

6.2　TCP/IP 协议的传输协议与协议数据单元

TCP/IP 协议的传输层为我们提供了两个重要的传输协议：传输控制协议 TCP（transport control protocol）和用户数据报协议 UDP（user datagram protocol）。它的主要任务就是实现网络应用程序的进程间的端到端的数据传输。

6.2.1　传输控制协议 TCP 的数据分组格式

传输控制协议 TCP 从应用层接收数据流并划分为数据块，添加 TCP 头部信息构成 TCP 分组。TCP 分组进一步在 IP 层封装成为 IP 数据报，在对等层中进行交换。TCP 传输控制

协议的数据分组格式如图 6-4 所示，TCP 协议的每个数据分组由 TCP 头部信息和分组所承载的数据两部分构成。

Offsets	0								1								2								3							
Octet	0	1	2	3	4	5	6	7	8	9	10	11	12	13	14	15	16	17	18	19	20	21	22	23	24	25	26	27	28	29	30	31
0	源端口 Source port																目的端口 Destination port															
4	序列号 Sequence number																															
8	确认号 Acknowledgment number(if ACK set)																															
12	数据偏移量 Data offset				Reserved 000 保留			N S	C W R	E C E	U R G	A C K	P S H	R S T	S Y N	F I N	窗口 Window Size															
16	校验和 Checksum																重要指针 Urgent pointer(if URG set)															
20 ...	选项域和填充域 Options(if data offset > 5. Padded at the end with "0" bytes if necessary.)...																															

图 6-4 TCP 协议的数据分组格式(TCP Header)

- 16 比特域——源端口和目的端口，标识了发送与接收数据的两个应用程序。
- 32 比特域——序列号，指定数据域里的第一个字节的分组序号。
- 32 比特域——确认序号，指定发送端 TCP 期待的下一个分组序列号。
- 04 比特域——数据偏移，以 32 位字为单位指定 TCP 头的长度。
- 03 比特域——保留，保留将来用，其值必须为 0。
- 09 比特域——控制域(标志域)，其功能如下：

以下三个是新增标志：

NS(Nonce Sum)：校验和标志。

CWR(Congestion Window Reduced)

拥塞窗口减少标志。

ECE(Explicit Congestion Notification)

显式拥塞通告标志。

URG = 1 紧急指针有效；URG = 0 忽略紧急指针。

ACK = 1 确认序号有效；ACK = 0 忽略确认序号。

PSH = 1 初始化 PUSH 函数。

RST = 1 强迫重置连接。

SYN = 1 连接的第一个分组，置同步计数器。

FIN = 1 再没有数据，关闭连接。

- 16 比特域——窗口，用来实现流量控制。接收方用来通告缓冲区能够接收数据的字节数量。
- 16 比特域——校验和是分组中所有 16 位字和的 1 的补码。
- 重要指针——紧急数据后的下一字节。
- 一变长域——选项定义了最大分组长度 MSS(Maximum Segment Size)以及一些其他选项。
- 填充域——是一变长域，用全 0 将选项域填充到 32 位的边界。

除此之外，TCP 分组为校验和的计算而预留了一个 96 位的伪报头(pseudoheader)。如图 6-5 所示，伪报头中的源和目的 IP 地址确定了端点间的连接，以防止 TCP 分组错误路由。

Offsets	0								1								2								3							
Octet	0	1	2	3	4	5	6	7	8	9	10	11	12	13	14	15	16	17	18	19	20	21	22	23	24	25	26	27	28	29	30	31
0	源 IP 地址 Source IP Address																															
4	目的 IP 地址 Destination IP Address																															
8	0								协议								TCP 长度															
12	TCP 报头 TCP Header																															
	数据 Data																															

图 6-5　TCP 协议的数据分组预留的伪报头

6.2.2　传输控制协议 TCP

应用程序发送和接收数据必须通过传输层的协议来完成。TCP 是传输层的协议之一，大多网络应用程序是基于 TCP 传输控制协议的网络程序。

（1）TCP 协议提供的服务

TCP 传输控制协议为应用层进程提供面向连接的、可靠的、全双工的数据流传输服务。TCP 协议的特点如下：

- 面向连接（connection orientation）。

TCP 建立的连接是直接服务于应用程序的进程，它通过端口号标识通信的进程，并且通过端口在两个通信进程之间建立可靠的连接。在完成通信后终止连接并进行优雅关闭连接，以保证数据完全可靠地到达目的地。

- 完全的可靠性（complete reliability）。

TCP 协议确保数据无差错地传送到目的地，而不会出现数据丢失或乱序现象。

- 全双工通信（full duplex communication）。

TCP 连接能够提供同时双向的数据通信功能，其通信的效率很高。

- 流接口（stream interface）。

TCP 连接提供了一条数据通信的管道，通过管道可以传输任何一种格式的数据流。它所传输的数据不受格式的限制，比如整数格式、小数格式、数据块等。

（2）TCP 协议中的差错控制

TCP 协议为了保证可靠地传输，采用了三项差错控制技术：

- 可靠的连接、数据传输确认和优雅关闭连接的技术。
- 超时重传技术
- 流量控制技术

一、TCP 协议的连接、数据传输与终止连接技术

TCP 协议是一面向连接的可靠的传输控制协议，它的可靠性是建立在可靠的连接技术和数据的差错控制技术上的。

TCP 协议的操作可被分为三个阶段。在进入数据传输阶段之前，经过多个步骤的握手过程后连接必须被完全建立（建立连接）。在数据传输完成之后，要终止连接、关闭建立的虚电路和释放所有被分配的资源。

（1）数据分组的序列号与确认号

TCP 协议数据单元的头部信息中有两个重要的字段：一是 32 位的序列号 seq，二是 32 位确认号 ack。

● 32 位的序列号 seq。

序列号 seq 是由服务器随数据分组发向客户端的。TCP 协议对传输的数据流是以字节为单位进行连续编号的，这种编号称为序列号。而每个分组中的序列号 seq 表示该分组的第一个字节在整个数据流中的位置，以便接收端重组数据流。

● 32 位确认号 ack。

确认号 ack 是由客户端发向服务器的，它是根据接收到服务器的数据分组的序列号 seq 加上数据分组长度 length 计算出来的。其作用有两个：

一是通知服务器确认号 ack 之前的数据分组无差错。

二是通知服务器期待接收的下一个数据分组的第一个字节的序列号是 ack。

TCP 协议的可靠性是建立在数据传输的确认机制上的。发送方每发送一个分组，当接收端正确接收后，都会向数据的发送方返回正确接收的确认号。

为了安全，数据流中的第一个字节的序列号 seq 不是从"1"开始的编号，而是在连接过程中产生的一个随机序列号。服务器发向客户端的序列号 seq 是每个数据分组的第一个字节的序列号，客户机可以用序列号 seq 重组数据流。

（2）建立连接

TCP 使用三次握手法建立一个连接。当一个客户机试图与服务器建立连接之前，服务器必须首先捆绑并监听一个端口，并为连接打开端口（被称为被动式打开）。端口一旦被动打开，一个客户机就可以发起一个主动建立连接的请求。建立一个连接，须经历三次握手过程（如图 6-6 所示）：

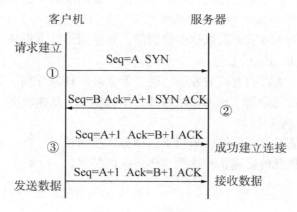

图 6-6 TCP 建立连接

①SYN：通过客户机主动打开端口并发送一 SYN 请求连接包到服务器。假定客户端设置了分段的序列号为一个随机数 A。

②SYN - ACK：在应答过程中，服务器用一个 SYN - ACK 标志的确认包回应客户机。确认号是序列号 A + 1，服务器为自己发送的确认包选择的序列号是另一随机数 B。

③ACK：客户机发送一个确认包返回到服务器。序列号是接收的确认号，即 A + 1，大于 1 的确认号是接收到序列号加 1，即 B + 1。

特别提到的一点是客户机和服务器都收到了一个连接的确认包，通过步骤①、②建立了一个方向上的连接参数（序列号），这也是公认的序列号。而步骤②、③建立了另一个方向上的连接参数（序列号），这同样是公认的序列号。TCP 使用双向独立的序列号，建立了一个全双工的通信连接。

（3）终止连接

因为每一方向的连接终止是独立的，所以 TCP 协议使用了一个 4 次握手方式完成了终止连接阶段（如图 6 - 7 所示）。当一个端点希望停止它自己的连接，就会发送一个 FIN 终止连接请求包，这样另一端点就会用一个 ACK 包进行确认。所以一个典型连接的拆除，需要一对来自每个端点的 FIN 和 ACK 分组。在双方的 FIN/ACK 的包交换结束后，首先发送 FIN 包的一方在接收一方等待到生命周期结束之前，在最后关闭连接之前的这段时间，本地端口不能进行新的连接；这些措施防止了延迟包出现的混乱，并且这些包被随后的连接传输。

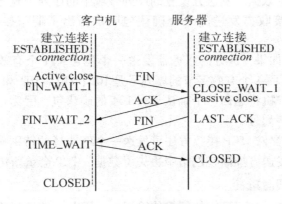

图 6 - 7　关闭连接

一个连接可能是半双工的，在这种情况下一方结束了自己的连接，但另一方没有。结束连接的一方不能发送任何数据到连接的链路中，但另一方可以。终止连接的一方能继续读数据直到另一方结束连接。

终止一个连接用三次握手法是可能的，如主机 A 发送 FIN 包和主机 B 用一个 FIN 和 ACK 包回应时（只不过组合两步为一步），而主机 A 用一个 ACK 包回应。这是最通常的最普通的方法。

两个主机同时发送 FIN 包然后同时回应 ACK 包是可能的。自从 FIN/ACK 序列在两个方向上被同时并行发送，这可能被认为是终止一个连接二次握手法。

（4）可靠的传输

TCP 使用序列号标识数据流的每个字节。序列号标识了来自每个计算机字节流的次序，以便这些数据被重组。在传输过程中数据被分片、乱序、丢失都是可能的。对每一个有效字节的传输，序列号必须递增。在三次握手的前两个步骤中，两个计算机交换了一个初始序列号 ISN（initial sequence number）。这个数可以是随机的，在防御一个攻击事件中是不可预测的。

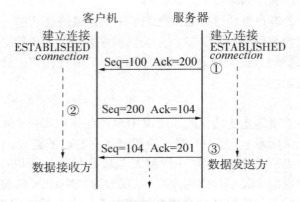

图 6-8　可靠的数据传输

TCP 首先使用了累积确认机制，在接收端发送的一个确认包意味着接收者正确地接收到了确认号之前的所有数据。发送方设置的序列号域中的序列号是分段数据域中的第一个有效字节的序列号。接收方发送的一个确认包明确指出了期望接收的下一个字节的序列号。

如图 6-8 所示，如果发送方的服务器发送一个包含有 4 个有效字节的包，序列号域中的序列号为 100，然而 4 个有效字节的序列号是 100、101、102 和 103。当这个包到达接收端的客户机时，客户机将返回一个确认号为 104 的确认包，因为这是期望接收的下一个包中的第一个字节的序列号。

除累积确认机制之外，TCP 接收方还可发送一个经选择的特别确认方式，以便提供更多的确认信息。如果发送方推断在网络中丢失了数据，TCP 会重新传输丢失的数据。

二、数据丢失与超时重发

TCP 协议是建立在一个不可靠的网络传输层上，因此在传输过程中的数据丢失可能是经常发生的。为了实现可靠的数据传输，TCP 协议根据接收方的确认信息，采用重发技术补偿了数据包的丢失。主要技术措施有以下两项：

（1）自适应延时重发技术

为了实现对丢失数据的重发，在数据的发送方发送数据时起动一个定时器，在定时器到时之前如果没有收到对方的确认信息，发送方则重发该数据。

为了适应网络的环境，TCP 采用自适应性来应对网络连接的传输数据的延迟。为此TCP 利用一些统计算法(如 karn 算法)，正确估计一个网络连接传输数据的往返时间，从而确定 TCP 重传数据之前需要等待的时间。

这种数据传输的确认、延迟重发机制是 TCP 协议可靠传输的关键，而重发机制的重发时间的自适应性奠定了 TCP 协议的可靠性的基础。

（2）累计确认方式

在 TCP 协议中的数据确认计数采用"累计确认"的方式，也就是说如果前面的数据分组传输出现错误，接收方就不会确认后面的数据分组。另外即使后面的分组接收正确，只要前面的数据分组出现错误，发送方也要从出错的分组开始全部重发，也就是全部返回重发方式。另一方面，如果前面的分组没有接收到分组确认信息，而是收到了后一分组的确认信息，这就表明前面的数据分组也正确无误的被接收，因而不需要进行重发处理。

"累计确认"方式的优点在于数据报文在网络中传输时，不同的分组所经过的路径可能不同，到达目的地的时间顺序可能颠倒，只要收到了后一分组的确认信息，说明前面的分组也被正确的接收，确认信息不会发生二义性。

三、流量控制技术

流量控制是两个通信节点之间的传输信息速度的控制。TCP 协议是通过"窗口"技术来实现流量控制的，在 TCP 协议的头部信息中设置了一个 16 位的"窗口"字段，用于向数据的发送方通告自己接收数据的缓冲区的大小。因此"窗口"字段向发送方通告了接收方最大的数据接收能力，超过"窗口"接收能力的数据将被丢弃。发送方不会发送超过接收方通报的"窗口"字节数。如果接收方通报的"窗口"为零，发送方会停止发送，直到收到一个新的不为零的"窗口"。

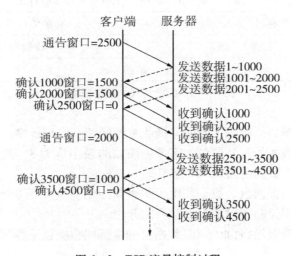

图 6-9　TCP 流量控制过程

图 6-9 表明了 TCP 协议利用"窗口"控制流量的过程，最初由客户端向服务器通报的窗口为 2500 字节，后经服务器发送的三个分组致使客户机的窗口为零，服务器只好停止发送。当客户机处理数据后再次向服务器通报窗口为 2000 时，服务器再次向客户机发送数据分组。

窗口技术有效地控制了 TCP 协议的数据流量，保证了发送方发送的数据不会从接收方的缓冲区溢出。

6.2.3　UDP 协议的数据报格式

用户数据报协议 UDP(user datagram protocol)是无连接的传输层协议，提供面向事务的简单不可靠的信息传送服务。UDP 协议不具有对数据包的分组、组装和确认功能，当报文从发送方发出之后无法得知是否能够安全完整地到达目的主机。同 TCP 协议相比，用户数

计算机网络技术

据报协议 UDP 有以下三个特点：

- 对系统的开销小
- UDP 是面向报文的传输协议
- 传输信息的方式简便快捷

针对一些特殊的网络应用程序和系统程序，UDP 协议有一种特别的不可替代的优势。虽然 UDP 是无连接的不可靠的用户数据报传输协议，但在一些特殊用途中，它仍是一种非常实用高效的传输协议。

用户数据报协议 UDP 无须处理上层数据流，不承担管理分组和维护连接的责任，也不具有差错控制和流量控制功能。因此，UDP 协议的数据分组格式极其简单但非常有效。图 6-10 描述了 UDP 协议数据报的头部信息格式。

Offsets	0								1								2								3							
Octet	0	1	2	3	4	5	6	7	8	9	10	11	12	13	14	15	16	17	18	19	20	21	22	23	24	25	26	27	28	29	30	31
0	源端口 Source port																目的端口 Destination port															
4	长度 Length																校验和 Checksum															
8	数据 Data																															

图 6-10 UDP 协议的数据报格式

- 源端口和目的端口，标识了发送与接收数据的两个应用程序。
- 长度指定数据报的长度，单位为字节。该域的最小值为 8，最大值强加的数据报长度为 65535 字节，其中数据可用 56527 字节。
- 校验和，提供头部信息、数据和伪头的差错控制。全 1 用于计算出的校验和，全 0 表示禁用校验和，禁用校验和可减少不必要的开销。

为防止数据报被错误地路由，UDP 数据报的头部同样提供了伪报头，其数据格式如图 6-11 所示。

Offsets	0								1								2								3							
Octet	0	1	2	3	4	5	6	7	8	9	10	11	12	13	14	15	16	17	18	19	20	21	22	23	24	25	26	27	28	29	30	31
0	源 IP 地址 Source IP Address																															
4	目的 IP 地址 Destination IP Address																															
8	0								协议								TCP 长度															

图 6-11 UDP 协议的伪报头格式

6.3 网络层协议

TCP/IP 协议的网络层提供了一组协议，但 网际协议 IP（internet protocol）是 TCP/IP 体系中两个最主要的协议之一。与 IP 协议配套使用的还有四个协议：

地址解析协议 ARP（address resolution protocol）；

逆地址解析协议 RARP(reverse address resolution protocol)；

因特网控制报文协议 ICMP(internet control message protocol)；

因特网组管理协议 IGMP(internet group management protocol)。

IP 协议支持的 IP 地址，由互联网名称与数字地址分配机构 ICANN (internet corporation for assigned names and numbers)统一分配。

6.3.1　网络层的数据传输方式

网络层的协议其主要功能就是实现计算机网络互联和通信。如图 6－12 所示，网络互联是利用网络互联设备路由器实现的。

网络层为传输层提供了通用的数据报传输服务，这种服务具有以下三个特点：

(1)面向无连接的传输方案

TCP/IP 协议在解决网络互联的信息传输方案中，选择了面向非连接的数据传输方案。面向非连接的数据传输方案采用了数据报的存储转发方式。

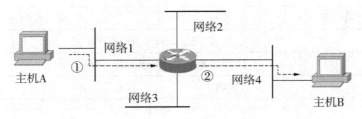

图 6－12　路由器的路由功能

在图 6－12 所示的互联网中的路由器相当于邮局，而计算机发送的数据报相当于信件；邮局是根据信件的收信人地址确定转发的方向和路线，而路由器同样是根据数据报的目标地址确定转发的方向和线路。

例如图 6－12 中的主机 A 向主机 B 发送数据，可以简单地分为两个步骤：

①直接将数据报通过网络 1 发送到路由器；

②路由器根据数据报中的目标地址将数据报转发到网络 4 从而发送给主机 B。

面向非连接的传输方案，网络层对每一数据报采用独立的路由过程，因此有可能主机 A 发送的同一个数据块中的不同的数据报会经过不同的传输路径。

(2)不可靠的数据传输服务

网际协议 IP 采用了不可靠的数据传输方式，数据报可能在线路延迟、路由错误、数据报分片和重组的过程中受到损坏和出现错误。虽然互联网传输方案牺牲了可靠性，但是它换取了网络互联的简便、快捷、高效等特性。

(3)最大努力工作方式

IP 协议采用了最大努力工作方式(best effort)，IP 协议并不随意丢弃数据，只有当系统的资源耗尽、接收数据出现错误或网络出现故障的情况下，IP 协议才被迫丢弃数据报。可见路由器在转发数据时，如果超出了路由器转发能力，路由器会出现数据丢失现象。

6.3.2　IP 数据报

TCP/IP 协议的网络层的协议数据单元称为 IP 数据报（IP Datagram），由首部和数据两部分组成，其格式如图 6 – 13 所示。首部第一部分为固定长度（20 字节），第二部分是后面的可选字段（可选字段的长度是可变的），首部中的源 IP 地址（Source IP Address）和目的 IP 地址（Destination IP Address）是实现 IP 数据报路由的重要参数。

一、IP 数据报首部各字段的分析

IP 数据报首部各字段的功能如图 6 – 13 所示。

Offsets	0			1			2			3		
Octet	0 1 2 3	4 5 6 7	8 9 10 11 12 13 14 15		16 17 18 19 20 21 22 23		24 25 26 27 28 29 30 31						
0	版本	报头长	服务类型		总长度								
4	标识符				标志位		片偏移						
8	生存时间		协议		报头校验和								
12	源 IP 地址 Source IP Address												
16	目的 IP 地址 Destination IP Address												
20	选项						填充						
24	数据												

图 6 – 13　IP 数据报结构

（1）版本

版本字段占 4 位，指 IP 协议的版本。通信双方使用的 IP 协议版本必须一致。目前广泛使用的 IP 协议版本号为 4（即 IPv4）。关于 IPv6，目前还处于试运行阶段。

（2）报头长度

报头长度字段占 4 位，这个字段所表示的数据的单位是 32 位字长（1 个 32 位字长是 4 字节）。当 IP 分组的首部长度不是 4 字节的整数倍时，必须利用最后的填充字段填充到 4 字节的整数倍。

（3）区分服务

区分服务字段占 8 位，用来支持更好的服务。这个字段在旧标准中叫做服务类型，但实际上一直没有被使用过。1998 年 IETF 把这个字段改名为区分服务 DS（differentiated services）。只有在使用区分服务时，这个字段才起作用。

（4）总长度

总长度字段表示的是首部区域和数据区域之和的总长度，单位为字节。总长度字段为 16 位，因此数据报的最大长度为 $2^{16} - 1 = 65535$ 字节。

数据链路层对数据帧的长度有一个限制，这种限制被称为最大传送单元 MTU（maximum transfer unit）。当一个数据报封装成链路层的数据帧时，此数据报的总长度（即

首部加上数据部分)一定不能超过下面的数据链路层的 MTU 值。

（5）标识（identification）

标识字段占16位。IP软件在存储器中维持一个计数器，每产生一个数据报，计数器就加1，并将此值赋给标识字段。当数据报由于长度超过网络的 MTU 而必须分片时，这个标识字段的值就被复制到所有的数据报的标识字段中。相同的标识字段的值使分片后的各数据报能够正确地重组为原来的数据报。

（6）标志（flag）

标志字段占3位，但目前只有2位有意义。

• 标志字段中的最低位记为 MF（more fragment）。MF = 1 即表示后面"还有分片"的数据报；MF = 0 表示这已是若干数据报片中的最后一个。

• 标志字段中间的一位 DF = 1 表示为（don't fragment），意思是"不能分片"。只有当 DF = 0 时才允许分片。

（7）片偏移

片偏移字段占13位，片偏移指出分片在原分组中的相对位置。也就是说，相对用户数据字段的起点，该片从何处开始。片偏移以8个字节为单位，这就是说每个分片的长度是 8 字节（64 位）的整数倍。

（8）生存时间

生存时间字段占8位，生存时间的英文缩写是 TTL（time to live），表明数据报在网络中的寿命。在网络中，"生存周期"域随时间而递减，在该域为"0"时，报文将被删除，避免死循环的发生。

（9）协议

协议字段占8位，协议字段指出此数据报携带的数据是何种协议的数据，以便使目的主机的 IP 层知道应将数据部分上交给哪个协议处理。

（10）报头检验和

报头检验和字段占16位，用于检验 IP 数据报报头的完整性。这个字段只检验数据报的首部，但不包括数据部分。

（11）源地址

源地址字段占32位，指明发送数据报主机 IP 地址。

（12）目的地址

目的地址字段占32位，指明接收数据报主机 IP 地址。

二、IP 数据报选项的作用

IP 数据报的选项字段主要用于控制和测试。作为选项，用户可以使用也可以不使用。但作为 IP 协议的组成部分，所有实现 IP 协议的设备必须能处理 IP 选项。

在使用选项的过程中，有可能造成数据报的头部不是32bit 整数倍，如果这种情况发生，则需要使用填充域凑齐。

IP 数据报选项由选项码、长度和选项数据三部分组成。其中选项码用于确定该选项的具体内容，选项数据部分的长度由选项的长度字段决定。

（1）源路由

源路由是指源主机指定的 IP 数据报穿越互联网所经过的路径，它区别于由主机或路由器的 IP 层软件自行选路后得出的路径。

源路由选项是非常有用的一个选项，可用于测试某段特定网络的吞吐率，也可以使数据报绕过出错的网络。

源路由选项可分为两类，一类是严格源路由选项(strict source route)，另一类是松散源路由选项(loose source route)。

- 严格源路由选项规定 IP 数据报要经过路径上的每一个路由器，相邻路由器之间不得有中间路由器，并且所经过路由器的顺序不可更改。

- 松散源路由选项只给出 IP 数据报必须经过的一些"要点"，并不给出一条完备的路径，无直接连接的路由器之间尚需 IP 软件的寻址功能补充。

（2）记录路由

记录路由是指在选项中记录下的 IP 数据报从源主机到目的主机所经过的路径上的每个路由器的 IP 地址。记录路由功能可以通过 IP 数据报的记录路由选项完成。

利用记录路由选项，可以判断 IP 数据报传输过程中所经过的路径。通常用于测试互联网中路由器的路由配置是否正确。

（3）时间戳

时间戳(time stamp)就是记录下 IP 数据报经过每一个路由器时的当地时间。记录时间戳可以使用 IP 数据报的时间戳选项，时间戳中的时间采用格林尼治时间(universal time)表示，以毫秒(ms)为单位。

时间戳选项提供了 IP 数据报传输中的时域参数，用于分析网络吞吐率、拥塞情况、负载情况等。

6.3.3　ARP(address resolution protocol)地址解析协议

在互联网中的每个主机都有两个地址：网络层的 IP 地址和数据链路层的物理地址（MAC 地址），IP 地址和物理地址之间存在着一定的对应关系。

在网络数据的通信过程中，需要将 IP 地址映射到相应的物理地址，建立 IP 地址到物理地址的对应关系。地址解析协议 ARP 是网络层的辅助协议，其作用就是在网络通信的过程中，通过目的主机的 IP 地址获取目的主机的物理地址，从而建立或确定目的主机的 IP 地址与物理地址的映射关系。

一、ARP 协议的基本原理

将 IP 地址映射到物理地址，可以通过静态表格、直接映射等方法实现。ARP 协议充分利用了以太网的广播性能，成功地实现了 IP 地址到物理地址的动态映射。

（1）ARP 广播请求

ARP 协议的主要工作原理就是在发送 IP 报文之前，获取目的主机的 IP 地址到 MAC 地址的映射。如果无法确定目的主机的 IP/MAC 地址映射对，就向全网发送 ARP 广播请求，通过目的主机对 ARP 广播报文的响应获取目标主机的 IP/MAC 地址对。

如图 6-14 所示，主机 A 能够向主机 B 发送数据报的首要条件是获得目的主机 B 的 IP 地址、MAC 地址映射关系。

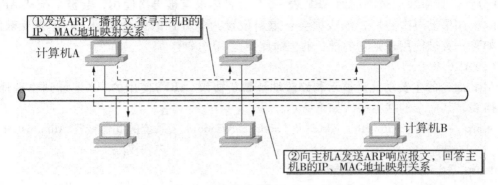

①发送ARP广播报文,查寻主机B的IP、MAC地址映射关系

计算机A

计算机B

②向主机A发送ARP响应报文,回答主机B的IP、MAC地址映射关系

图6-14　ARP协议广播请求工作原理

计算机 A 获取计算机 B 的 MAC 地址的基本原理就是 ARP 协议的广播请求方式。其过程如下所述:

①当计算机 A 无法确定计算机 B 的 MAC 地址时, A 就广播一个 ARP 请求包, 请求包中填有目的主机 B 的 IP 地址。

②以太网中的所有计算机都会接收到这个 ARP 广播请求, 正常的情况下只有目的主机 B 会响应 ARP 请求, 主机 B 通过向主机 A 发送响应报文, 将自己的 MAC 地址信息回复给主机 A。

（2）ARP 协议的高速缓存（cache）技术

当计算机 A 得到 ARP 应答后, 将目的主机 B 的 IP/MAC 地址对存入本机的高速缓存中, 便于下次使用。其实每台使用 ARP 协议的主机, 都保留了一个专用的高速缓存区, 用于保存已知的 ARP 表项。一旦获得 IP 地址与 MAC 地址的映射关系, 应用 ARP 协议的主机就会存入高速缓存区。

应用高速缓存技术, 主机不必在每次通信时发送 ARP 广播请求。当 ARP 被询问一个已知 IP 地址节点的 MAC 地址时, 先在 ARP cache 中查看, 若存在就直接返回 MAC 地址; 若不存在就发送 ARP request 向整个网络查询。

这样不仅提高了通信的效率, 同时也减少了网络流量, 提高了 IP 地址、MAC 地址的映射效率。

为了保证高速缓存中的 ARP 表项的有效性, 表中的每一个表项都被设置了一个定时器, 如果某表项在规定的有效时间内没有任何活动, 就会被主机删除, 从而保证了 ARP 表项的有效性。

二、ARP 命令的使用

网络操作系统都内置了 ARP 命令, 用于查看、添加和删除主机内的 ARP 表项。在 Windows 7 操作系统中也同样内置了 ARP 命令, 可以用于对系统内部的 ARP 表项进行操作。在安装 Windows 系统的主机中, 其高速缓存中的 ARP 表可以包含静态和动态两种表项。

静态表项是人为输入的, 可一直保留在高速缓存中, 直到人为删除或到主机重新启动为止。

动态表项是由 ARP 协议自动添加和删除的, 在 ARP 表中, 每个表项的潜在生命周期

计
算
机
网
络
技
术

是 10 分钟。如果表项被添加到 ARP 表中，2 分钟内没有被再次使用，会被系统从 ARP 表中删除；如果被再次使用，该表项会被重新设置为 2 分钟的生命周期。一个表项被添加后，如果一直被使用，则它的最长的生命周期是 10 分钟。

（1）ARP 命令的功能

ARP 命令的主要功能是显示和修改地址解析协议（ARP）使用的"IP 地址到物理地址"的转换表，其命令的基本格式如下所示：

- arp －s inet_ addr eth_ addr ［if_ addr］；Windows 7 系统的此命令需 Administrator 账户和权限

- arp －d inet_ addr ［if_ addr］

- arp －a ［inet_ addr］［－N if_ addr］［－v］

ARP 命令的参数作用：

－a 通过询问当前协议数据，显示当前 ARP 项。如果指定 inet_ addr，则只显示指定主机的 IP 地址和物理地址；如果不止一个网络接口使用 ARP，则显示每个 ARP 表项。

－g 与 －a 相同。

inet_ addr 指定 Internet 地址。

－N if_ addr 显示 if_ addr 指定的网络接口的 ARP 项。

－d 删除 inet_ addr 指定的主机。inet_ addr 可以是通配符 ＊，以删除所有主机。

－s 添加主机并且将 Internet 地址 inet_ addr 与物理地址 eth_ addr 相关联。物理地址是用连字符分隔的 6 个十六进制字节，该项是永久的。

eth_ addr 指定物理地址。

if_ addr 如果存在，此项指定地址转换表应修改的接口的 Internet 地址；如果不存在，则使用第一个适用的接口。

（2）命令举例

ARP 命令的常用方法如下所示：

- > arp －s 157. 55. 85. 212   00 － aa － 00 － 62 － c6 － 09. .   ；添加静态项。
- > arp －a   ；显示 ARP 表。
- > arp －d 157. 55. 85. 212   ；删除 ARP 表项。
- > arp －a   ；显示 ARP 表。

上述命令在 Windows 7 系统中执行的情况如图 6 - 15 所示。

6. 3. 4 ICMP 控制报文协议

ICMP（Internet Control Message Protocol）控制报文协议是 IP 层的辅助协议，用于在路由器和其他设备之间传输出错消息或者控制消息。在 IP 报文传输的过程中，ICMP 的主要作用有以下三类：

- 向源主机提供差错报告。
- 向源主机发出控制信息。
- 向源主机返回请求的应答信息。

图 6-15　ARP 命令常用方式

一、ICMP 差错报告

ICMP 最基本的功能是向源主机提交差错报告。IP 报文在网络传输的过程中，会出现各种差错，ICMP 向源主机提交的差错报告主要有三种类型：目的不可达、超时和参数出错。

如图 6-16 所示，当 IP 报文出现差错后，ICMP 协议会将这些错误的信息报告给源主机；当源主机收到 ICMP 的差错报告后，会与应用程序联系处理相应的错误。ICMP 本身不对差错采取任何形式的处理，另外 ICMP 的差错报告总是伴随着抛弃错误的 IP 数据报而产生的；IP 软件一旦发现传输错误，首先抛弃出错的报文，然后调用 ICMP 协议向源主机报告出现的差错。

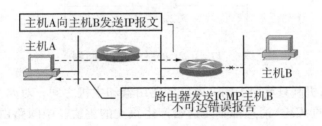

图 6-16　ICMP 向源主机报告目的主机不可达错误报告

二、ICMP 控制报文

ICMP 协议的控制报文对 IP 层的控制主要包括两大类：拥塞控制和路由控制。实现这两种控制的基本方法是 ICMP 协议向源主机发送源抑制报文和重定向报文。

（1）源抑制报文

有时互联网中的路由器或目的主机会被大量涌入的数据拥塞，造成数据报的丢失，这种现象称为网络拥塞。为了控制拥塞，ICMP 采用了源抑制（source quench）技术。源抑制技术就是路由器或目的主机发生拥塞现象后，通过 ICMP 协议向源主机发送源抑制报文，通知或控制源主机减小发送 IP 报文的速率，以达到路由器或目的主机正常工作的目的。

如果收到的数据报太多太快而不能及时处理，目的主机也会向源主机发送相应的源抑制报文。路由器对每个抛弃的数据报都会向源主机发送源抑制报文，源抑制报文请求源主机减小发送到目的主机的数据报速率。

当源主机接收到源抑制报文后会减小发送速率，直到不再接收到路由器发送的源抑制报文为止。在此之后源主机可能逐步增大发送速率，直到再一次接收到源抑制报文为止。

路由器或主机不会等到超过自己处理报文能力的限度后再发送源抑制报文，而是在处理报文的速率接近自己的限度时就会发送此消息，这意味着引发源抑制报文的数据报仍然可以得到路由器或主机的正常处理。

（2）重定向报文

在 IP 互联网中，每个主机在初始化的过程中会生成相应的路由信息，从而保证主机能将信息通过直接连接的网关发送到互联网。这些路由信息不一定是最优的路由信息，而 ICMP 协议可以在发现更好的路径时向源主机发出重定向报文，用以调整或优化主机的路由信息。

如图 6-17 所示，路由器 G1 从直接相连的主机接收到数据报时，它在检查路由表时获得了下一个网关 G2 的地址 X。如果 G2 和"数据报中源地址"指定的主机在同一个网络上，则会向源主机发送重定向 ICMP 报文。此报文请求发送数据报的主机直接将数据报发向网关 G2，与此同时网关 G1 会继续向前发送此数据报。

如果数据报带有源路由选项，而且网关地址在目标地址域中，则不会发送重定向报文。

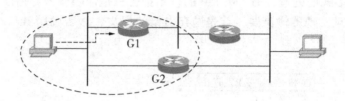

图 6-17 ICMP 的路由重定向机制

ICMP 的重定向机制只能用于同一网络的路由器和主机之间，对路由器之间的路由刷新无能为力。所有的 ICMP 消息都是发送给产生报文的主机，中间路由器不能通过 ICMP 了解路由错误，也没有机会更新它们的路由表。因此，只有在很小的网络上才能用 ICMP 作为路由协议。

三、ICMP 的请求/应答报文对

为了测试网络或获取某些有用的系统信息，ICMP 提供了多种请求/应答报文对功能。例如回应请求与应答、时戳请求与应答、掩码请求与应答等。

（1）回送请求与应答

ICMP 协议的回送请求/应答报文对可用于测试目的主机或路由器的可达性，如图 6-18所示。

首先主机向目的主机或路由器发送一 ICMP 回送请求报文①，当目的主机或路由器收到此回送请求报文后，会向源主机返回一 ICMP 报文——回送应答报文②，回送应答报文中的数据区是回送请求报文中的数据拷贝。如果发送"回送请求"报文的源主机成功收到"回送应答"报文，而且数据完全一致则可说明：

● 目的主机或路由器可达。

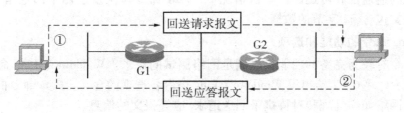

图 6-18　ICMP 的回送请求与应答机制

- 源主机与目的主机或路由器的 IP 软件工作正常。
- 回送请求与应答报文对之间的路由器路由选择功能正常。

（2）时戳请求与应答

ICMP 协议的时戳请求与应答报文对，是同步互联网上主机时钟的一种机制。IP 层软件利用 ICMP 时戳请求与应答报文功能，可以估计两个主机或路由器在传输数据报时所需的往返时间。

ICMP 时戳应答报文中的信息包含三部分内容：

- 接收时间戳是回送者首次接触到信息的时间，它附加在应答报文中返回，时间是以百万分之一秒为单位计算，并以标准时午夜开始计时。
- 原始时间戳是发送方发送前的时间。
- 发送时间戳是回送者接收到信息后返回信息时的时间。

如果时间以百万分之一秒计无效，或者不能提供标准时间，则可以在时间戳的高字节填充数据以表示这不是标准数据。

（3）其他信息请求或信息响应消息

- 信息请求与信息回复：发送此消息是主机寻找到自己所在网络号码的一种方法。
- 掩码请求与应答：发送此消息是主机寻找到自己所在网络所属子网掩码的一种方法。

当然，ICMP 还有其他一些请求/应答报文对，请参考其他文献。

ICMP 报文是作为 IP 数据报的数据部分传输的，IP 协议是一面向非连接的不可靠的传输协议，因此 IP 数据报对 ICMP 报文的传输也是不可靠的，有可能在传输的过程中丢失。由此可见，ICMP 信息在传输过程中没有特殊的优先权。

6.3.5　Ping 命令的使用

Ping 命令基本属于通用的网络工具，不论 Unix、Linux 还是 Windows 系统均支持 Ping 命令。用 Ping 命令能够诊断网络的某些工作状态，可以测试网络存在的隐患和故障。通常是用 Ping 命令对网络进行连通性和可达性测试，事实上 Ping 命令就是利用 ICMP 协议的回送请求与应答报文对来测试目的主机和路由器的可达性的。

源主机用 Ping 命令向路由器或目的主机发送 ICMP "回送请求"报文，并且监听目的主机或路由器返回的"回送应答"报文，以测试源主机与目的计算机或路由器的连通性。源主机通过比较每个接收报文和发送报文的一致性，判断出网络的响应时间和目的主机或路

139

由器与本机的连通性和可达性。默认情况下，Ping 命令每次发送四个回送请求/应答报文对，每个报文包含 32 字节的数据。

一、Ping 命令的功能和选项

Ping 命令有较为完备的功能，以满足网络测试的需求。Windows 7 Ping 命令的选项如图 6-19 所示，表 6-2 给出了 Windows 7 Ping 命令各选项的含义。Ping 命令的很多选项实际上是指定网络如何处理和对待携带回送请求/应答报文的信息。

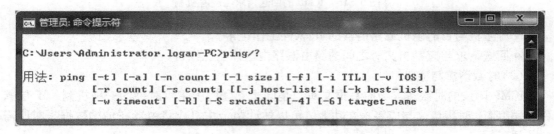

图 6-19　Ping 命令的形式和选项

表 6-2　Ping 命令选项的含义

选项	意义
- t	Ping 指定的主机直到被停止 查看统计信息或继续：Control - Break 停止：Control - C
- a	将 IP 地址解析为主机名
- n count	发送 ICMP 回送请求报文的次数（默认值为 4）
- l size	发送包的缓存区的空间（默认值为 32 字节）
- f	不允许分片（默认为允许分片）
- I TTL	指定生存周期
- v TOS	指定要求的服务类型
- r count	记录路由
- s count	使用时间戳选项
- j host - list	使用松散源路由选项
- k host - list	使用严格源路由选项
- w timeout	指定每个回送应答报文的超时时间（以 ms 为单位，默认为 1000）
- R	同样使用路由表头测试反向路由（仅适用于 IPv6）
- S srcaddr	要使用的源地址
- 4	强制使用 IPv4
- 6	强制使用 IPv6

例如命令：Ping － t 192.168.80.1 中的选项"－t"就是指定用 Ping 命令不停地连续地向主机 192.168.80.1 发送"回送请求"报文，同时主机 192.168.80.1 不停地返回"回送应答"报文。当进行 Ctrl + Break 操作后，可显示统计信息，在此之后继续执行 Ping 命令，直到进行 Ctrl + C 操作后，停止 Ping 命令。

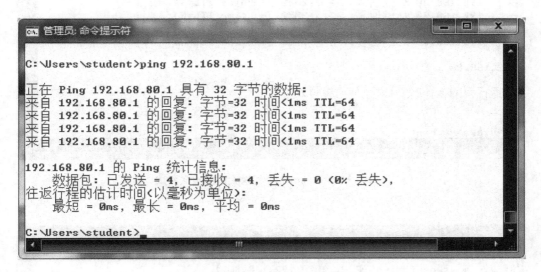

图 6－20　Ping 命令进行连通性测试

二、Ping 命令应用举例

为了更多地了解 Ping 命令的用法，下面用一些实例来展示 Ping 命令选项的用法。

例 6－3：用 Ping 命令测试主机 192.168.80.1 连通性。

解：如图 6－20 所示，在命令提示符窗口中输入命令 Ping 192.168.80.1，可以观察到测试结果，在默认状态下，本命令正确收到了 4 个回送应达报文，表明目的主机可达，同时表明网络中的互联设备及其 IP 软件工作正常。

例 6－4：向目的主机发送 2000 字节的回送请求报文（默认 32 字节），用以测试网络对大数据报的分片情况。

解：如图 6－21 所示，在命令提示符窗口中输入命令 Ping － l 2000 192.168.80.1，可以观察到测试结果。本命令正确收到了 4 个 2000 字节的回送应达报文，表明目的主机和网络中的互联设备及其 IP 软件数据分片功能工作正常。

例 6－5：向目的主机发送 2000 字节的回送请求报文（默认 32 字节），在命令中设置 －f 选项禁止中途的路由器对大数据报分片，用以测试网络对大数据报的分片的禁止功能或测试报文传输路径中的最大传输单元 MTU。

解：如图 6－22 所示，在命令提示符窗口中输入命令 Ping － f － l 2000 192.168.80.1，可以观察到测试结果。本命令正确发送了 4 个 2000 字节的发送回送请求报文，统计结果表明没有收到目的主机的应答报文，并通报了每个数据报丢失的原因是 Ping 命令设置了分片禁止功能。

用上面的命令逐步减少报文的字节数，直到回送应答报文被正确接收为止，就可以估

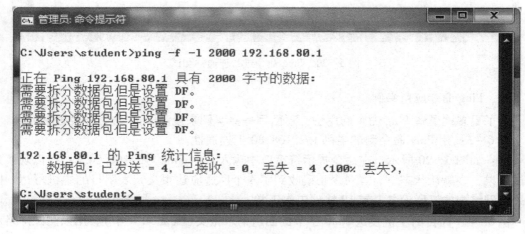

图 6-21 用 Ping 命令发送大数据报文测试

图 6-22 用 Ping 命令估测网络路径中的 MTU

测网络路径中的最大传输单元 MTU。

6.4 网络接口层

TCP/IP 协议的网络接口层包括数据链路层和物理层功能，主要作用是收发 IP 数据报，实现 IP 报文在网络的数据链路中可靠传输。

6.4.1 接口层结构

TCP/IP 协议的接口层是三层结构（如图 6-23 所示），其中逻辑链路控制层 LLC 的功能主要由接口的驱动程序完成，媒体访问控制层 MAC 和物理层 PHY 的功能是由网络接口卡实现的。

一、逻辑链路控制层 LLC 与 NDIS 标准

逻辑链路控制层 LLC 是网络接口 NIC 的驱动程序，它是连接接口卡 NIC 与网络协议的软件。在 Microsoft 系统中，这种接口叫做网络驱动接口标准 NDIS（Network Driver Interface Specification）。任何配有 NDIS 的驱动程序的 NIC 都可以和 Microsoft 系统一起使用，随着操作系统的升级 NDIS 标准同时升级为新的标准。

LLC – 逻辑链路控制驱动	NDIS 网络适配驱动
MAC – 媒体访问控制	网络接口卡 NIC
PHY – 物理层	

图 6 – 23　TCP/IP 协议接口层结构

逻辑链路控制层 LLC 的主要功能有以下三个：

①在两个网络实体之间提供数据链路连接的建立、维持和释放管理。

②构造数据链路层的数据帧（Frame），完成对帧定界、同步、收发顺序的控制。

③实现传输过程中的流量控制（Flow Control）、差错检测（Error Detection）和差错控制（Error Control）等方面的任务，从而完成数据帧从接口的一端到另一端的传输。

二、介质访问控制器 MAC

介质访问控制器 MAC（media acess controller）的主要功能就是实现传输介质的访问控制。对不同的拓扑结构的网，传输介质的访问规则是不同的。例如对于总线结构的以太网用载波侦听多路访问/冲突检测 CSMA/CD（Carrier Sense Multiple Access with Collision Detection）规则，环型拓扑结构的网用 Tocken Ring 规则。事实上 MAC 层主要完成下列三个任务：

- 决定节点何时发送数据包。
- 将数据帧发送到物理层，然后发送到传输介质上。
- 从物理层接收数据帧，然后送给处理相应帧的协议。

MAC 是 TCP/IP 协议接口层的灵魂，也是快速以太网的心脏。

MAC 层的另一任务就是检测错误帧，当发现错误帧后 MAC 会将其丢弃，而不会将其传输到上层处理。例如以太网中节点的 MAC 处理因冲突造成的残帧和无效帧不需要专门的严格规则，只要丢弃错误帧就可以。MAC 层会丢弃以下所有的错误帧：

- 是否小于最小帧长度 64 字节（MAC 无法检测小于 64 字节的帧冲突）。
- 无效的帧校验序列。
- 长度不是 8 位的整数倍。

当以太网在节点争用总线传输数据时，出现冲突现象是 CSMA/CD 规则允许的事件，因此以太网出现冲突是一种正常现象。冲突造成的错误帧也是规则预料之中的事，但冲突至少会造成错误帧的出现。在任何情况下错误帧都会被 MAC 层丢弃，从而有效地保证了网络的传输效率和可靠性。

三、MAC 层与物理层的关系

MAC 层的一个重要特征是当控制节点访问传输介质的时候，它具有介质访问的独立性，即 MAC 层与传输介质无关，MAC 是通过物理层 PHY 访问传输介质的。

网络接口都是通过物理层 PHY 与介质相连，物理层决定了传输介质的类型。厂商在生产的快速以太网适配器中就有一个模块化的 PHY，通过更换 PHY 模块，同一种快速以太网适配器就可以使用不同的传输介质。

许多新款的 100Base – TX、100Base – FX 支持自动协商(Autonegotiation)功能。

PHY 层的自适应性在很大程度上提高了网络组网工程的设备应用的兼容性，它使我们在组网工程中集成应用网络设备更加容易实现。

6.4.2　以太网帧结构

数据帧是网络通信的基本单元，图 6 – 24 是快速以太网的帧结构。包括头部信息在内，以太网帧的最大长度为 1518 字节，帧的最小长度是 64 字节。数据帧的头部信息有 4 部分：

- 目的地址：接收帧节点的目的地址(MAC 地址)。
- 源地址：发送帧节点的源地址(MAC 地址)。
- L/T 长度或类型字段，提供帧的类型或长度信息。
- FCS(Frame Check Sequence)帧校验序列字段，可使目的节点验证帧是否正确无误。

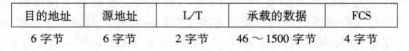

目的地址	源地址	L/T	承载的数据	FCS
6 字节	6 字节	2 字节	46 ~ 1500 字节	4 字节

图 6 – 24　快速以太网帧结构

一、IEEE 802.3 帧结构

Ethernet Ⅱ标准认为，帧数据的长度都小于 1500 字节，长度字段的意义不是很大，而 IEEE 802.3 标准则认为，当帧数据的长度小于 46 字节时，长度字段对于网络的传输性能的改善更有效。这样以太网在发展的过程中，其标准出现了分歧：

- Ethernet Ⅱ标准规定 L/T 字段为协议类型码，目的是支持多种传输协议。
- IEEE 802.3 标准规定 L/T 字段为帧数据长度码。

后来系统采用了兼容的方法较好地解决了上述的分歧。人们发现以太网的帧长度总是小于 1500 字节，46 到 1500 之间的帧的 L/T 字段作为长度使用，快速以太网或以太网将这样的帧作为 802.3 帧处理；如果 L/T 字段的值大于 1500 字节，则帧的 L/T 字段作为类型使用，而这样的帧系统则作为 Ethernet Ⅱ帧(或 DIX 2.0 帧)处理。

表 6 – 3 给出了常用的 EtherType 码。

表6-3 常用 EtherType 注册码

EtherType(十进制)	EtherType(十六进制)	数据类型
000	0000 - 05DC	IEEE 802.3 Length Field
2048	0800	Ipversion 4
2053	0805	X.25 Level3
2054	0806	ARP
32873	8069	AT&T
33023	80FF - 8103	Wellfleet Communication
33100	814C	SNMP
33079—33080	8137—8138	Novell 公司
34525	86DD	IPversion 6

要说明的是，在 TCP/IP 协议的网络中通常使用 Ethernet II 帧，因为 Internet 和基于 UNIX 环境的网络的历史要比 802.3 标准长。无论是 Ethernet II 帧还是 802.3 帧，NetWare、Windows 这样现代的操作系统都能处理这两种类型的帧。

二、以太网帧的前导码

以太网接口把传输的帧封装在比特序列包中，有时也称 MAC 帧(MAC Frame)，然后通过物理层 PHY 发送到传输介质。被封装的数据帧部分是标准的以太网 Ethernet II 或者是 802.3 帧格式，其中包括帧的头部信息，例如目标地址、源地址、L/T 字段、数据字段和帧校验序列。

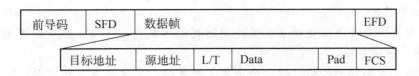

图6-25 以太网帧的前导码和定界符

如图6-25所示，以太网帧的前导码(preamble)是一个七字节的序列，其值如下所示：
10101010 10101010 10101010 10101010 10101010 10101010 10101010

前导码在数据帧传输中起到了帧同步的作用，前导码从左向右发送。之后的 SFD (Start of Frame Delimiter)是一个字节的帧开始定界符，其值是：10101011。

对以太网来说，帧结尾的定界符 EFD(End of Frame Delimiter)没有什么特别的定义，只表示数据帧的结束。当接收数据停止时，快速以太网的物理层 PHY 就会通知 MAC 层，包已经到达。

计算机网络技术

◀◀ 复习思考题 ▶▶

一、填空题

1. TCP/IP 体系结构的每一层的子协议对数据进行了有效的封装，这种协议数据的封装格式称为_____PDU(Protocol Data Unit)。

2. 每个_____层协议都是为了解决某一种类的网络应用而开发的通用网络应用程序，它为用户提供了基本的网络应用服务。

3. 客户机/服务器模式的_____大多集中在服务器上，所以大大降低了安全管理网络的难度。

4. 服务器处理多个并发请求服务可以有以下两种解决方案：一是重复服务器解决方案，二是_____服务器方案。

5. 在多任务的网络环境下，TCP/IP 协议用"_____"标识通信的进程。

6. TCP 传输控制协议为应用层进程提供_____的、可靠的、全双工的、数据流传输服务。

7. TCP 协议的可靠连接方法是：_____握手法。

8. _____技术有效地控制了 TCP 协议的数据流量，使发送方发送的数据永远不会溢出接收方的缓冲空间。

9. 网络层的网络互联功能_____了各个网络的硬件细节(如每个局域网的拓扑结构和介质访问控制规则)，为传输层提供了统一的网络通信服务。

10. 事实上在互联网中的每个主机都有两个地址：网络层的_____地址和数据链路层的物理地址(MAC 地址)。

11. 为了保证高速缓存中的 ARP 表项的_____，表中的每一个表项都被设置了一个定时器，如果某表项在规定的有效时间内没有任何活动，就会被主机删除，从而保证了 ARP 表项的有效性。

12. IP 软件一旦发现传输错误，首先把出错的报文_____，然后调用 ICMP 协议向源主机报告出现的差错。

13. IP 报文在网络的传输过程中会出现各种差错，主要分为三种类型：_____不可达、超时和参数出错。

14. ICMP 协议的控制报文对 IP 层的控制主要包括_____控制、路由控制两大类。

15. IP 协议采用了_____工作方式，IP 协议并不随意丢弃数据，只有当系统的资源用尽、接收数据出现错误或网络出现故障的情况下，IP 协议才被迫丢弃数据报。

16. LLC 逻辑链路控制层是网络接口 NIC 的_____程序，它是连接接口 NIC 与网络协议的软件。

17. 介质访问控制器_____(Media Acess Controller)的主要功能就是实现传输介质的访问控制。对不同的拓扑结构的网，传输介质的访问规则是不同的。

18. MAC 与局域网上的传输介质无关，MAC 是通过_____PHY 访问传输介质的。

19. 自动协商功能的实现只涉及_____PHY，它可以在任何设备上实现，即使是价格低廉的 NIC 或交换机上，都可以支持自适应功能。

20. 在以太网 Ethernet II 标准中，帧结构中的字段 L/T 是_____码（EtherType），其目的就是为了实现协议复用。

二、单项选择题

1. 安装在（   ）一端的程序，工作在守候状态，专门等待接收客户方的请求而提供网络服务。

A. 服务器　　　　　B. 客户机　　　　　C. 路由器　　　　　D. 交换机

2. 在互联网中，要实现端到端的通信（进程之间的通信），通常需要（   ）三个参数来唯一标识通信的进程。

A. 协议、端口号、IP 地址　　　　　B. 协议、端口号、MAC 地址

C. IP 地址、端口号、MAC 地址　　　D. IP 地址、协议、MAC 地址

3. （   ）协议是一面向连接的、可靠的、全双工的数据流传输协议。

A. IP　　　　　B. UDP　　　　　C. TCP　　　　　D. ICMP

4. 网络层的协议数据单元 PDU 名称是（   ）。

A. Data　　　　　B. Bit　　　　　C. Frame　　　　　D. Packet

5. （   ）是网络层的辅助协议，其作用就是在网络通信的过程中，通过目的主机的 IP 地址获取目的主机的物理地址（MAC 地址）。

A. ICMP　　　　　B. ARP　　　　　C. TCP　　　　　D. UDP

6. （   ）协议数据单元叫做数据帧 Frame。

A. 逻辑链路层　　　B. 媒体控制层　　　C. 传输层　　　　　D. 物理层

三、简答题

1. 简单介绍 Winsock。

2. 网络层为传输层提供了通用的数据传输服务，这种服务具有哪三个特点？

3. 简述 MAC 在 TCP/IP 协议接口层中的重要作用。

第七章 路由选择技术

本章学习目标

- 路由选择的基本概念与路由表
- 静态路由、动态路由和度量值
- RIP 和 OSPF 路由协议
- 路由器基本配置方法和配置实例

7.1 路由选择的基本概念

随着时代的发展，人们对网络信息和资源共享的需求已成为推动网络互联的巨大动力，局域网已成为网络互联的基本单元，而路由选择技术是实现计算机网络互联的基础。

7.1.1 IP 网络工作原理

网际协议 IP(Internet Protocol)是互联网协议，可以用来建立任何复杂的互联网络。能够实现网络互联的设备叫路由器，传统意义下的路由器是一存储转发设备，其主要功能是对 IP 数据报进行路由选择。图 7-1 是一网络互联实例，在实例中路由器 R 的两个以太网接口 Fa0/1 和 Fa0/2 分别连接网络 1 和网络 2，成功地实现了网络 1 和网络 2 的互联。通过路由器 R，网络 1 中的主机 A 可以同网络 2 中的主机 B 相互交换数据。

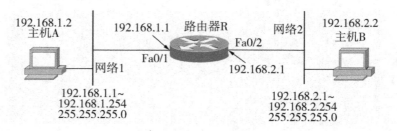

图 7-1 网络互联实例

图 7-2 所示的是图 7-1 的网络互联实例中路由器 R 的协议栈模型，网络层的网际协议 IP 直接对 IP 数据报进行路由选择操作。当网络 1 中的主机 A 向网络 2 中的主机 B 发送数据时，路由器 R 的工作过程可以分为以下四个步骤：

①路由器 R 从接口 Fa0/1 接收主机 A 从网络 1 发送的数据帧。

②路由器 R 在 Fa0/1 接口层去掉帧的封装信息，并上传到 IP 层。

③路由器 R 的 IP 层协议分析主机 A 的 IP 报文，根据 IP 报文中的主机 B 的目标地址将 IP 报文转发到接口 Fa0/2。

④路由器 R 的接口 Fa0/2 对 IP 报文进行帧封装后发送到网络 2 由主机 B 接收。

作为网络互联设备的路由器是一个多端口设备，每个端口连接一个网络。路由器由某一端口接收某个网络的 IP 数据报，根据 IP 数据报中的目标地址确定最佳转发路径，并根据最佳转发路径确定数据报的输出端口。

图 7-2　路由器的 TCP/IP 协议栈模型

7.1.2　路由表

路由器的基本功能是路由选择，路由选择的任务就是在网络中为 IP 数据报寻找一条最佳传输路径。在路由器的内存中保存有一张路由表，路由表存储着指向目标网络的路由选择(路径选择)信息，它是路由器对 IP 报文存储转发的依据。针对每个 IP 报文，路由器会根据自己的路由表进行路由选择。

一、路由表

路由表中的数据是互联网络中的数据报经过路由器而到达目标网络的路由选择信息。路由表存储在路由器中，它是用 IP 地址表示目的地址和传输路径的。例如表 7-1 所表示的路由表正是图 7-3 中的路由器 R 的路由表。

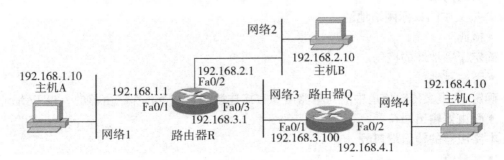

图 7-3　路由器 R 和 Q 的实例图

表 7-1 所示的路由器 R 的路由表有两个字段：

● 目标网络地址

目标网络地址是指 IP 报文最终投递的目的网络地址。

● 下一路由器入口地址

下一路由器入口地址是指本路由器根据 IP 报文的目标主机地址，确定需要转发到下一个路由器的入口地址。

表中的"直投"意义是：如果目标网络是直接连接在本路由器的端口上，就将 IP 报文从连接网络的端口上直接发送出去即可。用相同的方法可创建路由器 Q 的路由表。

表 7-1　路由器 R 的路由表

目标网络地址	下一路由器入口地址
192.168.1.0	直投
192.168.2.0	直投
192.168.3.0	直投
192.168.4.0	192.168.3.100

如果在路由器中创建了路由表，路由器就可以根据接收到的 IP 数据报的报头中的目标地址，按照路由表指定的转发方向转发 IP 数据报，最终会将 IP 数据报转发到目的地。

二、路由表的改进

实际的路由表与表 7-1 有所不同，如图 7-4 所示的是改进后的路由表表项。为了支持子网路由，路由表表项中增加了子网"掩码"字段；同时为了优化网络的传输路径，在路由表表项中增加了一项管理距离或者是度量值。

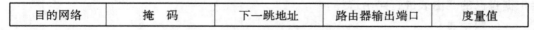

目的网络	掩码	下一跳地址	路由器输出端口	度量值

图 7-4　改进的路由表结构

在改进的路由表中，各字段的作用如下所述：

● 目的网络

IP 报文中的目标网络地址。

● 掩码

确定子网地址的掩码。

● 下一跳地址

确定 IP 报文传输信道中的与本路由器直接连接的下一个相邻路由器的入口 IP 地址。

● 路由器输出端口

本路由器的输出端口号。

● 度量值

路由表中用度量值表示到达目标网络的传输距离，值越小表示路径传输距离越短，反之表示距离越远。

7.1.3　特殊路由

在路由表的记录中，用"目标网络地址"作为目标地址，每个目标网络只需一条路由记录。这样可以大量减少路由表记录数、减小路由器内存开销、提高路由器对路由表的检索速度。在实际的路由表中，常常会用到特殊的路由记录。

一、特殊路由

在特殊情况下，路由表可包含以下两种特殊路由记录：

（1）默认路由

在路由选择过程中，如果路由器在路由表中找不到对应的目标网络地址的记录，就将IP 数据报转发到由默认路由记录指定的路由器。在路由表中用掩码 0.0.0.0 作为默认路由记录的标识，同时默认路由记录的目标地址也用 0.0.0.0 来表示，意味着目标地址不确定。

（2）特定主机路由

特定主机路由是把路由表中的目标网络地址字段直接表示为目标主机地址，并且用掩码 255.255.255.255 作为特定主机路由记录的标识。

无论是默认路由还是特定主机路由，它们在标识网络终端设备在接入网络时，特殊路由信息都是不可缺少的配置，这一点可以通过接入网络的主机中的路由表说明。

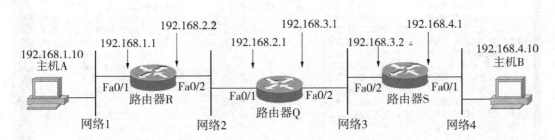

图 7-5　网络互联实例

二、特殊路由举例

实际上接入网络的每个主机都具备了路由选择功能。如图 7-5 所示，网络 1 中的主机 A 通过路由器 R 接入互联网，其主机 A 的 IP 地址是 192.168.1.10。路由器 R 的接口Fa0/1 是网络 1 直接连接接口，该接口的 IP 地址是 192.168.1.1，它是网络 1 的网关地址，所以路由器 R 又称为网络 1 的网关。对网络 1 中的所有主机而言，路由器 R 的接口 Fa0/1的地址 192.168.1.1 就是它们的网关地址。

（1）默认网关地址的配置

运行 Windows 7 系统的主机 A 通过"Internet 协议版本 4（TCP/IPv4）属性"对话框配置IP 地址。主机 A 的 IP 地址配置如下：

　　IP 地址：192.168.1.10

　　子网掩码：255.255.255.0

计算机网络技术

默认网关：192.168.1.1

（2）主机 A 的路由表

能够发送 IP 数据报的主机都有自己的路由表，每个主机上的路由表都可以通过执行 route print 命令列出。图 7-6 所表示的路由表就是图 7-5 中网络 1 中的主机 A 的路由表，它是通过执行 route print 命令列出的，可见主机 IP 数据报从发送的一开始就受到主机路由表的控制。

（3）主机 A 的路由表分析

根据主机 A 的路由表（如图 7-6 所示），下面对表中的内容做进一步解析：

①第一条路由记录是主机 A 的默认路由，也是默认网关地址配置的结果。

0.0.0.0　　0.0.0.0　　192.168.1.1　　192.168.1.10　　276

该路由信息表示，主机 A 发送到其他网络的数据报都是通过路由器 R 的入口端口 Fa0/1（192.168.1.1）发送出去的。同时说明默认路由可大量减少路由表的记录数，这对提高系统的性能、减少系统资源的开销有相当大的帮助。

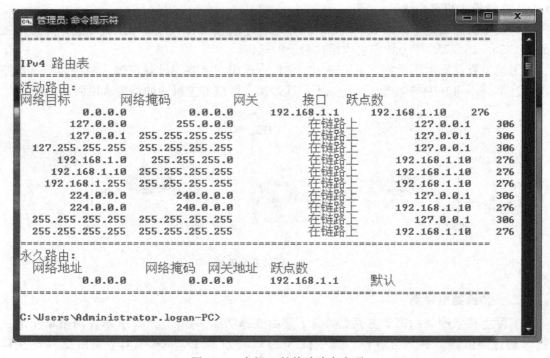

图 7-6　主机 A 的特殊路由表项

②三、四、六、七、十和十一条路由记录的掩码为 255.255.255.255，属于特殊主机路由表项。该六条路由表项说明主机支持本机进程间的通信路由或环回测试路由，并且支持本网广播和有限广播路由。

③其他路由功能的支持。

目标网络地址 127.0.0.0 一项，说明该机支持环回测试。路由表中的网络地址

127.0.0.0是主机系统内部保留的逻辑网络地址，地址127.0.0.1是主机A的环回测试地址。

地址192.168.1.10才是与主机A的网络接口对应的节点IP地址（主机地址），因此192.168.1.0一项说明本机支持本地网络路由。

目标网络地址224.0.0.0一项说明本机支持系统组播路由功能。读者可自行分析该路由表中的每一表项的路由选择功能，以加深对默认路由和特定主机路由表项的理解。

三、路由表的创建

图7-5是一网络互联的逻辑结构图，网络中的四个C类网的网络地址分别是192.168.1.0、192.168.2.0、192.168.3.0 和 192.168.4.0，网络地址的掩码同为255.255.255.0，网络之间通过路由器R、Q和S相互连接。为了使路由器能够实现IP报文的路由功能，路由器R、Q和S都创建有自己的路由表，每个路由表包含了路由器到达所有目标网络地址的路由记录。

（1）创建路由表

表7-2是图7-5中路由器R的路由表，路由表包含了路由器R到达所有网络的路由信息。因此四个目标网络分别对应表中的四条路由记录。

表7-2　路由器R的路由表

目标网络地址	掩码	下一跳地址	输出端口地址	度量值
192.168.1.0	255.255.255.0	直投	192.168.1.1	0
192.168.2.0	255.255.255.0	直投	192.168.2.2	0
192.168.3.0	255.255.255.0	192.168.2.1	192.168.2.2	1
192.168.4.0	255.255.255.0	192.168.2.1	192.168.2.2	2

（2）默认路由对路由表的改进

在创建路由表时，可以运用默认路由减少路由记录，以达到减少系统开销的目的。表7-3所示的是默认路由对路由器R的路由表的改进，可以看出默认路由相当于表7-2中的两条路由表记录。

默认路由的运用可以减少路由表的记录数，加快路由器检索的速度，这对于大型互联网来讲效果更为突出。

表7-3　默认路由对路由器R路由表的改进

目标网络地址	掩码	下一跳地址	输出端口地址	度量值
0.0.0.0	0.0.0.0	192.168.2.1	192.168.2.2	1
192.168.1.0	255.255.255.0	直投	192.168.1.1	0
192.168.2.0	255.255.255.0	直投	192.168.2.2	0

用同样的方法可以写出路由器Q和S的路由表，关于路由器Q和S的路由表由读者自己填写，相信读者能够完成这项任务。

计算机网络技术

7.2　静态路由与动态路由

IP 数据报的路由选择的正确性完全依赖于路由表的正确建立。如果路由表出现错误，IP 数据报就不可能按照正确的路径转发。根据路由表的建立方式的不同，可以将路由器的路由表建立的方式分为静态路由和动态路由两大类。

7.2.1　静态路由

静态路由是指路由器采用了固定的静态路由表工作方式，路由表是由网络管理员用 route 命令创建的。路由表一旦被创建，若要改变其内容必须用 route 命令。根据网络的拓扑结构，网络管理员可以为每个路由器建立静态路由表。静态路由有可能会出现以下两种现象的故障：

①当网络的路由表配置完整后，每个主机发送的数据报将沿固定路径传输。如果路径上的转发路由器出现故障，数据报的传输就会出现目的网络不可达错误（如图 7-7 所示）。

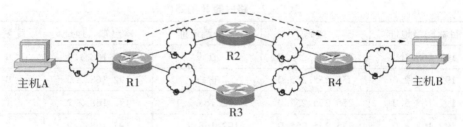

图 7-7　静态路由固定传输路径

②如果配置错误，有可能形成路由环，出现无效路由环信息。

对于规模不大的互联网络，静态路由有一定的优越性。其特点是网络结构简单、路由表易创建、安全性好、可靠性高，同时避免了动态路由选择的开销。

如图 7-8 所示，在这种情况下可以在路由器的两端配置静态路由来提供这条路径的信息，不仅可以避免路由选择协议通信量的开销，而且可以降低对路由器的性能要求。

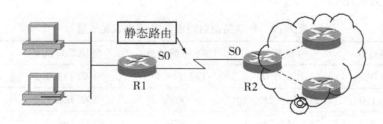

图 7-8　单一路径下的静态路由配置

7.2.2　动态路由

动态路由是指路由器采用了可变的动态路由表的路由选择工作方式。在动态路由选择方式下，路由表是通过动态路由协议自动建立和维护的。

动态路由协议可以通过"学习"的方式收集网络的拓扑结构信息来创建路由表，并可及时地捕捉网络的工作状态信息对路由表进行自动刷新和维护，以保持路由表的有效性。动态路由有以下特点：

- 一是有更多的自主性和灵活性，特别适合拓扑结构复杂、规模庞大的网络；
- 二是能够通过科学的路由选择算法保证路由表的信息是最佳路径信息；
- 三是可通过对路由表的动态维护和修复，避免故障部分对整个网络正常工作的影响。

为使动态路由正常工作，在一个互联网的整体区域中必须运行相同的路由选择协议，执行相同的路由选择算法。目前基本的路由选择协议有两种，一种是路由信息协议 RIP（Routing Information Protocol），另一种是开放式最短路径优先 OSPF（Open Shortest Path First）协议，这两种路由选择协议都有自己的算法和特点。

动态路由用两类数字来表示路径的优劣，这就是管理距离和度量值。

一、管理距离

管理距离是指一种路由协议的路由可信度。多种路由选择协议和静态路由可能同时被使用，当存在多个路由选择时，并且它们提供相同的路径信息时，路由器系统就会选择一个管理距离小的路径来传输 IP 数据报。管理距离是路由信息可信度（Trustworthiness）的度量，管理距离与路由协议有关，不同的路由协议其管理距离不同。

管理距离是一个 0 ~ 255 之间的整数，一般来讲具有较低的管理距离的路由选择协议会有较高的可信度。表 7 - 4 给出了常用路由协议的管理距离的默认值。

表 7 - 4　默认的管理距离

路由源	默认管理距离
已连接的接口	0
静态路由地址	1
EIGIP	90
IGIP	100
OSPF	110
RIP	120
未知的/不可信的	255

如果要改变管理距离的值，网络管理员可以使用 Cisco IOS，在每个路由器上配置每个路由协议的管理距离。

二、度量值

路由选择协议在创建路由表时，通过一个称为"度量值"的数据来判断路由信息的优劣。事实上到达任何一个给定的目的网络都可能存在多条路径，路由选择协议会用一条最佳的路径更新路由表（路由信息），这条路径具有最小的"度量值"。"度量值"（metric value）是通过某种算法对每条路径生成的一个"数字"，一般说来度量值越小的路径距离越短、路径越好越快，路由选择协议就是根据这样的"度量值"来选择最佳路径的。要说明的是，不同的路由选择协议会使用不同类型的网络特性参数来表示度量值。一些常用的度量值可能是下面的特性参数之一：

- 跳数：数据包所经过的路由器的个数。
- 计时点：使用 IBM PC 时钟计时点（55 微秒）标识路径的延迟时间。
- 开销：可以是带宽、费用、或其他因素的消耗。
- 带宽：数据链路的数据容量。例如 10Mbps 的以太网链路要好过 64kbps 的数据链路。
- 延迟：将数据包从源地址传输到目的地所用的时间。
- 负载：网络资源中路由器或服务器上的负载能力。
- 可靠性：通常指数据链路的错误率（bit – error – rate）。
- MTU：最大传输单元，传输路径中所有链路能够接收数据帧的最大帧长度。

度量值是动态路由选择协议优化路由信息的基础。为了建立路由表并优化路由选择信息，路由协议会根据上述中的一个或多个值来表示路径的传输性能，以使路由表中的路由信息能为 IP 报文提供一条最佳的传输路径。

7.3 路由选择协议

为了实现动态路由，网络互联中的路由器必须运行或配置相应的路由选择协议。在网络发展的过程中，曾经出现过多种路由选择协议。因此，在一个区域中的互联网络要实现动态路由，各个路由器必须使用相同的路由选择协议、执行相同的路由选择算法、共享路由信息。动态路由选择协议不仅能更新路由表和执行路径决策，而且能够在最优路径不可用时决策下一条最优路径。动态路由的最大优势是能自动适应网络拓扑结构的变化。

目前被广泛应用的路由选择协议有两种：

- 路由信息协议 RIP（routing information protocol）。
- 最短路径优先协议 OSPFP（open shortest path first protocol）。

以上两种路由选择协议分别采用了不同的动态路由选择（distance vector）算法：路由信息协议 RIP 采用向量 – 距离（distance vector）算法；而最短路径优先协议 OSPFP 采用链路 – 状态（link state）算法。

事实上大多数路由选择算法属于以上两种算法之一：向量 – 距离或链路 – 状态。不论采用何种协议和路由选择算法，动态路由协议都能够一致地、精确地反映互联网络的拓扑结构，为 IP 报文选择最佳的传输路径。

7.3.1 路由信息协议 RIP

路由信息协议 RIP 使用"距离－向量"算法，该算法最早是由 Ford and Fulkerson 提出，所以也被称为 Ford－Fulkerson 算法。

一、向量－距离算法的基本原理

向量－距离算法的基本原理有两点：

● 一是路由器周期性地向邻居广播自己知道的路由信息，通知相邻路由器通过本路由器可到达的目标网络以及到达该网络的距离。

● 二是相邻路由器根据收到的路由表通告修改和刷新自己的路由表。

向量－距离算法采用跳数作为度量值，也就是说相邻路由器之间的距离是 1 跳。度量值是路由信息协议 RIP 优化路由信息的依据，如果网络中存在多个可达目的网络的路径，RIP 协议以跳数为依据选择距离最短的路径。

如果遇到相同的路由信息，系统会选择保留最短距离的路由信息，同时将距离增加 1 跳。如果网络规模不大，算法会很快收敛。

更具体地讲，RIP 就是根据以下四点来实现动态路由的：

（1）定期更新（Periodic Updates）

定期更新意味着每经过特定时间周期就要发送更新信息。这个时间周期从 10s（AppleTalk的 RTMP）到 90s（Cisco 的 IGRP）。

（2）邻居（Neighbours）

邻居是连接在一条链路上的相邻路由器。RIP 协议向邻居路由器发送更新信息，并依靠邻居再向它的邻居传递更新信息。

（3）广播更新（Broadcast Updates）

当路由器首次在网络上被激活时，路由器会向全网广播更新信息，以此宣布自己的存在。

（4）全路由选择更新

路由器会通告邻居它所知道的一切，就是广播它的路由表。邻居在收到这些更新信息之后，它们会收集自己需要的信息，丢弃其他不需要的信息。

二、距离－矢量协议的改进

RIP 协议的距离－矢量算法在网络之间找到了指向每个网络的路径，如果没有其他意外，网络将工作得很好。为了使距离－矢量算法更可靠和稳妥，对 RIP 协议所面临的困难及算法进行了多方面的改进。

（1）路由失效计时器

为了维护动态路由表记录的有效性，路由表中的每个表项设置了路由失效计时器。在有效的时间内，如果从邻居获得了该路由记录的更新信息，该路由记录会重新计时；如果没能从邻居哪里获得该路由的更新信息（超时），路由器将把该路由信息标记为不可达，并向邻居传递该信息。一般 RIP 协议的更新周期为 30s，而路由器超时的周期是 3～6 个更新周期。

（2）水平分割

距离－矢量算法在每个更新周期中，路由器都要向邻居发送它的整个路由表，这在一定程度上增加了网络的开销，同时还会引起路由环。

如图 7-9 所示，当网络 3 出现故障时，路由器 B 监测到该故障并将网络标记为不可达，并准备在下一更新周期通知路由器 A。但在发送这一更新之前，路由器 B 却收到了路由器 A 的更新信息，从此路由器 B 认为通过路由器 A 可到达网络 3。这样邻居路由环便产生了。

图 7-9　路由环的形成过程

为此，RIP 采用了水平分割的技术，对距离－矢量算法进行改进。

水平分割（split horizon）是一种在两台路由器之间阻止逆向路由（reverse route）的技术。所谓逆向路由是指路由的方向与数据包流动方向相反的路由。在图 7-9 中的相邻路由器之间的路由环的形成，正是因为网络中出现了逆向路由。如果阻止了逆向路由，也就消除了网络中的路由环。

有两类水平分割方法：一类是简单水平分割法，另一种是毒性逆转水平分割法。

①简单水平分割。

通常的水平分割法就是简单水平分割法，其规则是从某接口发送的更新信息不能包含从该接口收到的更新信息中所包含的网络。这样改进后，路由环得到了抑制。

②毒性逆转水平分割。

毒性逆转水平分割是对简单水平分割法的一种改进，它可以提供更主动的信息。毒性逆转水平分割法的规则是：当更新信息被发送到"某接口"时，信息中已将从"该接口"获得的路由信息所指定为不可达。这样路由环就不可能形成了，现代大部分距离－矢量算法支持毒性逆转分割和简单水平分割技术。毒性逆转分割比简单水平分割法要更安全、更健壮。

（3）无穷大距离的定义

水平分割法切断了邻居路由器之间的环路，但是对于较复杂的网络，它仍不能阻止另一种计数到无穷大的更新通告环路的形成。

如图 7-10 所示，假设网络 5 出现不可达故障，当路由器 D 发出网络 5 不可达通告之后，由于时间差的关系又收到了路由器 B 有一条路由可达网络 5 的通告，因此路由器 D 记录下这条路由，并将距离增 1。于是 D 又通告 C、C 通告 A、A 通告 B，B 通告 D，如此循环通告，距离不断增大，这种情况就叫计数无穷大。

水平分隔对这种"计数无穷大"通告环路无能为力。为此，距离－矢量算法定义无穷大距离为 16 跳。当通告环路形成后，距离跳数最终将增大到 16，这样网络 5 就被认为不可达，有效地阻止了循环路由通告的形成。

执行 RIP 协议的路由器将把跳数为 16 跳的路由看作不可达网络。因此，运用距离－

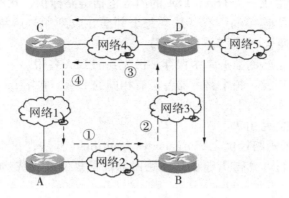

图 7 - 10　计数无穷大的通告环路

矢量算法的路由协议，其网络的最大尺寸定格为 15 跳。在同类协议中，RIP 被设计为适合于中等规模的网络使用。

（4）触发更新

触发更新(Triggered Update)也叫快速更新，其规则比较简单。如果一条路由记录的度量值变好或变坏，那么路由器将立即发送更新信息，这不需要等到更新计时器超时。触发更新的进一步改进是更新信息中仅包括实际触发了该事件的网络，而不是包括整个路由表。触发更新技术将有助于减少处理时间和对网络带宽的影响。

7.3.2　链路 - 状态路由选择协议

开放式最短路径优先 OSPF 路由选择协议是较常用的路由协议，该协议采用链路 - 状态路由选择算法。链路 - 状态协议有时叫做最短路径优先协议，或者叫做分布式数据库协议。链路 - 状态路由选择算法是基于图论理论的一个著名算法，它是依据 E. W. Dijkstra 的最短路径优先算法而设计的。OSPF 路由协议是链路 - 状态路由选择算法的路由协议中的一个具有代表性的常用协议，它最突出的特点是稳定、可靠和收敛快，而且不容易被欺骗而做出错误的路由决策。

以下通过一个实例来讨论链路 - 状态路由选择算法的原理。

链路 - 状态路由选择算法的基本原理是网络中的每个路由器在自己的数据库中建立整个网络的拓扑结构图，然后每个路由器根据自己的状态计算出到达每个网络的最短路径优先树，通过优先树创建路由表。

链路 - 状态协议的算法的确比距离 - 矢量协议更为复杂，但是基本的原理却一点也不复杂。链路 - 状态的算法可分为以下四个步骤：

①首先每个路由器与它的邻居建立邻接关系。

如图 7 - 11 所示，邻居发现是建立链路 - 状态环境的第一个步骤。建立邻接关系有利于同步数据库，这个过程是通过执行一个叫 Hello 的协议完成的。

②每个路由器向每个邻居发送被称为链路 - 状态通告(link - state advertisement，LSA)的数据单元。

每台路由器都会生成一个 LSA，LSA 的内容包括链路标识、状态、路由器的接口到链路的度量值以及链路所连接的所有邻居。每个邻居在收到通告后将依次向它的邻居转发（泛洪 Flooding）这些通告（如图 7-11 所示）。

③每个路由器在自己的数据库中保存一份收到的 LSA 备份。

如果所有的工作正常，每个路由器备份有相同的 LSA，并用 LSA 建立完整的拓扑数据库，也叫链路-状态库（如图 7-12a 所示）。

④通过 SPF 树建立路由表。

使用 Dijkstra 的最短路径优先 SPF（shortest path first）算法，每个路由器以自己为根节点，对网络拓扑图进行计算得出通往其他路由器的最短路径优先 SPF 树（如图 7-12b 所示）。

根据最短路径优先 SPF 树，链路-状态协议对链路-状态数据库进行查寻并找出每台路由器所连接的子网，并把这些信息添加到路由表中（如图 7-12c 所示）。

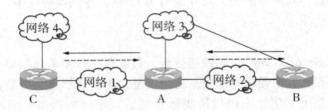

图 7-11　路由器向邻居转发 LSA

路由器	网络
A	net1
	net2
	net3
B	net2
	net3
C	net1
	net4

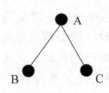

目标网络	下一跳
net1	直接
net2	直接
net3	直接
net4	C

(a) 路由器A的拓扑数据库　　　(b) 路由器A到达其他路由器　　　(c) 路由器A的路由表
　　　　　　　　　　　　　　的最短路径优先树

图 7-12　路由器 A 到达其他网络的最短路径的计算过程

从以上介绍的过程可以看出，链路-状态算法依赖于整个网络的拓扑结构，并且每个路由器以自己为根节点，计算得到最短路径优先 SPF 树，从而由最短路径优先 SPF 树生成路由表。

同时要指出的是，以链路状态算法为基础的 OSPF 路由选择协议，具有收敛速度快、支持服务类型选择路由、提供负载均衡和身份认证等特点，适合于在规模大、环境复杂的互联网中使用。但同路由信息协议 RIP 相比，OSPF 协议由于信息处理量比较大，所以对路由器的性能要求较高。主要包括：

①要求路由器有较高的路由处理能力。在大型网络中，OSPF 要求具有更大的存储器和更快的 CPU。

②一定的网络带宽要求。链路 – 状态最短路径算法信息量较大，当网络的状态出现变动时，每个路由器都会不断地发送和应答查寻信息，与此同时还要将这些信息泛洪到整个网络，因此，执行 OSPF 协议对互联网络的带宽有一定的要求。

7.4　路由器配置

路由器是网络专用互联设备，实际上路由器结构同计算机的基本结构类似，其主要功能是为数据报从源地址到目的网络选择一条最佳传输路径；其次就是将 IP 报文从源主机转发到目的主机。各个厂商生产的路由器虽然品牌不同，但性能和配置方法基本相同。美国 Cisco 公司生产的路由器具有一定的代表性，其他厂商生产的路由器同 Cisco 公司的产品兼容性很好。

7.4.1　Cisco 路由器的结构

路由器的组成可分为硬件和软件两大部分。路由器硬件的组成类似于计算机的硬件组成，主要包括中央处理器 CPU、内存储器、输入输出接口；软件主要是指 Cisco 的网际操作系统 IOS(Internetwork Operating System)。Cisco 的 IOS 是一个为网际互联优化的复杂的操作系统，同时也是一个与硬件分离的软件体系结构。随着网络技术的不断发展，IOS 可动态升级以适应不断变化的新技术。

一、路由器硬件的组成

简单地讲，路由器的硬件由三大部分组成：

(1)中央处理器 CPU

CPU 的运算能力是衡量路由器性能的重要指标，它是负责路由计算的重要部件。

(2)内存

Cisco 路由器的配置文件和系统文件都存储在内存中，根据不同的用途 Cisco 路由器使用不同类型的内存。就目前来讲，Cisco 路由器使用的内存一般包括以下四类：

 ● ROM 只读存储器

路由器中的只读存储器 ROM 的作用相当于 PC 机的 BIOS，Cisco 路由器运行时首先运行 ROM 中的程序。该程序的功能主要是加电自检，对路由器的硬件进行检测；其次含有系统的引导程序及 IOS 的一个最小子集。ROM 只读存储器，系统掉电后其内部的数据和程序不会丢失。

● FLASH 闪存

FPASH 闪存是一种可擦写、可编程的 ROM。在 FLASH 中存储了 IOS 及微代码。可以把它想象为 PC 机的硬盘，但其速度快得多。可以通过写入新版本的 IOS 对路由器进行软件升级。FLASH 中的程序，在系统掉电时同样不会丢失。

● NVRAM 非易失性存储器

非易失性存储器 NVRAM 中包含有路由器配置文件（startup - config），NVRAM 中的内容在系统掉电时不会丢失。由于 NVRAM 仅用于保存启动配置文件，故其容量较小，通常在路由器上只配置 32KB ～ 128KB 大小的 NVRAM。同时，NVRAM 的速度较快，成本也比较高。

● DRAM 动态内存

DRAM 动态内存中的内容在系统掉电时会完全丢失。DRAM 中主要包含路由表、ARP 缓存、fast - switch 缓存、数据包缓存，当然也存有正在执行的路由器配置文件（running - config）。

Cisco 路由器中的 DRAM 是在运行期间存放操作系统和数据的存储器，它能够使路由器迅速访问这些信息。DRAM 的存取速度优于前面所提到的 3 种内存的存取速度。

（3）I/O 端口

路由器的输入/输出端口一般包括以下几种：

● Serial 同步串行口

Serial 同步串行口属广域网接口，供路由器在广域网连接中使用。应用最多的端口还要算"高速同步串口"（SERIAL）了，这种端口主要是用于连接目前应用非常广泛的 DDN、帧中继（Frame Relay）、X. 25、PSTN（模拟电话线路）等远程通信线路。

● Async 异步串行口

Async 异步串行口是路由器的另一种广域网接口，主要用于 Modem 或 Modem 池的连接，实现远程计算机通过公用电话网以拨号的方式接入网络。

● FastEthernet 接口

100Mbps 快速以太网 FastEthernet 接口主要用来连接局域网，一般为 RJ - 45 接口，可通过 RJ - 45 电缆（不交叉）连接到集线器 HUB 或交换机。

● AUI 接口

主要用来连接总线结构的以太网，是一种早期的局域网接口。AUI 接口一般需要外接转换器（AUI - RJ45 或 AUI - BNC），用双绞线或同轴电缆连接到集线器 HUB 或交换机。

● AUX 辅助接口

属于异步串行口，最大支持 38400bit/s 的速率，主要用于远程配置或拨号备份。

● Console 系统控制台接口

Console 系统控制台接口提供了一个 EIA/TIA - 232 异步串行接口，用于对路由器进行本地配置（首次配置必须通过控制台端口进行）。

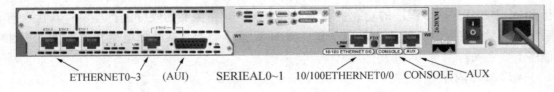

图 7 - 13　Cisco 2620XM 路由器接口

图 7 - 13 是一典型的 Cisco 2620XM 路由器，该路由器所配置的接口如下所示：

Port	Link	IP Address	IPv6 Address	MAC Address
FastEthernet0/0	Down	< not set >	< not set >	00E0. B08E. 81BB
Serial0/0	Down	< not set >	< not set >	< not set >
Serial0/1	Down	< not set >	< not set >	< not set >
Ethernet1/0	Down	< not set >	< not set >	0001. 4353. EC01
Ethernet1/1	Down	< not set >	< not set >	0001. 4353. EC02
Ethernet1/2	Down	< not set >	< not set >	0001. 4353. EC03
Ethernet1/3	Down	< not set >	< not set >	0001. 4353. EC04

(4)路由器接口的标识

高端路由器采用模块化结构，可根据网络接口的类型选择不同类型的模块。事实上每种型号的路由器都有多种可选接口卡模块，这些模块可插入路由器背板的插槽中(slot)。路由器的插槽是有编号的，不同插槽的编号是不同的，集成在每个模块上的接口也是有编号的。在模块化的路由器中，每个接口(port)的标识规则是：

接口类型(Type)　　插槽号/端口号(slot/port)

举例：路由器的快速以太网接口可标识为：

FastEthernet　0/0

指定的是快速以太网类型的接口，属于插在 0 号槽(slot)上的 0 号端口(port)。

二、CISCO 路由器的软件构成

Cisco 路由器的软件主要有两种构件：IOS 操作系统和配置文件。

(1)IOS 操作系统

Cisco 路由器的网际操作系统 IOS(Internetwork Operation System Software)是 Cisco 公司跨越主要路由和交换产品的软件平台，它为不同需求的客户提供统一的操作控制界面，并支持所有的标准网络互联协议和几十种 Cisco 私有网络协议。IOS 软件不但可以完成 RIP、EIGRP、OSPF、ISIS、BGP 等路由计算功能，还集成了诸如 Firewall、NAT、DHCP FSM、FTP、HTTP、TFTP、Voice、Multicast 等诸多服务功能，是业内最为复杂和完善的网络操作系统之一。

路由器的自启动加载器根据配置寄存器所设定的内容定位操作系统文件的位置，并将其加载到内存 DRAM 的低端地址。

(2)配置文件

路由器第二种重要的软件构件就是配置文件，它是由网络管理员根据网络的路由要求而创建的，配置文件的内容是由 IOS 操作系统解释执行。

配置文件保存后，就被存储在 NVRAM 中，在路由器初始化时被加载到内存 DRAM 的高端地址空间中。

三、Cisco 路由器的控制台端口的连接

初次安装 Cisco 路由器必须配置路由器，为了配置路由器，需要有一台终端设备连接到路由器的控制台端口(Console)。通常情况下与配置交换机相同，用一台计算机来仿真终端。例如在 Windows XP 系统中通过运行"超级终端"命令来仿真终端设备，并建立到 Cisco 路由器的连接，通过执行 Cisco 路由器的命令行界面 CLI(Command Line Interface)的

计
算
机
网
络
技
术

命令配置路由器。

图7-14　Cisco端口连接超级终端

连接终端设备和控制台端口间的线缆是带有 RJ-45 的连接器的翻转(rollover)线，如图7-14所示。

要在仿真终端与路由器之间建立连接，还须在计算机仿真终端设备上执行超级终端命令，已实现超级终端与路由器的连接。

对于运行 Windows 7 系统的计算机的仿真终端须安装第三方软件，其操作过程如下所示：

STEP 1 执行"开始"→"程序"→"附件"→"通信"下的"超级终端"程序。

STEP 2 在图7-15所示的超级终端连接的对话框中输入连接名称"Cisco"和选择串行口 COM1。

STEP 3 在属性对话框中配置串行口 COM1 的属性：每秒位数9600、8个数据位、无校验、一个停止位并且无数据流控制。

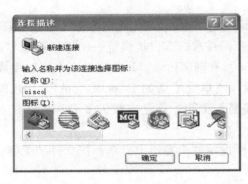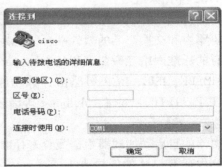

图7-15　超级连接对话框操作

STEP 4 图7-16为终端计算机与路由器建立连接后的命令行界面 CLI。在命令行界面中，网络管理员可用路由器的 IOS 命令配置、管理路由器。

7.4.2　Cisco IOS 的基本操作

Cisco IOS 命令行界面 CLI 可通过控制台端口的连接，或通过 Modem 连接或 Telnet 会话来访问。不管路由器采用哪种连接方式，对 IOS 命令行界面的操作是相同的，一般称为命令会话。

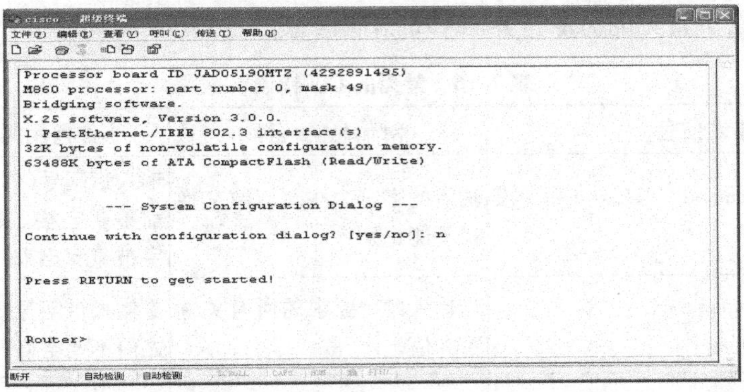

```
Processor board ID JAD05190MTZ (4292891495)
M860 processor: part number 0, mask 49
Bridging software.
X.25 software, Version 3.0.0.
1 FastEthernet/IEEE 802.3 interface(s)
32K bytes of non-volatile configuration memory.
63488K bytes of ATA CompactFlash (Read/Write)


        --- System Configuration Dialog ---

Continue with configuration dialog? [yes/no]: n

Press RETURN to get started!


Router>
```

图 7 - 16　路由器命令行界面

一、IOS 命令模式

路由器的 IOS 命令模式完全与交换机的命令模式相同，同样有以下三种：

- 用户(user level)命令模式。
- 特权(privileged)命令模式。
- 全局配置命令模式。

全局配置模式有：

- 接口(Interface)配置模式。
- 路由协议配置模式
- 虚拟终端线路配置模式

表 7 - 5 列出了 Cisco 路由器 IOS 各种模式的命令，其操作与交换机相同。

表 7 - 5　IOS 的模式命令

模式名称	进入模式命令	模式提示符	可以进行的操作
用户模式	开机直接进入	router >	查看路由器状态
特权模式	router > enable(口令)	router#	查看路由器配置
全局配置模式	router#config terminal	router(config)#	配置主机名、密码等
接口配置模式	router(config)#Interface 接口	router(config – if)#	配置接口参数
子接口配置模式	router(config)#Interface 接口.n	router(config – subif)#	子接口配置参数
路由配置模式	router(config)#Router 路由协议	Router(config – router)#	路由选择协议的配置
线路配置模式	Router(config)#Line n	Router(config – line)#	虚拟终端线路配置
返回上一级	router(config – if)#exit	router(config)#	退出当前模式
返回特权模式	router(config – if)#Ctrl – Z	router#	返回特权模式

（1）路由器控制台的错误消息

当用户在命令行界面中输入错误的命令后，路由器 IOS 的命令行界面 CLI 会给出相应的错误信息，这些错误信息会指出用户不正确的命令输入问题。理解这些错误信息后，用户会采取恰当的帮助命令来纠正错误的输入。

表7-6列出了常见的命令行界面CLI错误信息。

表7-6 常见的CLI错误信息

错误信息	对信息的解释	如何用问号"?"帮助
% Ambiguous command："show con"（模糊命令 show con）	输入的字符太少，以致交换机不能识别	输入带问号(?)的命令，问号之前不要空格。输入命令的关键字被显示出来
% Incomplete command.（不完全的命令）	未输入命令要求的所有关键字和值	重输入带问号(?)的命令，问号之前不要空格
% Invalid input detected at'^' marker.（在"^"符号位置检测无效输入）	输入了不正确的命令，字符"^"标出错误点	输入问号(?)显示在此命令模式中的所有可用的命令

（2）获得路由器基本信息的命令

为了获得路由器的基本信息、配置信息和状态信息，必须在CLI中输入IOS命令。获取路由器基本信息的命令是Show命令，Show命令可在普通用户模式、特权用户模式下执行。常用的show命令有以下5个：

①Router > show version 命令。

show version 命令显示了系统硬件的配置、软件版本、配置文件名称以及引导映像。

②Router > show running - configuration 命令。

show running - configuration 命令显示正运行在 RAM 中的并由 IOS 使用的活动配置文件。

③Router > show startup - configuration 命令。

show startup - configuration 命令显示存储在 NVRAM 中的配置文件。

④Router#show interface 命令。

show interface 命令显示路由器接口信息。

[例1]show interface 命令实例。

```
Router#show interface ?                    ; 寻找显示接口信息命令参数的帮助。
    Ethernet            IEEE 802. 3
    FastEthernet        FastEthernet IEEE 802. 3
    GigabitEthernet     GigabitEthernet IEEE 802. 3z
    Loopback            Loopback interface
    Serial              Serial
    Tunnel              Tunnel interface
Router#show interface FastEthernet0/0      ; 显示 FastEthernet0/0 的信息
FastEthernet0/0 is administratively down, line protocol is down (disabled)
……
Router#
```

⑤Router#show flash 命令。

show flash 命令显示 IOS 闪存中的内容，包括映像文件、大小等。当路由器启动时，会将 IOS 映像文件从闪存装载到 RAM 运行。某些路由器不存在 RAM 中容纳的 IOS 映像、系统表和系统缓存区的体系结构，而是在闪存中直接运行 IOS 软件。IOS 映像从闪存装载到 RAM 必须解压，因为闪存中的 IOS 系统文件是压缩文件，这是为了节省空间。

[例2] show flash 命令实例。

```
Router#show flash
System flash directory：
File    Length      Name/status
  3    5571584    c2600 – i – mz. 122 – 28. bin        ；IOS 的影像文件
  2    28282      sigdef – category. xml
  1    227537     sigdef – default. xml
［5827403 bytes used，58188981 available，64016384 total］
63488K bytes of processor board System flash（Read/Write）
```

二、配置路由器控制台密码

为了安全，Cisco 路由器可以配置登录口令（password）。路由器的登录口令有两大类：一是线路级登录口令，二是特权用户模式登录口令。

（1）线路级端口登录口令的设置

路由器的线路级端口有以下四种：

● 控制台端口（line console 0）

● Aux 辅助端口（line aux 0）

● 虚拟终端线路（line vty 0 4）

● 异步（async）线路（line number）

在默认情况下，线路端口没有设置口令，所以首次从控制台端口用超级终端命令登录路由器时，IOS 的命令行界面 CLI 不需要输入口令。可以在全局配置模式中配置以上端口的登录口令。当口令设置后，若再次从以上任何一个端口登录路由器就必须输入相应的口令；只有输入正确的口令后才能登录到路由器系统，否则路由器不允许登录系统。

① 异步（async）端口（线路）的口令配置。

对于一个异步端口，选择端口的命令格式为：

Router（config）#line ｛console 0 | aux 0 | number｝

[例3] 控制台端口（console）的口令配置实例。

```
Router（config）#line console 0            ；选择控制台端口
Router（config – line）#login             ；启动线路的登录验证功能
Router（config – line）#password abc       ；配置登录口令"abc"
Router（config – line）#exit
Router（config）#
```

在配置了线路端口登录口令后，若再次从 console 登录路由器，须输入口令：

```
Password：abc           ；提示在此输入口令"abc"后登录系统
Router >
```

可使用 Router(config – line)#no login 命令停止任何本地的登录的验证功能。

②虚拟终端线路 vty(virtual terminal line) 的口令配置。

虚拟终端线路也叫 vty 端口，可以配置几条 vty 线路，以便允许一个以上的活动的 Telnet 会话。可以一次使用 first last 两个"vty 线路号"来配置一个范围的 vty 线路。选择配置线路端口的命令格式为：

Router(config)#line vty first last

[例4]虚拟终端线路 vty 口令的配置实例。

Router(config)#line vty 0 4	;虚拟终端线路号的范围 0 ~ 4，共 5 条线路
Router(config – line)#login	;激活 telnet 登录进程
Router(config – line)#password abc	;设置 telnet 登录口令"abc"
Router(config – line)#exit	
Router(config)#	

配置的口令是文本字符串，至多 80 个字符(含插入的空白)，第一个字符不能是数字。在设置口令后，用 Telnet 命令访问此路由器的虚拟终端线路，须输入正确的口令。

③配置带有路由器定义的用户名的登录验证。

只有在全局配置模式中才能配置"用户模式的用户名和口令"，其命令格式如下所示：

Router(config)#username username {pathword patrhword | pathword encrypt – type encrypted – pathword}

Username 为用户名。

Pathword 文本字符串。

Encrypt – type 为 0 表示无加密的明文，7 表示已经经过加密。

encrypt – type encrypted – pathword 此字段能从路由器配置中把加密后的口令复制粘贴到这条命令中。

在全局配置模式中用 username 命令定义了确定的用户名(username)和口令(password)，然后可用下面的命令启动用户名的登录验证功能，其命令格式为：

Router(config – line)#login local

[例5]控制台端口(console)的启动用户名登录验证的配置实例。

Router(config)#username cisco password cisco	;定义用户名和口令
Router(config)#line console 0	;选择控制台端口
Router(config – line)#login local	;启动用户名登录验证
Router(config – line)#exit	

若下次重新登录路由器，须输入正确的用户名"cisco"和口令"cisco"。

同理，可使用 Router(config – line)#no login local 命令停止任何本地的用户名登录验证功能。

(2)特权用户模式访问口令(password)的配置

通过配置特权用户模式的口令，限制用户对特权用户模式的访问，使得没有特权用户模式口令的用户无权进入路由器的其他配置模式，确保了路由器的配置参数的安全性。

常用的两条配置命令是：

- Router(config)#enable password   ;对口令不加密的配置命令
- Router(config)#enable secret password   ;对口令用加密格式的配置命令

如果两条命令都配置，enable secret password 将替代 enable password 密码。

经过上述两条中的任何一条命令配置的路由器，从普通用户模式进入特权用户模式时，需要输入相应的口令才能转换到特权用户命令模式。enable secret password 配置的口令更为强壮。

[例6]enable secret password 命令应用实例。

首先配置特权用户模式的口令(password)。

Router(config)#enable secret cisco   ;配置口令为"cisco"
Router(config)#exit
Router#

再次从用户模式进入特权用户模式时，需要输入口令(password)。

Router > enable
Password：   ;提示输入口令"cisco"
Router#   ;在正确输入口令后，系统进入特权用户模式

7.4.3 路由器的基本配置

路由器的基本配置包括路由器的主机名配置、接口配置、静态路由表配置和动态路由协议的配置。

一、路由器的主机名配置

路由器主机名的配置主要有两类：

①配置路由器主机名(hostname)。

Router(config)#hostname hostname   ;hostname 是路由器主机名

②将路由器的主机名 hostname 映射到 IP 地址上。

router(config)#ip host hostname {ip_ addess ∣ netmask}

[例7]路由器主机名 hostname 和主机地址配置实例。

Router(config)#hostname router_ A
router_ A(config)#ip host router_ A   192.168.1.10 255.255.255.0
router_ A(config)# ∣

上面的配置命令使得路由器的主机名变为 Router_A，并且主机名与 IP 地址 192.168.1.10 建立了映射关系。

二、路由器接口的配置

Cisco 路由器能够提供完善的网络接口类型，例如以太网接口(Ethernet)、光纤分布式数据接口 FDDI、令牌环接口(Token Ring)、同步串行口(Serial)、环回接口(Loopback)、空接口(Null)、隧道接口(Tunnel)、帧中继接口(Frame Relay)和异步传输模式接口 ATM。

本教材主要讨论两种常用的接口：以太网接口（Ethernet）和广域网接口——同步串行口（Serial）。

（1）以太网接口（Ethernet）的配置

以太网接口的配置命令包括转入接口配置模式命令、数据帧的封装格式、介质类型、接口速率、单双工模式、IP 地址、通道组、通道组端口 IP 地址的配置等。

●转入以太网接口配置模式命令

Router（config）#interface Enternet_ port_ type slot/number

●选择以太网封装格式

Router（config – if）#encapsulation ｛arpa｜ sap｜ snap｝

Arpa 为（默认值）Ethernet 版本 2.0 、sap 为 SAP IEEE 802.3、snap 用于 IEEE 802.2 介质。

●选择介质类型

Router（config – if）#media – type ｛aui｜ 10baset｜ mii｜ 100basex｝

以太网接口的连接器可以是：aui（AUI）、10baset（RJ – 45）、mii（media – independent interface）介质无关接口或 100basex（RJ – 45、SC 光纤）。

●指定接口速度

Router（config – if）#speed ｛10｜ 100｜ auto｝

指定接口的速度为 10Mbit/s、100Mbit/s 或自适应。

●指定接口的单、双工模式

Router（config – if）#duplex ｛full｜ half｜ auto｝

full 指定接口的工作模式为 full 全双工、half 半双工、auto 自适应。

●把一个接口分配给一个通道组

Router（config – if）#channel – group group

最多有 4 个快速以太网接口捆绑在一个共同的组号 group 中。通信量被分配到通道组内的各个接口上，组内的接口不分配 IP 地址。

●给接口分配 IP 地址

Router（config – if）#IP address ip_ address netmask

●转入通道组接口配置模式并配置 IP 地址

Router（config）#interface port – channel group

Router（config – if）#IP address ip_ address netmask

捆绑的通道端口（port – channel）作为统一接口来配置。

●启动端口

Router（config – if）#no shutdown

［例 8］如图 7 – 17 是一网络结构图，根据图中的标识，配置一个以太网接口、一个吉比特以太网接口的 IP 地址。配置两个快速以太网组成通道组 1，并配置通道 1 接口的 IP 地址。

解：根据图 7 – 17 的以太网结构图和本题的要求，本例的配置过程如下所示：

Router（config）#interface Enternet0/1

Router（config – if）#ip address 10.1.1.1 255.255.255.0

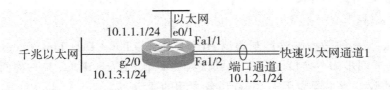

图 7 - 17 以太网端口配置实例

Router(config – if) #exit
Router(config) #interface gigabitethernet2/0
Router(config – if) #ip address 10. 1. 3. 1 255. 255. 255. 0
Router(config – if) #duplex full
Router(config – if) #exit
Router(config) #interface fastethernet1/1
Router(config – if) #speed auto
Router(config – if) #duplex auto
Router(config – if) #channel – group 1   ；将接口分配到通道1
Router(config – if) #no ip address
Router(config – if) #exit
Router(config) #interface fastethernet1/2
Router(config – if) #speed auto
Router(config – if) #duplex auto
Router(config – if) #channel – group 1   ；将接口分配到通道1
Router(config – if) #no ip address
Router(config – if) #exit
Router(config) #interface port – channel 1   ；转入通道1接口配置模式
Router(config – if) # ip address 10. 1. 2. 1 255. 255. 255. 0
Router(config – if) #exit
Router(config) #

（2）同步串行口（Serial）的配置

高速同步串行口（serial）又叫广域网接口。通过路由器的 serial 口，可使网络通过 DDN、帧中继 frame – relay 等数据通信线路高速互联。在通信的过程中，要求串行口通信的两端保持严格的实时同步。

①serial 高速串行口的配置常用的配置命令有进入接口配置模式命令、数据帧的封装格式、时钟速率、IP 地址配置等。

● 进入（serial）接口配置模式命令

Router(config) #interface Enternet_ port_ type slot/number

对于高速同步串行口的类型（Enternet_ port_ type）为 serial，即：

Router(config) #interface Serial slot/number

● 选择以太网封装格式

Router(config – if)#encapsulation {hdlc | ppp}

其中 hdlc 为高级数据链路控制协议 HDLC(High – Level Data Link Control)的常用封装格式，是 Cisco 同步串行接口(serial)的默认封装类型。Cisco HDLC 是一种面向比特的同步数据链路层协议，它主要应用于 Cisco 设备之间的通信。

ppp 是点对点协议 PPP(Point – Point Protocol)封装格式，PPP 协议通过同步和异步串行线路，提供路由器到路由器、主机到网络的连接，并且支持密码验证协议 PAP 和竞争握手验证协议 CHAP。

● 配置同步口时钟速率

Router(config – if)#clock rate bps

若要将串行口设置为一个 DCE 设备，必须把速率设置为标准值：1200、2400、4800、9600、19200、38400、56000、64000、72000、125000、148000、250000、500000、800000、1000000、1300000、2000000、4000000 或 8000000。

● 给接口分配 IP 地址

Router(config – if)#IP address ip_ address netmask

②路由器 serial 接口的广域网连接方式。

在路由器中所能支持的同步串行端口类型比较多，如 Cisco 系统就可以支持 5 种不同类型的同步串行端口，分别是：EIA/TIA – 232 接口、EIA/TIA – 449 接口、V. 35 接口、X. 21 串行电缆总成和 EIA – 530 接口。

如图 7 – 18 所示，在默认状态下路由器的 serial 是一个 DTE 设备接口，通过适配器连线接入远程通信线路。适配器连线的两端采用不同的外形，一般带插针类的适配器的一端称之为"公头"，而带有孔的适配器的一端称之为"母头"(注意"EIA – 530"接口两端都是一样的接口类型)。一般"公头"为数据终端设备 DTE(Data Terminal Equipment)连接适配器，"母头"为数据通信设备 DCE(Data Communications Equipment)连接适配器。

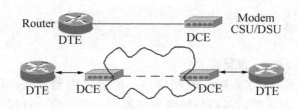

图 7 – 18　DTE/DCE 连接

有时路由器的 serial 接口需要配置为 DCE 端口，这样可在实验过程中将两个路由器的串行口进行背对背的连接以模拟广域网的通信环境。如图 7 – 19 所示为两个 Cisco 路由器通过同步串行口 serial 用背对背的方式连接起来的网络结构图，这一连接方式为实验室实现广域网远程接入实验提供了一个较好的实验环境。

需要注意的是在 serial 接口的连接电缆的两端分别是 DTE 端和 DCE 端，而 DCE 端连接的路由器 serial 接口必须要配置为相应的 DCE 工作方式，因为 DCE 工作方式不是路由

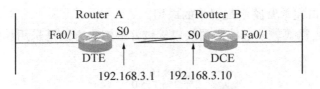

图 7 – 19　两个路由器背对背连接

器 serial 接口的默认工作方式。

③同步串行口 serial 接口的配置实例

同步串行口 serial 接口的配置主要有 IP 地址、封装格式、启动端口和 DTE/DCE 工作方式配置。如果不做任何配置，serial 接口则工作在默认（default）状态或用默认的工作参数。针对图 7 – 19 所示的网络结构，路由器 RouterA 和 RouterB 的 serial 接口配置如下：

- DTE 端的 serial 接口的配置实例

```
RouterA(config)#interface Serial0            ;指定接口 s0
RouterA(config – if)#ip   address   192.168.3.1   255.255.255.0
RouterA(config – if)#no shutdown             ;启动接口
```

Serial 接口的默认的封装格式为 hdlc，并且接口默认为 DTE 工作方式。

- DCE 端的 serial 接口的配置实例

```
RouterB(config)#interface Serial0            ;指定接口 s0
RouterB(config – if)#ip   address   192.168.3.10   255.255.255.0
RouterB(config – if)#clock rate 9600         ;DCE 端必须配置同步时钟速率
RouterB(config – if)#no shutdown             ;启动接口
```

当 serial 接口配置同步时钟速率后，该接口成为 DCE 类型的接口。

（3）路由器子接口的配置

为改善路由器接口数量的不足，路由器可以把一个以太网接口分为多个子接口。子接口是通过链路复用方式实现与多个通信对象连接的，路由器的链路复用方式为统计时分复用方式 STDM。

①路由器子接口的配置。

路由器的子接口配置命令和普通接口一样，但在配置子接口的参数之前，首先要进入子接口配置模式。进入子接口配置模式命令格式如下：

```
Router(config)#interface Ethernet – port – type slot/number. subinterface – number
```

其中 Ethernet – port – type slot/number. subinterface – number 为"接口类型 插槽号/接口号 . 子接口号"。

例如：FastEthernet 0/0 接口的子接口 FastEthernet 0/0.1 的 IP 地址 192.168.10.1 及其掩码 255.255.255.0 的配置命令为：

```
Router(config)#interface FastEthernet 0/0.1
Router(config – subif)#ip address 192.168.10.1 255.255.255.0
Router(config – subif)#exit
```

②路由器子接口在单臂路由配置中的应用。

VLAN 间的路由需要较多的路由器接口，较好的解决方法是采用单臂路由。

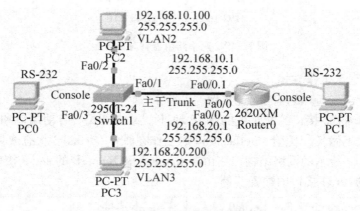

图 7 – 20　VLAN 间的单臂路由

图 7 – 20 所示的是一 VLAN 间实现单臂路由的实例，主要原理是在交换机 Switch1 接口 Fa0/1 和路由器 Router0 接口 Fa0/0 之间创建点对点主干链路（Trunk），Trunk 是交换机间或交换机到路由器间传输多个 VLAN 数据帧的单一的点对点通道。本实例的配置步骤如下：

STEP 1 配置交换机 Switch1 的接口 Fa0/2 属 VLAN2、接口 Fa0/3 属 VLAN3。

Switch(config)#vlan 2	; 创建 VLAN 2
Switch(config)#vlan 3	; 创建 VLAN 3
Switch(config)#int fa0/2	
Switch(config – if)#switchport access vlan 2	; 指定接口 Fa0/2 到 VLAN 2
Switch(config)#int fa0/3	
Switch(config – if)#switchport access vlan 3	; 指定接口 Fa0/3 到 VLAN 3

STEP 2 VLAN 中主机的 IP 地址配置。

PC2 主机 IP 地址：192. 168. 10. 100　255. 255. 255. 0 默认网关地址：192. 168. 10. 1

PC3 主机 IP 地址：192. 168. 20. 200　255. 255. 255. 0 默认网关地址：192. 168. 20. 1

STEP 3 指定交换机 Switch1 的接口 Fa0/1 为干线工作模式。

Switch(config)#interface Fa0/1
Switch(config – if)#Switchport　mode trunk

STEP 4 交换机干线 Trunk 接口需要配置 VLAN 标签，Cisco 交换机支持两种类型的 VLAN 标签：

● ISL 交换机间的链路协议（Inter – Switch Link）标签。

● IEEE 802. 1Q（Institute of Electrical and Electronics Engineers（IEEE）standard）标准标签。

Switch(config - if)#Switchport　trunk　encapsulation　isl

Switch(config - if)#Switchport　trunk　encapsulation　dot1Q　　　　　　；默认为 802. 1Q

STEP 5 激活路由器 Router0 干线接口。

Router(config)#int fa0/0

Router(config - if)#no shutdown

STEP 6 创建路由器接口 Fa0/0 的子接口 Fa0/0. 1 和 Fa0/0. 2，将 VLAN2、VLAN3 的数据帧分别映射到子接口 Fa0/0. 1 和子接口 Fa0/0. 2，并为子接口配置 IP 地址。该地址也是相应的 VLAN 主机的网关地址(如图 7 - 20 所示)。

Router(config)#int fa0/0. 1

Router(config - subif)#encapsulation isl　 2　　　；VLAN2 通信量映射到子接口 Fa0/0. 1

Router(config - subif)#ip address 192. 168. 10. 1　 255. 255. 255. 0

Router(config)#int fa0/0. 2

Router(config - subif)#encapsulation isl　 3　　　；VLAN3 通信量映射到子接口 Fa0/0. 2

Router(config - subif)# ip address 192. 168. 20. 1　 255. 255. 255. 0

注：在上述的配置命令中，也可选用标签 dot1Q 对子接口进行封装。

对于标签 dot1Q 的配置，干线交换机一端的本地(native)VLAN 如果不是默认 VLAN1，在路由器一端需要指定与交换机端相同的本地(native)VLAN。相应的命令是：

Router(config - subif)#encapsulation dot1Q　 2　 native

经过上述配置后，路由器的路由表会自动添加两条 VLAN 的直连路由路径。

三、交换机、路由器的远程 TELNET 配置

Telnet 协议是 TCP/IP 协议族中的一员，是 Internet 远程登录服务器的标准协议和主要方式。它为用户提供了在本地计算机上连接到异地远程主机工作的能力，用户在终端电脑上使用 Telnet 命令，操作远程设备或配置远程主机、交换机或路由器。

Cisco 交换机和路由器支持 Telnet 命令远程登录，用户可用 Telnet 命令远程登录到交换机或路由器对交换机或路由器进行配置。Cisco 交换机或路由器的行命令界面支持的 Telnet 命令格式为：

Switch#Telnet［IP address］［hostname of a remote system］

Router#Telnet［IP address］［hostname of a remote system］

图 7 - 21 是 Telnet 命令远程配置交换机、路由器的实例图，通过配置交换机和路由器的参数可以从终端 PC0 用 Telnet 命令登录交换机和路由器，实现对交换机和路由器的远程配置。配置过程如下：

(1)交换机的参数配置

Switch0(config)#int vlan 1　　　　　　　　　　　　　 ；设置 vlan 1 管理 IP 地址

Switch0(config - if)#ip address 192. 168. 10. 200 255. 255. 255. 0

Switch0(config - if)#no shutdown　　　　　　　　　　 ；激活管理接口 VLAN 1

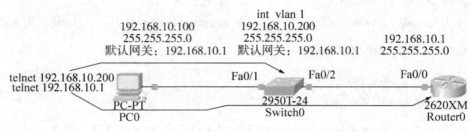

图 7-21　交换机和路由器的远程 Telnet 配置

Switch0(config-if)#exit	
Switch0(config)#ip default-gateway 192.168.10.1	; 设置 VLAN 1 默认网关地址
Switch0(config)#enable password Swmysecret	; 设置用户特权模式安全密码
Switch0(config)#line vty 0 4	; 虚拟终端线路号的范围 0～4
Switch0(config-line)#login	; 激活 Telnet 登录进程
Switch0(config-line)#password Swtelsecret	; 设置 Telnet 登录口令

（2）路由器的参数配置

Router(config)#int Fa0/0	
Router(config-if)#ip address 192.168.10.1 255.255.255.0	
Router(config-if)#no shutdown	; 激活接口 Fa0/0
Router(config-if)#exit	
Switch0(config)#enable password Rumysecret	; 设置用户特权模式安全密码
Switch0(config)#line vty 0 4	; 虚拟终端线路号的范围 0～4
Switch0(config-line)#login	; 激活 Telnet 登录进程
Switch0(config-line)#password Rutelsecret	设置 Telnet 登录口令

（3）终端 PC0 参数的配置和 Telnet 命令远程登录交换机和路由器

主机 PC0 的 IP 地址：192.168.10.100

掩　　码：255.255.255.0

默认网关：192.168.10.1

①执行 telnet 192.168.10.200 登录交换机 Switch0，配置交换机。

PC>telnet 192.168.10.200	; 从交换机的 int vlan1 接口登录
Password：	; 输入 telnet 登录口令 Swtelsecret
Switch>en	; 交换机用户命令模式
Password：	; 输入特权用户模式密码 Swmysecret
Switch#exit	; 可用 exit 命令退出 Telnet

②执行 telnet 192.168.10.1 登录路由器 Router0，配置路由器。

PC>telnet 192.168.10.1	; 从路由器的 Fa0/0 接口登录
Password：	; 输入 telnet 登录口令 Rutelsecret

```
Switch > en                          ; 路由器用户命令模式
Password：                           ; 输入特权用户模式密码 Rumysecret
Switch# exit                         ; 可用 exit 命令退出 Telnet
```

7.4.4　路由选择功能的配置

路由器的主要功能就是将 IP 报文从一个网络发送到另一个网络，为此路由器必须在自己的系统中建立自己的路由表。为此必须为路由器配置路由选择功能，其配置方式有两种：静态路由配置、动态路由配置。

一、静态路由配置命令

静态路由是由网络管理员定义的路由表记录，事实上路由器要路由数据包，只需要一条通往目的网络的路由记录足矣。作为一个路由器，必须能够确定到达每个网络的路由。ip route 命令能为路由器定义通往每一个网络的路由表记录。

ip route 命令的参数进一步确定其静态路由的行为，只要路径是有效的（active），其相关表的条目就会保留在路由表中。ip route 命令的语法如下所示：

```
ip route network ［mask］｛address | interface｝［distance］［permanent］
```

其中：
- network 是目的网络或子网。
- mask 是子网掩码。
- address 是下一跳路由器的 IP 地址。
- interface 是用来访问目的网络的接口的名字。
- distance 是一个可选参数，用来定义管理距离。
- Permanent 是一个可选参数，用于确保某个路由不会被删除，即使它的相关接口已被关闭。

可以用 no ip route network 命令从路由表中删除一条路由记录。下面通过一网络实例中的路由表配置来说明 ip route 命令的用法。

［例 9］图 7 – 22 所示的是一网络实例，同时表 7 – 9 给出了路由器 R 的路由表，试用 ip route 命令将路由表输入到路由器 R 中。

解：路由器 R 的静态路由表配置如下：

```
Router(config)#hostname Router_ R
Router_ R(config)#ip route    0. 0. 0. 0    0. 0. 0. 0    192. 168. 2. 1
Router_ R(config)#ip route    192. 168. 1. 0    255. 255. 255. 0    192. 168. 1. 1
Router_ R(config)#ip route    192. 168. 2. 0    255. 255. 255. 0    192. 168. 2. 2
```

作为路由器 R 直联网络的路由表也可用下面的命令实现：

```
Router_ R(config)#ip route    192. 168. 1. 0    255. 255. 255. 0    Fa0/1
Router_ R(config)#ip route    192. 168. 2. 0    255. 255. 255. 0    Fa0/2
```

177

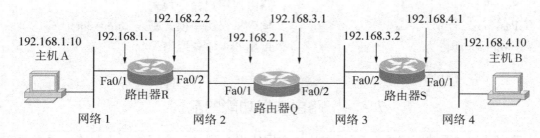

图7-22　网络互联实例

对于直联网络的路由表的下一跳地址可以是出口的 IP 地址，也可以是本路由器的输出接口名称。

表 7-9　路由器 R 的路由表

目标网络地址	掩码	下一跳地址	输出端口地址	度量值
0.0.0.0	0.0.0.0	192.168.2.1	192.168.2.2	1
192.168.1.0	255.255.255.0	直投	192.168.1.1	0
192.168.2.0	255.255.255.0	直投	192.168.2.2	0

二、配置动态路由协议

通过在路由器上配置动态路由选择协议，能够发现并动态地管理网络中的活动路径。为了启用动态路由协议，必须完成以下步骤：

a）向接口分配网络/子网的地址以及适当的子网掩码。

b）启动一个路由协议，如 RIP 或 OSPF。

c）选择要被路由的 IP 网络。

当路由器完成了以上三个配置任务后，动态路由协议的工作过程就会开始。路由器 Router 启动路由选择协议进程的过程和命令如下：

①启动路由选择协议的进程。

Router(config)#router protocol［keyword］

- protocol 是 RIP、IGRP、OSPF 或 EIGRP 之一。
- Keyword 指的是一个自治系统，动态路由协议有时要求配置自治系统。

②network 命令将网络与路由协议进程关联起来。命令的语法格式是：

Router(config – router)#network network – number

- network – number 参数指定了一个直接相连的网络。

（1）RIP 路由协议的配置

RIP(Routing Information Protocol)协议是一种距离向量路由协议，它用跳数作为其度量值。RIP 有两个版本，RIP -1 是默认版本，它是分类的(classful)，不支持变长子网掩码 VLSM，不支持触发更新。RIP -2 是无类的(classless)，支持变长子网掩码 VLSM，支持触发更新。两个版本的 RIP 协议的最大跳数都是 16。RIPng(RIP next generation)是 RIP -2 对 IPv6 的路由选择的扩展，支持 IPv6 动态路由，并且 RIPng 也是一个无类别路由选择协议。

RIP 每 30s 广播一次完整的路由表，如果在 180s 内没有收到任何更新，那么标记路由不可用。如果在 240s 内没有出现路由更新，则删除此路由。

RIP 使用 UDP 端口 520 进行通信。RIP - 1 用广播地址 255.255.255.255 通知参与的接口。RIP - 2 在参与的接口上向知名地址 224.0.0.9 发送多播。如果定义了一个邻居，RIP 版本 1 和 2 都向邻居地址发送单播信息。

RIP 配置的基本步骤：

①Router#(config)#router rip   ;启动路由协议

②Router#(config - router)# network network - number   ;指定直接相连的网络号

③Router#(config - router)#version {1 | 2}   ;指定 RIP 协议的版本号，默
                           认值是 1

路由选择进程将接口与被通告的网络号联系起来，并开始在指定的接口上处理数据包。下面通过一实例来说明 RIP 协议的配置过程。

[例 10] 如图 7 - 23 所示，试写出路由器 A、B 和 C 的 RIP 协议的配置命令。

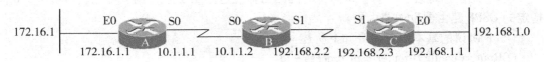

图 7 - 23   RIP 配置举例

解：根据图 7 - 23 所示，各路由器的 RIP 协议配置命令如下。

路由器 A 的 RIP 协议的配置命令：

```
Router_ A(config)#router rip
Router_ A(config - router)#network 172.16.0.0
Router_ A(config - router)#network 10.0.0.0
```

路由器 B 的 RIP 协议的配置命令：

```
Router_ B(config)#router rip
Router_ B(config - router)#network 10.0.0.0
Router_ B(config - router)#network 192.168.2.0
```

路由器 C 的 RIP 协议的配置命令：

```
Router_ C(config)#router rip
Router_ C(config - router)#network 192.168.1.0
Router_ C(config - router)#network 192.168.2.0
```

● 用 show ip protocol 显示路由器 A 的路由选择协议与路由器网络信息：

```
router_ A#show ip protocol
Routing Protocol is "rip"
………
router_ A#
```

• 用 show ip route 命令显示路由器 A 的路由表如下：

router_ A#show ip route

⋯⋯⋯

Gateway of last resort is not set

C　10. 0. 0. 0/8 is directly connected，Serial0/0

R　192. 168. 2. 0/24［120/1］via 10. 1. 1. 2，00：00：22，Serial0/0

C　172. 16. 0. 0/16 is directly connected，FastEthernet0/0

R　192. 168. 1. 0/24［120/2］via 10. 1. 1. 2，00：00：22，Serial0/0

（2）OSPF 路由协议的配置

开放最短路径优先 OSPF 协议是一种链路状态路由选择协议，它使用一种由链路带宽计算得到的度量值。使用多播广播在路由拓扑结构中交换路由信息，支持变长子网掩码 VLSM，支持无类别域间路由选择 CIDR，支持以区域来控制路由更新的分发和区域间的路由汇总，将路由表减至最小。

OSPF 用多播地址 224. 0. 0. 5 向所有的路由器发送路由更新，用多播地址 224. 0. 0. 6 向指定的 OSPF 路由器发送路由更新。

OSPF 协议的基本配置命令如下所述：

①Router(config)#router ospf process – id

process – id 是 OSPF 路由进程 ID，指定范围为 1 ～ 65535。多个 OSPF 进程可以在同一个路由器上配置。process – id 只在路由器内部起作用，不同路由器的 process – id 可以不同。

②Router(config – router)#network network – number wildcard – mask area area – id

network – number 是网络号，其作用是在网络中激活 OSPF 协议，将指定的网络和一个区域关联起来。wildcard – mask 是子网掩码的反码，网络区域 ID area – id 是 0 ～ 4294967295 范围内的十进制数，也可以是带有 IP 地址格式的 x. x. x. x。网络中主干域的区域 ID 为 0 或 0. 0. 0. 0，其他网络区域的路由器通过主干域学习路由信息，一个 OSPF 网络必须有一个主干域。

OSPF 协议的基本配置实例如下：

[例 11] 如图 7–24 所示，试写出路由器 A、B 和 C 的 OSPF 协议的配置命令。

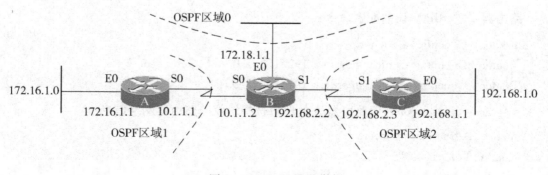

图 7–24　OSPF 配置举例

解：根据图7－24所示，各路由器的 OSPF 协议的配置命令如下：

①路由器 A、B 和 C 的 OSPF 协议的配置命令：

```
hostname router－A
interface FastEthernet0/0
ip address 172. 16. 1. 1 255. 255. 0. 0
interface Serial0/0
ip address 10. 1. 1. 1 255. 0. 0. 0
router ospf 10
network 172. 16. 0. 0 0. 0. 255. 255 area 1
network 10. 0. 0. 0 0. 255. 255. 255 area 1
ip classless

hostname router－B
interface FastEthernet0/0
ip address 172. 18. 1. 1 255. 255. 0. 0
interface Serial0/0
ip address 10. 1. 1. 2 255. 0. 0. 0
clock rate 9600
interface Serial0/1
ip address 192. 168. 2. 2 255. 255. 255. 0
router ospf 20
network 10. 0. 0. 0 0. 255. 255. 255 area 1
network 192. 168. 2. 0 0. 0. 0. 255 area 2
network 172. 18. 0. 0 0. 0. 255. 255 area 0
ip classless

hostname router－C
interface FastEthernet0/0
ip address 192. 168. 1. 1 255. 255. 255. 0
interface Serial0/1
ip address 192. 168. 2. 3 255. 255. 255. 0
clock rate 9600
router ospf 30
network 192. 168. 2. 0 0. 0. 0. 255 area 2
network 192. 168. 1. 0 0. 0. 0. 255 area 2
ip classless
```

②用 show ip route 命令查看路由器 A 的动态路由表

```
router－A#show ip route
………
```

Gateway of last resort is not set

C   10. 0. 0. 0/8 is directly connected, Serial0/0
C   172. 16. 0. 0/16 is directly connected, FastEthernet0/0
O IA 172. 18. 0. 0/16 [110/65] via 10. 1. 1. 2, 00：00：34, Serial0/0
O IA 192. 168. 1. 0/24 [110/129] via 10. 1. 1. 2, 00：00：34, Serial0/0
O IA 192. 168. 2. 0/24 [110/128] via 10. 1. 1. 2, 00：00：34, Serial0/0

可用同样的方法查看路由器 B 和 C 的动态路由表。

◀◀ 复习思考题 ▶▶

一、填空题

1. 能够实现网络互联的设备叫_____，传统意义下的路由器是一存储转发设备，其主要功能是在互联网络中对 IP 数据报进行路由选择。

2. 路由表中的数据是互联网络中的数据报经过路由器而到达目标网络的_____。

3. 两种特殊路由是_____和特定主机路由。

4. 可以将路由器的路由表建立的方式分为_____和动态路由两大类。

5. 管理距离是指一种路由协议的_____。度量值用来表示信息从源到达目的网络的路径距离。

6. 水平分割(split horizon)是一种在两台路由器之间_____(reverse route)的技术。所谓逆向路由是指路由的方向与数据包流动方向相反的路由。

二、单项选择题

1. 路由信息协议 RIP(   )改进是为了阻止更新通告的环路形成。

A. 路由失效计时器   B. 水平分割

C. 定义无穷大距离为 16 跳   D. 触发更新

2. 在大型网络中，用下述(   )方式配置路由器更为合适。

A. 创建静态路由表   B. 配置 RIP 协议   C. 配置 OSPF 协议

3. (   )中包含有正在执行的路由器配置文件。

A. ROM   B. FLASH   C. NVRAM   D. DRAM

4. 用于本地对路由器的首次配置必须通过(   )进行。

A. Async 异步串行口   B. FastEthernet 接口

C. Consol 系统控制台接口   D. AUX 辅助接口

5. 要改变 Cisco 路由器接口的参数，只有进入(   )模式，才能对接口进行配置。

A. 用户命令   B. 接口配置   C. 特权命令   D. 全局配置

三、简答题

1. 对于规模不大的互联网络，静态路由的优越性是什么？

2. 动态路由有哪些特点？

第八章 广域网

本章学习目标

- 广域网远程数据交换线路
- Internet 接入技术与广域网通信协议
- ADSL 配置实例
- NAT 协议与路由器配置实例

广域网 WAN(wide area network)也称远程网,所覆盖的地理范围从几十公里到几千公里。广域网能连接多个城市或国家,可以横跨几个洲并能提供远距离通信,形成国际性的远程网络。

8.1 广域网概述

广域网是在一个很广的范围内联网,站点之间的传输距离从几十公里到几千公里。因此,广域网为了实现远程通信必须采用远距离的远程通信技术。只有借助远程通信系统才能实现广域网的联网和广域网的远距离通信的需求。

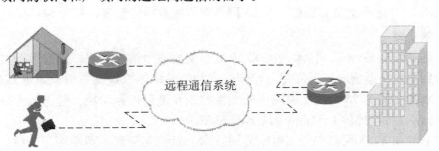

图 8-1 广域网连接

如图 8-1 所示,通过远程通信系统,局域网与广域网、远程终端与广域网、广域网与广域网实现了远程互联。

8.1.1 广域网远程数据交换线路

能用于广域网的远程数据交换线路有电话交换网(PSTN)、分组交换网(X.25)、帧中继(FR)、综合业务数字网 ISDN、非对称数字用户环路 ADSL、数字数据网(DDN)、异步传输模式（ATM）、同步光纤网络 SONET、同步数字系列标准 SDH 和交换式多兆位数据服务 SMDS 系统。

一、公共电话交换网

公共电话交换网 PSTN（public switched telephone network）是以电路交换技术为基础的用于传输模拟话音的网络。

PSTN 是一种电路交换的网络，在通信双方建立连接后电路交换方式独占一条信道，当通信双方无信息时，该信道也不能被其他用户所利用。

用户可以使用普通拨号电话线或租用一条电话专线进行数据传输，但由于 PSTN 线路的传输质量较差且带宽有限，只能用于通信质量要求不高的场合。最高速率不超过 56kbps。

二、X.25

X.25/平衡链路访问过程 LAPB（link access procedure balanced）是一个 ITU – T 标准，是在 20 世纪 70 年代由国际电报电话咨询委员会 CCITT 制定的在"公用数据网上以分组方式工作的数据终端设备 DTE 和数据电路设备 DCE 之间的接口"。

X.25 的物理层协议是 X.21，该标准要求用户在电话线路上使用数字信号；X.25 数据链路层一般采用高级数据链路控制 HDLC（high – level data link control）协议。

X.25 是面向连接的，它支持交换虚电路 SVC（switched virtual circuit）和永久虚电路 PVC（permanent virtual circuit）。

为了保障数据传输的可靠性，它在每一段链路上都要执行差错校验和出错重传。这种复杂的差错校验机制虽然使它的传输效率受到了限制，但确实为用户数据的安全传输提供了很好的保障。

X.25 分组交换网可以满足不同速率和不同型号的终端与计算机、计算机与计算机间以及局域网 LAN 之间的数据通信。X.25 网络提供的数据传输率一般为 64kbps。

三、帧中继

帧中继 FR（frame relay）技术是由 X.25 分组交换技术演变而来。随着通信技术的不断发展，特别是光纤通信的广泛使用，通信线路的传输率越来越高，而误码率却越来越低。帧中继技术省去了 X.25 分组交换网中的差错控制和流量控制功能，使得帧中继网的性能优于 X.25 网，可以提供 1.5Mbps 的数据传输率。

帧中继网和 X.25 网都采用虚电路复用技术，以便充分利用网络带宽资源，降低用户通信费用。帧中继网还提供一套完备的带宽管理和拥塞控制机制，在带宽动态分配上比 X.25 网更具优势。

四、综合业务数字网 ISDN

综合业务数字网 ISDN（integrated service digital network）俗称"一线通"，属于电路交换技术。ISDN 数字交换技术将电话、传真、数据、图像等多种业务综合在一个统一的数字网络中进行传输和处理。用户利用一条 ISDN 用户线路，可以在上网的同时拨打电话、收发传真，就像两条电话线一样。

目前 N – ISDN 定义了两类用户访问速率：基本访问速率和基群访问速率。

（1）基本访问速率（basic access rate）。基本访问速率由 2 个速率为 64kbps 的 B 信道和

1个速率为16kbps的D信道组成（2B+D）。B信道用于传送用户数据；D信道用于传送控制信息；加上分帧、同步等其他开销，总速率为192kbps。

（2）基群访问速率（primary access rate）。基群访问速率可由多种信道混成。在北美和日本使用（23B+D）的结构，速率为1.544Mbps；而在欧洲则使用（30B+D）的结构，其中B、D信道均为64kbps。

五、非对称数字用户环路 ADSL

非对称数字用户环路 ADSL（asymmetric digital subscriber line）是一种新的数据传输方式，它采用频分复用技术把普通的电话线分成了电话、上行和下行三个相对独立的信道，从而避免了相互之间的干扰。通常 ADSL 在不影响正常电话通话的情况下可以提供最高3.5Mbps的上行速度和最高24Mbps的下行速度。

ADSL 技术的上行速率低而下行速率高，特别适合传输多媒体信息业务，如视频点播（VOD）、多媒体信息检索和其他交互式业务。

ADSL 标准规定，下行和上行速率分别要至少达到6Mbps和640kbps。

ADSL2 标准要求支持下行至少8Mbps、上行800kbps速率。

ADSL2+ 标准在 ADSL2 的基础上又进行了扩展，通过增加下行频谱的方式提高了子载波数的数目，因此 ADSL2+ 可支持的下行速率可达16Mbps，而上行速率可达800kbps，同时还可以支持更高的速率，如下行最大传输速率可达25Mbps。

六、数字数据网 DDN

数字数据网 DDN（digital data network）是一种利用数字信道提供数据通信的传输网，它主要提供点到点及点到多点的数字专线或专网。于1996年我国建成了 ChinaDDN，通过 ChinaDDN 可实现全国范围的数据专线连接。

DDN 由数字通道、DDN 节点、网管系统和用户环路组成。DDN 的传输介质主要有光纤、数字微波、卫星信道等。DDN 采用了计算机管理的数字交叉连接 DXC（Data Cross Connection）技术，为用户提供半永久性连接电路，即 DDN 提供的信道是非交换、用户独占的永久虚电路（PVC）。

租用一条点到点的 DDN 专线就是租用了一条高质量、高带宽的数字信道。

七、异步传输模式 ATM

异步传输模式 ATM（asynchronous transfer mode）为实现高速交换展示了诱人的前景。

ATM 技术的基本思想是让所有的信息都以一种长度较小且大小固定的信元（Cell）进行传输。信元的长度为53个字节，其中信元头是5个字节，有效载荷部分占48字节。ATM 既是一种技术（对用户是透明的），又是一种潜在的业务（对用户是可见的）。有时候我们将这种业务也称作信元中继（cellrelay），类似于前面提到的帧中继。

ATM 网络是面向连接的，它首先发送一个报文进行呼叫请求以便建立一条连接，后来的信元沿着相同的路径去往目的节点。

ATM 网络的结构与传统的广域网一样，由电缆和交换机构成。ATM 网络目前支持的数据传输率主要是155Mbps和622Mbps两种，今后可能达到10亿bps（Gbps）数量级的传输速率。

八、同步光纤网络 SONET

同步光纤网络 SONET（synchronous optical network）是 Bellcore 于20世纪80年代中期首

先提出的用光导纤维传输信息的物理层标准。它被 ANSI 标准化并被 CCITT 推荐向全世界推广。通过应用 SONET 定义的同步和等时(时间敏感数据,如实时视频)信息传输标准,电信局能够在全球范围内互联它们的通信设备,建造全球级的快速通信网络。

事实上国际上的数字信息传输系统的速率各不相同,这在一定程度上阻碍了全球通信系统的发展。例如美国的 DSI 使用 1.544Mbps,而欧洲的对应系统 E1 使用 2.048Mbps。

SONET 制定的传输信息的光导纤维网,可以使广域网技术在其上运行(如 SMDS 和 ATM)。由于采用了信元中继技术,使得 SONET 网具有很高的数据传输率。

SONET 光纤传输系统定义了同步传输线路的速率等级,其 1 级传输速率是 51.84Mbit/s,大约对应于 T3/E3 标准的传输速率。对电(electrical)信号而言,此速率称为第 1 级同步传送信号,即 STS-1;对光信号而言,此速率是第 1 级光载波 OC(optical carrier)同步传送信号,即 OC-1。目前定义的 OC 标准如表 8-1 所示。

表 8-1 OC 标准

光学载波 OC 标准	传输速率
OC-1	51.84Mbit/s
OC-3	155.52Mbit/s
OC-12	622.08Mbit/s
OC-24	1.244Gbit/s
OC-48	2.488Gbit/s
OC-96	4.976Gbit/s
OC-192	9.953Gbit/s
OC-256	about13Gbit/s
OC-384	about20Gbit/s
OC-768	about40Gbit/s
OC-1536	about80Gbit/s
OC-3072	about160Gbit/s

九、同步数字系列标准 SDH

1985 年,Bellcore 提出了同步光纤网(synchronous optical network)SONET 标准,从此美国国家标准协会(ANSI)通过一系列有关 SONET 标准。1989 年国际电报电话咨询委员会 CCITT 接受 SONET 概念,制定了同步数字系列标准 SDH(synchronous digital hierarchy)。同步数字系列标准 SDH 不仅适用于光纤,同时也适用于微波和卫星传输系统,事实上 SDH 已成为通用的同步数字通信标准。

SDH 作为新一代理想的传输体系,具备以下特点:

①具有路由自动选择能力。

②上下电路方便,维护、控制、管理功能强。

③标准统一,便于传输更高速率的业务,能很好地适应通信网飞速发展的需要。

SDH 采用的信息结构等级称为同步传送模块 STM - N(Synchronous Transport, N = 1, 4, 16, 64), 最基本的模块为 STM - 1, 四个 STM - 1 同步复用构成 STM - 4, 16 个 STM - 1 或四个 STM - 4 同步复用构成 STM - 16, 四个 STM - 16 同步复用构成 STM - 64, 甚至四个 STM - 64 同步复用构成 STM - 256。

与 SONET 相同, CCITT 制定了 SDH optical 速率级别: 其一级速率 STM - 1 为 155.52Mbit/s。其他速率的系列标准通常是 STM - 1 的整数倍, 如 STM - 1, 3, 4, 6, 8, 12, 16, 64, 256…… 以 STM - 1 的倍数递增。如 STM - 4 为 622.08Mbit/s, STM - 16 为 2488.32Mbit/s, STM - 64 为 9553.28Mbit/s, STM - 256 为 40Gbit/s。

8.1.2 Internet 接入方式

Internet 网是一典型的国际互联网, 其中的联网技术体现了当今最先进的广域网技术。通过远程通信线路可将一个远程主机或局域网接入 Internet。

Internet 接入技术是网络技术的重要组成部分, 其主要内容包括两部分: 一是 Internet 接入方式; 二是接入网的地址配置、远程通信协议和 NAT 地址转换协议。

Internet 接入方式一般有两种情形: 一是远程主机到 Internet 的连接, 二是局域网到 Internet 的连接。

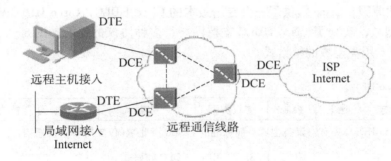

图 8 - 2　接入 Internet 的两种方式

如图 8 - 2 所示, 远程主机通过远程通信线路可直接连接到远程 Internet 服务提供商 ISP(Internet service provider)的网络, 实现个人计算机到 Internet 的连接; 如果是局域网接入 Internet, 须通过路由器实现到远程 ISP 网络的连接, 局域网上的所有主机可通过路由器共享远程通信线路, 以实现局域网到 Internet 的连接。

无论是个人主机还是一局域网, 要连接到国际互联网 Internet, 必须利用数据通信设备 DCE(data communication equipment)接入远程通信系统, 只有通过远程通信系统才能实现到国际互联网 Internet 的连接。如图 8 - 2 所示, 接入互联网的主机或路由器是这一网络系统的数据终端设备 DTE(data terminal equipment)。

互联网服务提供商 ISP 是向广大用户综合提供互联网接入业务、信息业务和增值业务的电信运营商。ISP 是经国家主管部门批准的正式运营企业, 享受国家法律保护。

中国三大基础运营商:

中国电信: 拨号上网、ADSL、1X、CDMA1X, EVDO rev. A、FTTx。

中国移动：GPRS 及 EDGE 无线上网、TD – SCDMA 无线上网，一小部分 FTTx。

中国联通：GPRS，W – CDMA 无线上网、拨号上网、ADSL、FTTx。

FTTx（Fiber – to – the – x）技术主要用于接入网络光纤化，交互式高清晰度的收视革命都使得具有高带宽、大容量、低损耗等优良特性的光纤成为未来数据传输媒质的必然选择。

8.1.3　广域网通信协议

当 IP 报文通过广域网传输时，需要进一步封装为广域网通信的协议帧。为了适应公共网络通信需要，根据广域网连接线路的不同，可以选用以下三种常用的广域网通信协议。

一、高级数据链路控制 HDLC 协议

高级数据链路控制 HDLC（high – level data link control）协议，是一点对点链路和电路交换连接的默认封装类型，常用于 Cisco 路由器之间的租用线路的链路中。HDLC 是一个 ISO 标准的面向比特的数据链路协议，它在同步串行数据链路上封装和传输数据。

标准 HDLC 是一个链路层协议，其帧格式的头部信息中没有支持多种网络层协议的字段，因此不具有在一条链路上支持多种网络层协议数据的能力。

因为上述原因，Cisco 提供了一个专用版本的 Cisco HDLC，Cisco HDLC 帧中使用一个协议专用类型域，实现了 Cisco HDLC 支持网络层多种协议的功能。图 8 – 3 表示了 Cisco HDLC 的协议专用类型域的帧格式。

Cisco HDLC

标志	地址	控制	协议类型	数据	FCS	标志

Cisco HDLC 具有协议类型域，而标准的 HDLC 无此域（仅支持单协议通信）

图 8 – 3　Cisco HDLC 帧格式

对于 Cisco 路由器，同步串行链路在默认情况下使用 Cisco HDLC 串行帧格式的封装，Cisco HDLC 是一种点对点协议，它能用在两个支持 Cisco 专用设备之间的租用线路上。如果和一个非 Cisco 设备通信，用于同步串行链路的 PPP 协议是一种更好的选择。

路由器在接口配置模式下，可以用下面的命令指定广域网端口的 HDLC 封装：

```
Router(config – if)#encapsulation hdlc
```

在支持同步传输方式的数据线路上都可以使用 HDLC 协议，例如数字数据网 DDN 专线、SDH 通信链路等。

二、点对点协议 PPP

点对点协议 PPP（point to point protocol）是同步串行传输或异步串行传输电路中常用的链路层通信协议，它支持路由器到路由器和主机到网络连接的全双工操作。PPP 协议的帧格式与 Cisco HDLC 协议的帧格式基本相同，但设计者赋予了 PPP 协议更多的通用特性。首先与标准的 HDLC 协议不同，PPP 可支持连接不同厂家的通信设备和支持多种网络

协议。

（1）PPP 协议支持的接口类型和协议类型

通常可以在以下几种物理接口上配置 PPP 协议：

- 同步串行口
- 异步串行口
- HSSI（高速串行口）
- ISDN

同时 PPP 的帧格式中可支持封装多种网络层协议：

- TCP/IP
- Novell IPX
- AppleTalk

与 HDLC 协议不同的还有，HDLC 是面向比特的传输协议，而 PPP 是面向字符的传输协议，所以 PPP 协议的帧长度是以字节为单位的。

（2）PPP 协议的更多性能

PPP 是一种支持网络层多协议的链路层帧封装机制，它适合于调制解调器、ADSL 拨号连接、HDLC 位序列线路、SONET 和其他的物理层上使用。它支持错误检测、选项协商、头部压缩以及使用 HDLC 类型帧格式（可选）的可靠传输。

PPP 协议提供了点到点数据链路的建立、维护、拆除、网络层协议协商等功能，并且支持拨号上网，支持两种用户名、口令认证方式：

- 密码验证协议 PAP
- 竞争握手验证协议 CHAP

所不同的是 PAP 的验证密码 password 是明文，而 CHAP 在传输过程中不传输密码，取代密码的是 hash（哈希值）。PAP 认证是通过两次握手实现的，而 CHAP 则是通过 3 次握手实现的。相对来说 PAP 的认证方式的安全性没有 CHAP 高，CHAP 要比 PAP 健壮得多。

总之，点对点协议（PPP）为在点对点连接线路中传输多协议数据包提供了一个标准方法。

三、PPPOE

基于局域网的点对点通信协议 PPPoE（point to point protocol over Ethernet），它基于两个广泛应用的协议：局域网 Ethernet 和 PPP 点对点拨号协议。通过 PPPoE 协议，远端接入设备能够实现对每个接入用户的认证和计费。

如图 8-4 所示，PPPoE 帧实际上是以太网帧的载荷部分，而 PPPoE 帧的净荷是 PPP 协议包。可见，通过 PPPoE 协议可实现在以太网上传输 PPP 协议数据的目的。PPPoE 是 1998 年后期问世的以太网上点对点协议，其目标就是解决上述问题。

通过 ADSL 方式联网的计算机大都是通过以太网网卡（Ethernet）与互联网相连，并且使用的还是普通的 TCP/IP 方式，并没有附加新的协议。另外一方面，调制解调器的拨号上网，使用的是 PPP 协议，即点到点协议，该协议具有用户认证及 IP 地址寻址功能。PPP over Ethernet（PPPoE）协议，是在以太网络中转播 PPP 帧信息的技术，尤其适用于 DSL 等方式。

Ethernet 帧

DA	SA	Ethernet – type	PPPoE Packet	Checksum
48bits	48bits	16bits		16bits

PPPoE 帧

Ver	Type	Code	S_ ID	Length	PPP Packet
0x01	0x01	8bits	16bits	16bits	

PPP 帧

Protocol	IP Packet	Padding
8～16bits		

Ethernet 帧中 Ethernet type 分两种情况：在 Discover 阶段为 0x8863，在 Session 阶段为 0x8864，PPPoE 帧中 Length 不包括以太网头和 PPPoE 的头部。

图 8－4　PPPoE 协议的帧格式

PPPoE 的实质是以太网和拨号网络之间的一个中继协议，它继承了以太网的快速和 PPP 拨号的简单，用户验证，IP 分配等优势。由于 PPPoE 具备了以上这些特点，所以成为当前 ADSL 宽带接入的主流接入协议。

8.2　ADSL 接入 Internet 技术与 NAT 协议

通常 Internet 接入技术有公用电话线、有线电视网和无线传输三种方式。其中最有代表性的客户端接入技术是电话线路接入技术。

8.2.1　ADSL 互联网接入技术

较早的 Internet 接入方式是通过电话线，利用调制解调器拨号接入方式。借用电话线接入 Internet 是最简单、最经济的一种方式。而现代电话线接入技术绝大部分采用非对称数字用户环路 ADSL（asymmetric digital subscriber line）技术。下面将 ADSL 接入方式介绍如下：

非对称数字用户环路 ADSL 是一种利用现有普通电话外线为家庭、办公室提供宽带数据传输服务的技术。ADSL 能够在普通的电话线上提供高达 8Mbit/s 的高速下行速率、1Mbit/s 的上行速率，传输距离可达 3～5km。由于 ADSL 对距离和线路情况十分敏感，随着距离的增加和线路的恶化，传输速率会受到很大影响。

ADSL 技术的主要特点是可以充分利用现有电话线的用户环路，在线路两端加装 ADSL 设备即可为用户提供高宽带服务。ADSL 的另外一个优点在于它可以与普通电话共享一条电话线，即在一条普通电话线上接听、拨打电话的同时进行 ADSL 传输而且互不影响。

图 8－5 是 ADSL 接入图，图中主要设备是 ADSL Modem，其次是分频器（也叫滤波器）和用户线路接入复用器 DSLAM。

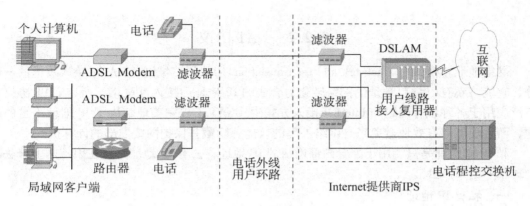

图 8-5　ADSL 接入互联网方式

（1）ADSL Modem

电话外线是指家用电话机到电话线路交换网接入端的一段用户端的专用线路，此段线路被称为用户环路。ADSL Modem 的功能同普通调制解调器 Modem 的作用类似，在网络发送数据时，把客户端的数字信号转换为普通电话外线能够传输的模拟信号；在接收数据时，将接收到的 ADSL Modem 模拟信号转换为数字信号由网络的接收端处理。因此 ADSL Modem 是实现用户个人计算机接入互联网的关键设备，但传输速率是普通调制解调器的几十倍。

ADSL Modem 支持虚拟拨号、用户名和密码验证。因此，在连接 Internet 时与调制解调器 Modem 联网相同。

（2）分频器

ADSL Modem 是将计算机的数字信号调制到 20kHz ～ 1.1MHz 的高频段，其中 20kHz ～ 138kHz 的频段用来传送上行信号，138kHz ～ 1.1MHz 的频段用来传送下行信号。

在发送时分频器能够将 4kHz 以下频段的电话信号与 ADSL Modem 的输出的高频段信号叠加；在接收数据时，分频器能够将 4kHz 以下频段的电话信号与 ADSL Modem 的输出的高频段信号分离，从而实现了用户电话通信与网络数据通信共享外线的传输方式。

（3）DSLAM

DSLAM 是 digital subscriber line access multiplexer 的简称，中文称呼叫数字用户线路接入复用器。DSLAM 是各种 DSL 系统的局端设备，属于最后一公里接入设备（the last mile），其功能是接纳所有的 DSL 线路，汇聚流量，相当于一个二层交换机。

如图 8-5 所示，用户计算机或用户端网络通过 ADSL Modem、电话外线连接到 DSLAM 设备，从而实现了与互联网的连接。

（4）电话程控交换机

电话程控交换机是构成电话通信网络的通信设备，电话机通过外线接入电话通信网。ADSL Modem 的高频信号不能通过电话通信网，因此 ADSL Modem 信号不接入电话通信系统的局域网客户端设备。Internet 服务商一端的分频器，将低频段的电话信号分离到电话程控交换机，而高频的 ADSL Modem 信号被分离到 Internet 服务商的 DSLAM 设备，成功地实现了个人计算机或客户端网络通过电话外线路到互联网的接入。

8.2.2　NAT 协议

网络地址转换 NAT（network address translation）协议属广域网（WAN）接入技术的一部分，它能将私有（保留）地址的网络转化为合法的 IP 地址后接入互联网，所以 NAT 协议被广泛应用于各种私有网络的 Internet 接入方式中。NAT 不仅完美地解决了 lP 地址不足的问题，而且还能够有效地避免来自网络外部的攻击，隐藏并保护网络内部的计算机。

私有 IP 地址是只能用于配置内部网络的 IP 地址，公有 IP 地址是指在因特网上合法的全球唯一的 IP 地址。

一、私有 IP 地址

RFC 1918 为私有网络预留了三个 IP 地址块：

A 类：10. 0. 0. 0 ～ 10. 255. 255. 255

B 类：172. 16. 0. 0 ～ 172. 31. 255. 255

C 类：192. 168. 0. 0 ～ 192. 168. 255. 255

私有地址不会在因特网上被分配，因此可以不必向 ISP 或注册中心申请。私有 IP 地址可在公司或企业内部自由使用。

二、内部网络接入互联网的地址配置方式

当一个内部网络接入 Internet 时，它的拓扑结构如图 8－6 所示。

一个部门的内部网或者是一个企业的内部网，绝大部分都配置为私有 IP 地址。私有 IP 地址在内部网使用，不需要到 Internet 地址注册机构注册，但私有地址在国际互联网 Internet 中没有定义。如果将一个配置有私有地址的网络直接连接到互联网，因为不是合法的 IP 地址，互联网是不予接受的。

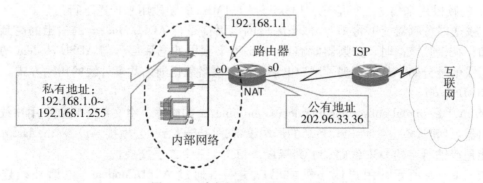

图 8－6　内部网的 IP 地址配置方式

配有私有 IP 地址的内部网，如果要同 Internet 互联网建立连接并交换信息，必须通过路由器的网络地址转换协议 NAT，NAT 协议可完成内部网的私有地址和外部网的公有地址间的转换。

在图 8－6 中的客户端路由器通过"内部接口"e0 连接内部网络、"外部接口（广域网接口）"s0 连接外部网络。内部网络和路由器的内部接口配置有私有地址（192. 168. 1. 0 ～

192.168.1.255），外部接口 s0 配置有公有地址 202.96.33.36，"公有地址"是 Internet 网的合法地址。这样内部网络中的所有主机就可以通过路由器的网络地址转换协议 NAT，将"内部网络"的 IP 报文中的私有地址与"外部接口（广域网接口）"的公有地址进行相应的转换，即可实现配置为私有地址的内部网络与外部公有地址的因特网 Internet 交换信息。

三、网络地址转换协议 NAT 的功能

配置有私有地址的内部网络连接到 Internet 的关键是在客户端路由器中配置网络地址转换协议 NAT。借助于 NAT 协议，私有（保留）地址的"内部"网络通过路由器发送数据包时，私有地址被转换成合法的 IP 地址（一个局域网只需使用少量的 IP 地址甚至是 1 个），即可实现私有地址网络内所有计算机与 Internet 的通信需求。NAT 协议的主要功能如下：

● NAT 可以用于将私有或未注册的 IP 地址的网络连接到 Internet，并且将它们呈现为一个或多个注册的 IP 地址。

● NAT 能够在地址空间迁移的过程中把一个 IP 地址空间转换为另一个 IP 地址空间。

● 使用端口地址转换 PAT（Port Address Translation）可以将整个网段的 IP 地址"隐藏"或者转换到单个的 IP 地址的背后。

● NAT 能够提供单个 IP 地址到许多转换后地址上的负载均衡，就如同服务器群（server farm）的情况。

● NAT 有一个在"外部"的路由器接口，至少有一个在"内部"的接口（内部指本地、私有地址空间，而外部指全局、公用的地址空间）。

● 当 NAT 运行超出了转换可用的地址空间时，需要转换的分组被丢弃，并且返回一个 ICMP 主机不可达报文。

四、路由器 NAT 的配置

Cisco 路由器支持 NAT 协议，运行 NAT 协议的路由器属于"内部网络"连接到"外部网络"之间的边界设备，连接内部网络接口属"内部接口"，连接外部网络一侧的接口属"外部接口"。在明确了内部网和外部网、内部接口和外部接口的概念后，理解 NAT 命令的参数就容易多了。Cisco 路由器的 NAT 协议的配置命令的描述如表 8-2 所示。

表 8-2 路由器 NAT 协议常用配置命令

任务	命令
定义一个标准访问列表	access - list list - number permit source - address mask
定义一个全局地址池	ip nat pool pool - name start - ip end - ip {netmask netmask ∣ prefix - length prefix - length} [type rotary]
建立动态地址转换	ip nat inside source {list list - number ∣ [interface type num ∣ pool pool - name] [overload] ∣ static local - ip global - ip}
指定内部和外部端口	ip nat {inside ∣ outside}

网络地址转换协议 NAT 的作用就是将内部网络的私有地址转换成外部合法的全局地址，使得不具有合法 IP 地址的内部网络的所有用户可以通过少量的合法的 IP 地址访问到外部的 Internet。

根据图8-6中IP地址的配置,客户端路由器的NAT协议配置可分为下列两种情形:

(1)用NAT协议定义一个动态地址转换,将内部网的私有地址(访问列表list)转换为外部网络的少量的合法IP地址(地址池pool)

①建立标准访问列表指定内部网络的私有地址块。

标准访问列表定义的是内部网络的私有地址块,其中list-number是1~99的数字。图8-6中的内部地址的访问列表定义如下:

> Router(config)# access-list 10 permit 192.168.1.0 255.255.255.0

②创建全局地址池指定外部网络的合法地址空间。

全局地址池定义的是外部网络合法的IP地址块,这个地址块是要转换到外部的连续的全局合法地址空间。假设Internet服务商提供的公有地址的范围是202.96.33.30~202.96.33.35,那么在图8-6中的路由器可定义为如下的地址池:

> Router(config)# ip nat pool pool-test 202.96.33.30 202.96.33.35 netmask 255.255.255.0 type rotary

该地址池定义了ISP提供的6个合法地址,type rotary参数指定NAT协议对本地址池采用循环转换方式。

③激活NAT协议并建立动态地址转换。

根据内部地址的访问列表access-list 10和外部合法的地址池pool-test,可用下面的命令激活路由器的NAT协议:

> Router(config)#ip nat inside source list 10 pool pool-test

上面的命令可使内部网在访问Internet时,会将内部网的地址列表10中的地址转换为外部合法的地址池pool-test中的地址,并且是按照type rotary方式转换。

④向NAT协议明确指定内部接口和外部接口。具体命令如下:

> Router(config)#interface e0
> Router(config-if)#ip nat inside
> Router(config-if)#exit
> Router(config)#interface s0
> Router(config-if)#ip nat outside
> Router(config-if)#exit
> Router(config)#

(2)可以定义一个动态转换

将图8-6中的内部主机"隐藏"到单个地址之后(也就是隐藏到外部接口s0之后),其配置步骤如下:

①建立标准访问列表指定内部网络的私有地址块。

这一步同上面一样,首先创建内部网络的私有地址块的访问列表:

> Router(config)# access-list 10 permit 192.168.1.0 255.255.255.0

②建立动态地址转换。

根据内部地址的访问列表access-list 10和外部接口s0,可以直接将内部网的私有地址列表映射到外部接口 s0 的合法地址。

> Router(config)#ip nat inside source　list　10　interface s0　overload

上面的命令可使内部网在访问 Internet 时，会将内部网的地址列表 10 中的地址转换为外部接口 s0 的合法地址，该接口的地址可以是静态的也可以是 Internet 提供商动态配置的 IP 地址。命令中的关键字 overload 激活端口地址转换 PAT 功能。

③最后指定内部和外部端口。

这一步同前面的配置相同，用下面的命令指定接口 e0 为内部接口、s0 为外部接口：

> Router(config – if)#ip nat inside
>
> Router(config – if)#ip nat outside

关于 NAT 协议更多的应用请参考有关专业指导书，这里不再详述。

8.2.3　ADSL 配置实例

ADSL 用户越来越多，因为它不仅支持个人计算机接入，同时也支持用户端网络接入。因此 ADSL 配置也有两种：一是用户计算机接入配置；二是用户网络接入配置。

一、用户计算机接入互联网的软件配置

用户要实现个人计算机通过 ADSL 接入互联网，关键部件是 ADSL 调制解调器。目前广泛应用的 ADSL Modem 是 ADSL2 标准：

- 2002 年 7 月，ITU 发布了 ADSL 的两个新标准 G.992.3 和 G.992.4，也被称为 ADSL2。
- 2003 年 3 月，ITU 又制定了 G.992.5，也就是 ADSL2 +。

ADSL2 使用的频带与 ADSL 相同，因此其理论上的最大传输速率和传输距离与 ADSL 相比并无非常明显的区别。而 ADSL2 + 在可用频带、上下行传输速率上做了进一步扩展，其近距离时的最大下行速率能够达到 25Mbit/s 以上。由于 ADSL2/ADSL2 + 在性能和功能上优于 ADSL，必然会成为今后宽带接入的重要发展方向。表 8 – 3 表明了 D – Link DSL – 2300E 主要参数。

如表 8 – 3 所示，ADSL2 最高上行速率达 1Mbit/s，最高下行速率达 24Mbit/s。而普通的 ADSL 最高上行速率只有 16 ～ 640kbit/s，而下行速率为 1.5 ～ 9Mbit/s。

表 8 – 3　D – Link DSL – 2300E 详细参数

重要参数	设备类型：ADSL2 + Modem 接口类型：RJ – 11，RJ – 45 支持协议：ANSI T1.413 Issue2；ITU G.992.1... 最高上行速率：1Mbit/s 最高下行速率：24Mbit/s 指示灯：Power(双色灯)；DSL；Internet；LAN...

基本参数	设备类型：ADSL2 + Modem 支持协议：ANSI T1. 413 Issue2；ITU G. 992. 1（G. dmt）Annex A；ITU G. 992. 2（G. lite）Annex A；ITU G. 992. 3 ADSL2（G. dmt. bis）Annex A，L，M；ITU G. 992. 4 ADSL2（G. lite. bis）；ITU G. 992. 5 ADSL2plus

（1）ADSL 用户端个人计算机接入互联网的硬件连接

图 8 – 7 是用户端个人计算机通过 ADSL 连到互联网的硬件连接示意图。用户计算机通过网线将网卡 RJ – 45 端口与 ADSL 的 LAN 端口相连接；用电话线将 ADSL 的 LINE 端口连接到语音分离器，通过语音分离器的 Modem 端口接入电话线路用户环路。用户的电话机也可以插入语音分离器的 PHONE 端口。用户可以用电话线路的用户环路部分即可接入互联网的同时又可以直接打电话，因此 ADSL 接入互联网的方式受到广大用户的认同。

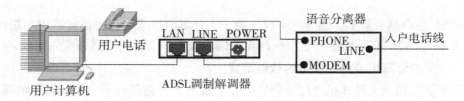

图 8 – 7　用户计算机 ADSL 接线图

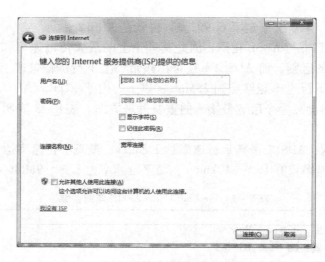

图 8 – 8　连接到 Internet

（2）用户端软件配置

ADSL Modem 用户计算机接入配置的主要任务是建立虚拟拨号连接。只有通过虚拟拨号的方式，输入合法的用户名和密码，得到 Internet 服务提供商验证服务器的认证方可与互联网建立连接。ADSL Modem 建立虚拟拨号连接的过程与普通调制解调器 Modem 类似，以下通过实例介绍配置 ADSL 拨号连接以及设置自动开机联网的 Windows 7 系统配置方法。

创建 ADSL 宽带虚拟拨号连接的过程如下:

STEP 1 单击"开始"→"控制面板"→"网络和 Internet"→"网络和共享中心",单击"设置新的连接或网络"出现新的对话框。

STEP 2 按照新的对话框向导,选择"连接到 Internet",选择"仍要设置新连接",单击"下一步"选择"宽带(PPPoE)(R)",输入 Internet 服务提供商 ISP 提供的用户名和密码,单击"连接"拨号上网,直到 ADSL 连接创建成功(如图 8-8 所示)。

图 8-9　网络连接窗口

STEP 3 在"网络和共享中心"窗口中单击"更改适配器设置",打开"网络连接"窗口(如图8-9所示)。

STEP 4 在"网络连接"窗口中双击"宽带连接",单击"连接 宽带连接"(如图 8-10 所示)对话框中的"连接"命令按钮,建立 ADSL 到 Internet 的连接。

图 8-10　连接宽带连接

如果用户希望一开机就自动拨号上网,这在 Windows 7 中也可以轻松实现。开机自动拨号设置步骤:

首先进入"网络和共享中心",单击"更改适配器设置",然后右击创建的拨号连接选择"属性"出现对话框,切换到"选项",取消选择"拨号选项"下的所有项目,单击"确定"。

其次单击"开始→所有程序→启动"，右击"启动"选择打开启动文件夹，然后将拨号连接拖放到"启动"文件夹中，这样会自动在该文件夹中创建快捷方式，以后 Windows 7 启动后就会自动拨号。

二、用户网络接入互联网的软件配置

通过 ADSL 实现用户网络接入互联网，需要的关键网络部件有两个：

- 一是 ADSL 调制解调器。
- 二是宽带路由器。

ADSL 调制解调器的作用和个人计算机接入互联网相同，不再详述。

作为用户网络接入互联网，最关键的配置是宽带路由器。宽带路由器是专为中小型企业办公和家庭上网需要而设计的，它能提供一个广域网 WAN 端口和少量的局域网 LAN 端口。其性能优越、配置简单，具有多机共享上网的优点。

表 8－4 表明了 TP－LINK TL－R402 一款宽带路由器的详细参数。

表 8－4　TP－Link TL－R402 详细参数

产品名称	TP－LINK TL－R402	防火墙功能	内置、支持域名过滤和 MAC 地址过滤
路由器类型	宽带路由器	其他功能	内建 DHCP 服务器，同时可进行静态地址分配，提供系统安全日志功能
网络标准	IEEE 802.3、IEEE 802.3u	广域网接口	1 个 10/100Base－T
传输速率	10/100Mbps	局域网接口	4 个 10/100Base－T 端口
网络协议	TCP/IP，PPPoE，DHCP，ICMP，NAT，SNTP	标准/认证	CE／FCC Class A
网管功能	支持远程和 Web 管理，全中文配置界面，配备简易安装向导	VPN 功能	支持 VPN Pass－through

系统支持 TCP/IP、PPPoE、DHCP、ICMP、NAT、SNTP。其中 DHCP 协议能够从地址池中向内置网中的主机自动配置动态的 IP 地址，NAT 协议能够将内部主机的私有地址"隐藏"到单个的公有地址之后。

（1）ADSL 用户端网络接入互联网的硬件连接

要实现用户网络到互联网的连接必须用路由器，只有路由器才能实现一个网络到另一网络的互联，家用网络和中小型企业的小型网络也不例外。图 8－11 是小型网络通过ADSL连接到互联网的示意图，其连接方法如下所述：

STEP 1 ADSL Modem 的线路接口 LINE 用一根电话线连接到语音分离器的 Modem 接口，通过语音分离器与电话线路的用户环路相连接。

STEP 2 ADSL Modem 的以太网端口 LAN 与宽带路由器的广域网端口 WAN 用一根网线相连接。

STEP 3 假设宽带路由器是 TP－LINK TL－R402 型号的，并内置有四端口的以太网

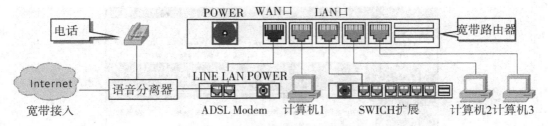

图 8-11 有线宽带路由器硬件连接图

交换机。如果用户网络是家用型的，四端口的交换机一般够用了，直接将计算机用网线连接到交换机的 LAN 端口；如果是中小型企业网，可以再级联一台以上的多端口交换机，以便扩展用户网络的规模(如图 8-11 所示)。

(2)用户网络的软件配置

对于用户网络通过 ADSL 接入互联网的配置包括两部分：一是宽带路由器的配置，二是用户计算机的配置。

①宽带路由器的配置。

TP - LINK TL - R402 型宽带路由器支持远程和 Web 管理，全中文配置界面，配备简易安装向导。配置步骤如下：

STEP 1 将一台计算机连接到宽带路由器的 LAN 端口，如图 8-11 中的计算机 1。在计算机 1 的"Internet 协议版本 4(TCP/IPv4)属性"的常规选项卡中，选择"自动获得 IP 地址"。

图 8-12 输入用户名和密码

STEP 2 在计算机 1 浏览器 IE 地址栏中输入 http：//192.168.1.1。

STEP 3 SOHO 宽带路由器的 WEB 服务器要求输入用户名 admin 和密码 admin，如图 8-12。

STEP 4 在图 8-13 中，单击"设置向导"。通过向导可以轻松设置网络的基本参数。

STEP 5 在图 8-14 中，选择"ADSL 虚拟拨号(PPPoE)"选项。

图 8-13　路由器管理主页

STEP 6 在图 8-15 中，输入上网账号和密码。

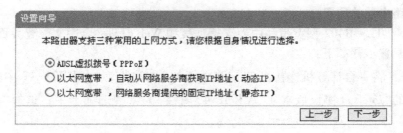

图 8-14　ADSL 拨号选择

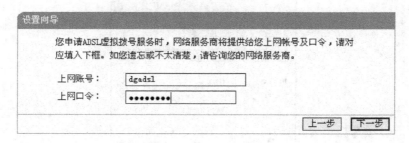

图 8-15　设置上网账号和密码

STEP 7 在向导图中单击"完成"按钮，至此结束设置向导。

STEP 8 在图 8-13 中单击"DHCP 服务器"，出现图 8-16 DHCP 服务器设置对话框，设置 DHCP 地址池。在图 8-16 中设置完成 DHCP 地址池后单击"保存"按钮，保存设置结果。此后路由器在工作后会自动向接入路由器的计算机配置一动态 IP 地址。因此，接入路由器 LAN 端口的主机配置极其简单，只要在 TCP/IP 的属性对话框中，选择自动获得 IP 地址。

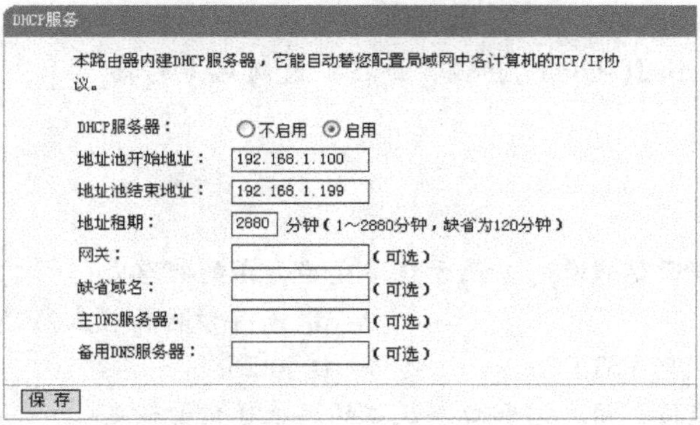

DHCP 服务

本路由器内建DHCP服务器，它能自动替您配置局域网中各计算机的TCP/IP协议。

DHCP服务器：　○不启用　◎启用

地址池开始地址：　192.168.1.100

地址池结束地址：　192.168.1.199

地址租期：　2880 分钟（1～2880分钟，缺省为120分钟）

网关：　　　　　　　　　　　（可选）

缺省域名：　　　　　　　　　（可选）

主DNS服务器：　　　　　　　（可选）

备用DNS服务器：　　　　　　（可选）

保存

图 8 - 16　设置 DHCP 地址池

②用户计算机的配置。

其他用户主机的配置主要是配置 IP 地址、默认网关地址和 DNS 服务器地址。在完成了 DHCP 地址池配置后（如图 8 - 16 所示），这项工作就简单多了，只要在每台主机的"Internet协议版本 4（TCP/IPv4）属性"的对话框中，选择"自动获得 IP 地址"选项。

复习思考题

一、填空题

1. 只有借助_____系统才能实现广域网联网或广域网远距离通信的需求。

2. _____数字用户环路 ADSL（Asymmetric Digital Subscriber Line）是一种新的数据传输方式。

3. _____网络SONET 是 Bellcore 于20 世纪80 年代中期首先提出的用光导纤维传输的物理层标准。

4. _____标准 SDH 不仅适用于光纤，同时也适用于微波和卫星传输系统，事实上已成为通用的同步数字通信标准。

5. 光纤网络具有信道容量大、_____、保密性好、通信费用低等特点。

6. SONET 光纤传输系统定义了同步传输线路的速率等级，其_____级传输速率是 51. 84Mbit/s，大约对应于 T3/E3 标准的传输速率。

7. 与 SONET 相同，CCITT 制定了 SDH optical 速率级别：其_____级速率为 155. 52Mbit/s，即 STM - 1。

8. Internet 接入技术主要包括 Internet _____和接入网的地址配置、远程通信协议以及 NAT 地址转换协议两部分。

9. Internet 接入方式一般有两种情形：一是远程主机到 Internet 的连接，二是_____到 Internet 的连接。

10. HDLC 是一个 ISO 标准的面向比特的数据链路协议，它在_____链路上封装和传输数据。

计算机网络技术

11. 点对点协议(PPP)为在点对点连接线路中传输_____数据包提供了一个标准的方法。

12. PPP over Ethernet(PPPoE)协议,是在以太网络中转播_____的技术,尤其适用于 DSL 等方式。

二、单项选择题

1. 在下列的远程通信线路中,属于线路交换方式的线路是(　　)。

A. 帧中继 FR
B. 而异步传输模式 ATM
C. 公共电话交换网 PSTN
D. X. 25

2. 不具备拨号连接、用户名和口令认证的远程通信协议是(　　)。

A. 基于局域网的点对点通信协议 PPPoE

B. 高级数据链路控制 HDLC

C. 点对点协议 PPP

3. (　　)协议用于将私有或未注册的 IP 地址的网络连接到 Internet,并且将它们呈现为一个或多个注册的 IP 地址。

A. NAT
B. PPP
C. HDLC
D. PPPoE

三、简答题

1. 简单介绍非对称数字用户环路 ADSL。

2. 简单介绍同步数字系列标准 SDH 及其特点。

第九章　无线局域网

本章学习目标

- 电磁波传播方式与无线局域网标准
- CSMA/CA 无线介质访问控制方式
- 自组无线局域网 Ad hoc 与基础设施无线局域网 Infrastructure Wireless LAN
- 基础设施无线局域网配置实例

无线局域网络 WLAN（wireless local area networks）是相当便利的数据传输系统，它利用射频 RF（radio frequency）技术，取代了双绞铜线（Coaxial）所构成的局域网络，使得无线局域网能利用简单的存取架构，让用户透过它达到"信息随身化、便利走天下"的理想境界。

9.1　无线局域网的传输方式

无线局域网 WLAN 是利用电磁波作为传输介质的网络，无线局域网中的节点可以是固定的也可以是移动的。无线局域网无须铺设线缆，因此具有安装简单、使用灵活、易于扩展等特点。随着无线网络技术的发展，无线局域网得到了广泛的应用。

9.1.1　无线电电磁波的传播方式

无线传输信道往往会受到无线传播路径上的障碍物和空间环境的影响，为了安装好应用好无线网络，非常有必要了解无线信道的基本传输特性。

无线电电磁波的传播方式有其自己的规律，根据空间环境和障碍物的不同，无线电电磁波的传播方式主要有直射、反射、衍射和散射四种方式。

一、无线电电磁波的直线传播方式

当接收机与发射机之间没有障碍物时，无线电电磁波是按照直线规律传播的，通常这种传播方式为无线电电磁波在自由空间中的传播方式。

在直线传播方式中，电磁波能量的传播符合 Friis 自由空间传播规律。这种情况下接收机所接收到的功率正比于发射功率，但却与发射天线和接收天线之间距离的平方成反比。这就是说，传播距离增加十倍，接收功率将减少 20dB。电磁波的自由空间 Friis 传播规律可用下述关系式表示：

$$P_{接收} \propto \frac{P_{发射}}{s^2}$$

式中，P 为功率；s 为发射天线至接收天线之间的距离。

对于无线网络系统所使用的 $1 \sim 5\mathrm{GHz}$ 频段而言，在室内的环境中，间距大于 $1\mathrm{m}$ 就称为远场；在室外环境中，间距大于 $1\mathrm{km}$ 称为远场。Friis 传输规律适用于远场的情况，同时 Friis 规律表明，无线电电磁波的传播存在较大的路径损耗。

二、无线电电磁波的反射、衍射和散射传播方式

在很多情况下，发射天线和接收天线之间存在有障碍物。在有障碍物的路径中，直线传播的电磁波被阻挡；但是在有障碍物的传播路径中，会产生不同于直线传播方式的其他传播方式——反射、衍射的散射。

（1）反射

在电磁波传播的过程中，如果遇到了障碍物，其大小与电磁波的波长相比很大，那么电磁波就会发生反射（如图 9-1 所示）。地球表面、建筑物和其他物体的表面都可能反射电磁波，如果不是理想的介质（导体），一部分电磁波的能量会穿过障碍物形成折射波，造成电磁波传输能量的损耗。如果障碍物是良导体，由于电磁波不能穿过良导体表面，因此当平面波入射到良导体表面时，会形成电磁波的全反射现象。

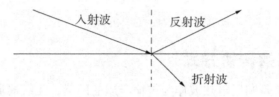

图 9-1　电磁波的反射现象

（2）衍射

在电磁波传输的路径中，如果障碍物的断面比较尖锐，电磁波会出现衍射现象（如图 9-2 所示）。由于电磁波的衍射，电磁波会越过障碍物到达接收天线。这种情况下，即便在收发天线之间没有直线传播的路径，接收天线仍然可以接收到电磁信号。

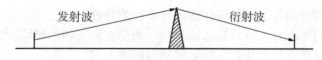

图 9-2　尖锐断面引起的衍射现象

在无线通信的信道中，信号的频率较高，其衍射的物理性质取决于障碍物的几何形状，如衍射点的电磁波振幅、相位以及极化的状态等。发生衍射现象后会存在衍射损耗，发射源向整个空间传播能量的过程中，在某一直线方向上功率会降低。但以这种方式传播的电磁波也为无线通信穿越障碍物提供了一种手段。

（3）散射

在电磁波的传播介质中，如果充满了大小与波长相比很小的障碍物，那么电磁波就会发生散射。实际上当电磁波入射到表面粗糙的介质时，电磁波会向四面八方传播，这种现象就是散射（如图9-3所示）。电线杆、树木或一些表面粗糙的障碍物都可能引起散射。

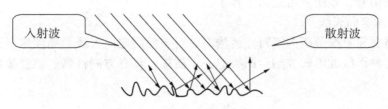

入射波　　　　　　　　　散射波

图9-3　电磁波的散射示意图

就微观而言，散射实际上就是反射，只是反射面很小，并且各个散射面方向呈随机分布状态。如果障碍物表面很光滑，并且表面比波长大很多，就会出现反射现象。

散射是向四面八方传播电磁波，这样相对某一方向的反射而言有能量损耗。在有散射的无线信道中，实际测得的信号功率，比反射和衍射情形所计算的理论值要高。散射相当于发射源增多了，所以接收功率也会有所增大。

三、无线网络 WLAN 天线

天线是收/发无线电电磁波的主要部件，无线网靠天线传输信息。无线网络中使用的天线有很多种类型，每种天线都有特定的用途。在无线网络中使用何种类型的天线，完全取决于天线的电磁辐射图和信号的传播范围。下面介绍两种在无线网中常用的天线。

（1）圆柱形全向天线

圆柱形全向天线如图9-4所示，它是无线网 AP 设备中普遍使用的天线。绝大部分可折叠，很多型号的 AP 设备都配置了这种天线。

全向天线以天线为轴向（Z 轴方向）均匀地向周围辐射传播电磁信号（如图9-4的左边传播图形），其电磁信号的辐射图在空间形成了一个立体的环状。这种天线非常适合在室内或整个楼层中使用，通常将 AP 设备或其天线放在室内或办公楼的中央。

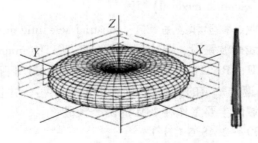

图9-4　全向天线信号辐射示意图

全向天线在广阔的区域内向四周均匀地辐射电磁波的能量，因此天线的增益较低，大约为 2dbi（dbi 是相对于点源天线的增益，在各方向的辐射是均匀的）。因为信号的衰减较快，通信距离只有几十米远，一般家用型可达 30m。

无线信号遇到障碍物会出现反射、折射或衍射现象。当信号通过不同路径传播到同一接收地点时，将导致多路干扰（multipath interference）。为解决这种问题，只需稍微移动接收器的天线(大约半个波长的距离),调整天线的方位直到接收到质量更好的信号。很多无线网 AP 设备有两根全向天线,这些天线相隔的距离很合适,只要其中有一个天线能够收到质量最好的信号,系统就可正常工作了。

(2)抛物面定向天线

当信号需要在直线范围内点对点传输时,需要使用定向天线。高度定向天线其形状是一抛物面,这种天线的电磁波辐射图类似一个波束,具有方向性强、能量集中、传播距离远的特点。

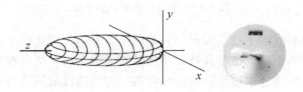

图 9-5　定向天线信号辐射示意图

定向的天线是专门为远距离直线传输设计的,它能将信号的能量聚焦在一个狭长的椭圆形区域内传播(如图 9-5 所示)。由于目标是一个定向接收天线设备,因此发射天线不需要覆盖直线之外的其他区域。这种天线非常适合用于建立一个大楼到大楼或场点到场点的链路,例如两个 AP 设备间的直线传输。

另外这种聚焦辐射使得天线的增益很高,通常大于 22dBi。

9.1.2　无线局域网标准

无线局域网标准是 IEEE 802 标准之一,主要涉及无线局域网的工作频段、扩频技术以及无线局域网介质访问控制规范。

一、ISM(industrial scientific medical) 频段

无线局域网采用工业、科学和医用 ISM(industrial scientific medical)频段(Band),该频段属于对公众开放的无线微波频段,是由国际通信联盟 ITU(international telecommunication union)无线电通信局 ITU - R(ITU radiocommunication sector)分配的。ISM 无须授权许可(Free License),只需要遵守一定的发射功率(一般低于 1W),并且不要对其他频段造成干扰即可。目前,无线局域网主要工作在 ISM 的两个频段:

- 2.450 GHz(2.400 ~ 2.4835 GHz)
- 5.800 GHz(5.725 ~ 5.875 GHz)。

二、无线网扩频技术

无线网采用扩展频谱通信(spread spectrum communication)技术,简称扩频。扩频通信的基本特征是用比发送数据速率高许多倍的伪随机码对载有数据的基带信号的频谱进行扩展,形成宽带的低功率频谱密度的信号来发射。增加"信息系统带宽"可以在较低的信噪比情况下以相同的信息传输率来可靠地传输信息,甚至在信号被噪声淹没的情况下,只要相应地增加信号带宽,仍然能够保持可靠的通信。事实上扩频技术是以宽带传输信息来换取信噪比上的优势。

扩频通信技术的基本思想和理论依据是仙农（Shannon）公式：

$$C = W\log_2(1 + \frac{S}{N})$$

式中，C 为信道容量，bit/s；W 为带宽；S 为信号的功率；N 为噪声功率。

这一公式表明，对于一定的通信容量 C，带宽 W 和信噪比 $\frac{S}{N}$ 存在着互换的关系：若在发送端展宽系统的传输带宽，在信道容量不变的情况下能够用较小的信号功率来传送，这表明宽带系统具有较好的抗干扰性。仙农公式为无线通信的扩频技术奠定了理论基础。

在扩频通信系统中，对传输的信息进行第一次调制处理后，还须对其调制的频谱进行第二次调制，以达到扩展频谱宽度的目的。实现扩频通信的基本工作方式有以下几种。

（1）直接序列扩频 DSSS

直接序列扩频 DSSS（direct sequence spread spectrum）是指在信号的发送端直接用扩频码序列去扩展信号的频谱，在信号的接收端用相同的扩频码序列进行解扩，将展宽的宽频信号还原为最初的原始信息。

（2）跳频扩频 FHSS

跳频扩频 FHSS（frequency hopping）是指在一组指定的频率范围内，载波的频率在一伪随机序列的控制下不断改变。若在收、发端双方保证时域－频域上的调频顺序一致，就能确保双方的可靠通信。在每一个跳频的时间内，用户所占用的信道是窄带频谱。随着时间的变换，一系列的瞬时窄带频谱在一个很宽的频带内跳变，形成了一个很宽的跳频带宽。跳频带宽等于载频数目与信道带宽之积。

（3）跳时扩频 THSS

跳时扩频 TH－SS（time hopping）是指将时间轴按帧分成若干个时隙，由扩频码序列去控制帧内各个时隙的信号发射。由于用窄得多的时隙去发送信号，从而展宽了信号的频谱。

（4）线性调频扩频 Chirp－SS

线性调频扩频 Chirp－SS（chirp modulation）是指在给定脉冲持续间隔内，系统的载频线性地扫过一个很宽的频带。因为频率在较宽的频带内变化，信号的带宽被展宽。

在扩频通信系统中，直接序列扩频 DSSS 和跳频扩频 FHSS 两种形式在无线局域网中，得到了较为广泛的应用。

（5）正交频分复用 OFDM 技术

正交频分复用 OFDM（orthogonal frequency division multiplexing）技术是多载波调制 MCM（multi－carrier modulation）技术的一种，主要原理是将信道分成若干正交子信道，将高速数据信号转换成并行的低速子数据流，调制后在每个子信道上进行传输。正交信号可以在接收端采用相关技术来分离，这样可以减少子信道之间的相互干扰。OFDM 有多种方式来抗干扰，抗窄带干扰的能力也不错。因为大量的正交的子载波和与 DSSS 相似的信道编码机制，OFDM 非常适用于严酷信道条件下的无线网传输。

三、无线局域网标准

IEEE 802.11 如今是无线局域网通用的标准，它是由美国电气和电子工程师协会 IEEE

规定的无线网络发展的统一标准。

（1）IEEE 802.11

IEEE802 标准化委员于 1997 年 6 月公布了第一代无线局域网标准，即速率为 1Mbit/s 和 2Mbit/s、工作在 2.4000～2.4835GHz 频段的跳频扩频 FHSS 和直接序列扩频 DSSS 技术。其中 DSSS 技术的 1Mbit/s 速率采用差分二相制相移键控 DBPSK（differential binary phase shift keying）调制，2Mbit/s 速率采用差分四相制相移键控 DQPSK（differential quadrature phase shift keying）调制。

同时在 802.11 中还规定了传输速率为 1Mbit/s 和 2Mbit/s 的红外线传输标准。

（2）IEEE 802.11b

IEEE 802.11b 是对 IEEE 802.11 的一个补充。该标准规定 WLAN 工作频段在 2.4～2.4835 GHz，数据传输速率可达到 11Mbit/s，可提供 1Mbit/s、2Mbit/s、5.5Mbit/s 及 11Mbit/s 的多重传送速度。

该标准在 1Mbit/s 和 2Mbit/s 速率下采用直接序列扩频 DSSS 技术；在 5.5Mbit/s 和 11Mbit/s 高速率情况下，采用补偿编码键控 CCK（complementary code keying）调制方式。IEEE 802.11b 无线局域网的带宽最高传输速率比 IEEE 802.11 标准快 5 倍。

如图 9-6 所示，在 2.4～2.4835GHz 的 ISM 频段共有 14 个频宽为 20M（外加 2M 隔离频带）的信道可供使用，相邻信道的中心频率间隔为 5MHz。我国采用 13 个信道，其中 3 条不相互重叠的信道是 1、6、11。IEEE 802.11b 的后继标准是 IEEE 802.11g，其传送速度可达 54Mbit/s。

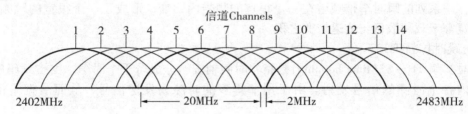

图 9-6　无线 2.4G 频段信道的划分

（3）IEEE 802.11a

IEEE 802.11a 是 802.11 原始标准的一个修订标准。802.11a 采用了原始标准的核心协议，工作频率为 5GHz；使用 52 个正交频分多路复用副载波的 OFDM 扩频方式，最大原始数据传输率为 54Mbit/s，并支持 48M，36M，24M，18M，12M，9M 或者 6M（bit/s）的数据传输率。

在 5G（5.15M～5.825M）频段内，802.11a 拥有 12 条不相互重叠的信道，中心频率间隔 20M。我国应用的 5 个不重叠信道分布在 5.725M～5.850M 的频带中。

802.11a 与 802.11b 不兼容，除非使用对两种标准都采用的设备。但 2.4GHz 频带被广泛使用，采用 5GHz 的频带让 802.11a 会具有更少冲突。然而高频率的载波在传输中更容易被吸收，802.11a 几乎被限制在短距离的直线范围内使用，这导致必须使用更多的接入点。

（4）IEEE 802.11g

为了解决 802.11a 与 802.11b 互不兼容问题，IEEE 802.11 工作组开始定义新标准

802.11g，并于 2003 年 7 月被通过。IEEE 802.11g 其载波的频率为 2.4GHz，原始传送速度为 54Mbit/s，净传输速度约为 24.7Mbit/s。

IEEE 802.11g 有以下两个特点：一是在 2.4GHz 频段使用正交频分复用（OFDM）调制技术，使数据传输速率提高到 20Mbit/s 以上；二是 IEEE 802.11g 用 CCK/OFDM 技术来保障与 IEEE 802.11b 共存，能够与 802.11b 的 Wi-Fi 系统互相连通，共存在同一 AP 的网络里，保障了后向兼容性，拥有的信道数与 802.11b 相同。

（5）IEEE 802.11i

IEEE 802.11i 是 IEEE 为了弥补 802.11 脆弱的"有线等效"加密协议 WEP（wired equivalent privacy）而制定的修正案，其中定义了基于 AES 的全新加密协议 CCMP（CTR with CBC-MAC protocol），以及向前兼容 RC4 的加密协议 TKIP（temporal key integrity protocol）。

无线网络中的安全问题从暴露到最终解决经历了相当长的时间，很快 WiFi 厂商采用 802.11i 草案 3 为无线网络设计了一系列通信设备，新的设备支持 WPA（WiFi protected access）安全协议，最终版的 802.11i 无线通信设备支持 WPA2（WiFi protected access 2）安全协议。

（6）IEEE 802.11n

IEEE 802.11n 标准将 WLAN 的传输速率从 802.11a 和 802.11g 的 54Mbit/s 增加至 108Mbit/s 以上，最高速率可达 320Mbps，成为 802.11b、802.11a、802.11g 之后的一个新标准。

802.11n 协议为双频工作模式（包含 2.4GHz 和 5GHz 两个工作频段）。这样 802.11n 保障了与以往的 802.11a/b/g 标准兼容性。

IEEE 802.11n 采用 MIMO 与正交频分复用 OFDM 相结合的技术，使传输速率成倍提高。MIMO（multiple-input multiple-output）系统是一项运用于 802.11n 的核心技术。802.11n 是 IEEE 继 802.11b/a/g 后全新的无线局域网技术，速度可达 600Mbit/s。

天线技术以及传输技术使得无线局域网的传输距离大大增加，可以达到几公里（并且能够保障 100Mbit/s 的传输速率）。IEEE 802.11n 标准全面改进了 802.11 标准，不仅涉及物理层标准，同时也采用新的高性能无线传输技术提升 MAC 层的性能，优化数据帧结构，提高网络的吞吐量。

无线网在目前的局域网 LAN 工程中非常流行，因为它需要的布线工作量很少。目前无线局域网的 4 种基本标准是 802.11a、802.11b、802.11g 和 802.11n，如表 9-1 所示。

表 9-1 无线局域网标准

	802.11b	802.11a	802.11g	802.11n
兼容性	802.11b	802.11a	802.11b/g	802.11a/b/g/n
频率	2.4 GHz	5 GHz	2.4 GHz	2.4GHz 和/或 5 GHz
数据速率	11Mbit/s	54Mbit/s	54Mbit/s	600Mbit/s
非重叠信道数	3	12	3	15

注：新标准 802.11ac 保持与 802.11n 的向下兼容特性，并且每个通道的工作频宽将由 802.11n 的 40MHz 提升到 80MHz 甚至 160MHz，再加上大约 10% 的实际频率调制效率提升，最终理论传输速度将由 802.11n 最高的 600Mbps 跃升至 1Gbps。

9.1.3 无线局域网介质访问规则

无线局域网介质访问控制方法与以太网介质访问控制方法非常类似,都属于共享介质访问控制方法。在以太网中每个节点通过共享总线实现访问控制;而在无线局域网中的节点通过共享无线传输信道实现访问控制。因此,无线局域网标准802.11的MAC和802.3协议的MAC非常相似。

一、无线局域网的CSMA/CA介质访问控制方式

无线局域网为半双工传输方式,在同一时间无法实现双向同时传输。要进行冲突检测的设备必须能在发送数据信号的同时能接受数据信号,这在无线通信网中是很难实现的。

无线局域网的802.11标准中对CSMA/CD进行了调整,采用载波帧听多路访问/冲突避免CSMA/CA(carrier sense multiple access with collision avoidance)介质访问控制方法。

冲突避免的思路是:协议的设计尽量减少碰撞发生的概率。在无线网中,即使在发送过程中发生了碰撞,也要把整个帧发送完毕。因此在无线局域网中一旦出现碰撞,在这个帧发送时间内信道资源就都被浪费了。

802.11无线网的CSMA/CA无线介质访问规则中包含了停止等待确认技术。这是因为无线信道的通信质量远不如有线信道,因此无线站点每通过无线局域网发送完一帧后,要等待收到对方的确认帧后才能继续发送下一帧。

二、CSMA/CA载波监听多点接入/冲突避免机制

CSMA/CA的载波监听多点接入/冲突避免机制主要由发送数据帧过程和退避算法组成。

(1)数据帧的发送

发送数据帧的过程可以分为三个阶段:

● 争用信道。

● 发送数据。

● 等待确认。

CSMA/CA协议的数据发送的过程主要有以下两点:

要发送数据的站点首先检测信道,若检测到信道空闲,之后争用信道。只有争用信道成功的站点有权发送数据帧。

目的站点若正确收到数据帧后,向源站点发送确认帧ACK。如果源站点在规定时间内没有收到确认帧ACK,就必须重传此帧,直到收到确认帧为止,或者经过若干次的重传失败后放弃传送。

(2)退避算法

CSMA/CA的退避算法是建立在退避计时器基础上的。退避算法的基本思想是,争用信道的每个站点,给自己的退避计时器设置一随机数,在争用窗口的时间段内进行倒计时。只有退避计时器首先计时为零的站点能够争用到信道,然后发送数据帧。

三、信道预约机制

为了进一步避免冲突的发生,802.11标准引入了传输信道预约机制,这种机制是建立在请求发送帧 RTS(request to send)和允许发送帧 CTS(clear to send)基础上的。RTS 和 CTS 是两个长度很短的控制信息帧，它们的引入不会对网络性能产生大的影响。

选择了信道预约机制的 CSMA/CA 协议在发送出数据前要预约信道，首先发送一小小的请求传送报文 RTS 给目标站点，等待目标站点回应 CTS 报文后，才开始传送数据。

利用 RTS－CTS 握手(handshake)程序，确保接下来数据传送不会发生冲突。因为 RTS/CTS 信号已通知无线局域网中的其他站点，在随后的一段时间内不要发送数据，此时的信道已被预约以及信道被预约的传输时间。

例如图 9－7 所示的站点 B 在向站点 A 发送数据之前，要向站点 A 发送一请求传送报文 RTS，当站点 A 收到请求报文 RTS 后需要回送"允许发送 CTS 报文"。站点 C 也能收到站点 A 的回送报文，因为站点 C 在站点 A 的传输距离的覆盖范围之内。因此站点 C 会根据 CTS 中信道预约的时间，延迟自己向其他站点发送数据(比如站点 D)，从而避免了与站点 A 发生冲突。

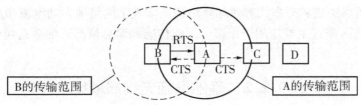

图 9－7　信道预约机制

上述问题属于无线局域网面临的一个特殊问题——"隐藏终端"问题。如图 9－7 所示，站点 B 能听到 A 的存在，却听不到 C 的存在；同样 A 也听不到站点 D 的存在。无线网的信道预约机制较好地解决了无线网的"隐藏终端"问题，避免了站点 C 向 D 发送数据的过程中与站点 A 发生的冲突。

9.2　无线局域网的组网模式

无线局域网的基本组网模式有两种：一是自组无线局域网(Ad hoc wireless LAN)模式；另一种是基础设施无线局域网(infrastructure wireless LAN)模式。通过这两种无线组网模式，可以构建多层次的无线与有线并存的计算机网络。

9.2.1　自组无线局域网模式

自组无线局域网模式工作在无中心网络(无 AP 网络)状态，这种工作模式称为 Ad hoc 工作模式，也称为对等无线网络或 Ad hoc 网络。对等无线网络用于一台无线工作站 STA(station)和另一台或多台其他无线工作站 STA 的直接通信(如图 9－8 所示)。

在 IEEE 802.11 中，一组能够通信的无

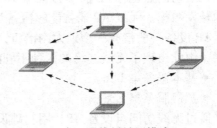

图 9－8　自组无线局域网模式 Ad hoc

211

线网络中的所有的站点 STA 组成了一个独立的基本服务集(service set)，它们是无线网覆盖的整个服务区。在同一个无线网络中的工作站 STA(station)的服务集标识符 SSID(service set identifier)必须相同，只有 SSID 相同的发送方和接收方才能够通信。

图 9-8 是由一组具有无线接口的计算机组成的一个对等无线网。在对等无线网中站点 STA 能够通信的两个基本条件是：

- 工作站 STA 要有相同的基本服务集标识符 BSSID。
- 工作站 STA 要有相同的安全密钥。

对等无线网络具有组网灵活的特点，无论是任何时间或是任何地点，两个或更多的具有无线接口的站点，只要它们相距在彼此的通信范围之内，就可以建立一个独立的网络，而且网络对管理和预先调协方面没有任何要求。

在 Ad hoc 网络中，站点 STA 具有报文转发能力，站点间的通信可能要经过多个中间站点的转发(即经过多跳 multiHop)，这是 Ad hoc 网络与其他移动网络的最根本区别。站点通过分层的网络协议和分布式算法相互协调，实现了网络的自动组织和运行。

Ad hoc 无线网模式主要应用于军事、无线传感和紧急情况下的数据通信。

9.2.2 基础设施无线局域网

基础设施无线局域网(infrastructure wireless LAN)模式属于有中心设施的网络，它由无线访问接入点 AP(access point)设备和无线工作站(STA)构成。

如图 9-9 所示的基础设施无线局域网络，除了需要在每个站点 STA 中安装无线网卡之外，还需要一个 AP 接入设备(俗称"访问点"或"接入点")。这个 AP 设备就是用于集中连接所有无线站点，并进行集中管理的中心设备。无线局域网中的 AP 设备相当于有线网络中的集线器，起着集中连接和数据交换的作用。

基础设施无线局域网中的各站点 STA 及其 AP 点，它们按照 CSMA/CA 方式争

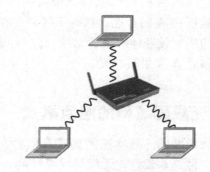

图 9-9　基础设施无线局域网模式

用无线信道。中心访问点 AP 设备的功能与集线器非常相似，所有站点之间的通信都要通过 AP 点转发。

无线访问点也称无线 AP 或无线 Hub，用于在无线站点 STA 和有线网络之间接收、缓存和转发数据。无线 AP 通常能够覆盖几十至几百用户，覆盖半径达上百米。

AP 设备一般带有一个以太网接口，通过 AP 设备的以太网接口，可实现与有线网络的互联，由此出现了无线网络的两种不同的服务集：

- 基本服务集 BSS。
- 扩展服务集 ESS。

通过无线访问点设备 AP，用基础设施无线网对有线网进行扩展将变得简单且易于实现，因此无线网在办公自动化网络中得到了广泛的应用。

一、基本服务集 BSS

具有基础设施的无线局域网的最小构成模块是基本服务集 BSS（basic service set），由一个无线访问点 AP 以及与其关联的无线工作站构成。实际上的基本服务集是一个由无线访问点 AP 所覆盖的区域，这个区就是 AP 的基本服务区。

服务访问点 AP 作为基本服务集（BSS）的中央枢纽，主要功能是为其覆盖范围内的站点 STA 管理 WLAN。无线站点发送的数据流都必须经过 AP 设备，才能到达当前基本服务集 BSS 内的其他 WLAN 站点（如图 9-9 所示），无线站点之间不能直接通信。

AP 通过对客户端进行认证来控制 WLAN 成员的资格，如果客户不能通过 AP 认证，将不允许使用无线网络。客户端与 AP 建立其无线连接时，必须按如下顺序协商成员资格和安全措施：

①配置与 AP 相同的 SSID，即客户端必须与 AP 点在同一个基本服务集 SSID 中。

②必须通过 AP 认证，即客户端站点必须提供 AP 点配置的安全密钥。

如果客户端的 SSID 与某个 AP 配置的 SSID 相同，便可以同该 AP 通信。客户端必须提供 AP 点配置的相同的密钥才能通过服务访问点 AP 的认证和建立到 AP 的关联，获取基本服务集 BSS 的成员资格。

二、扩展服务集 ESS

扩展服务集 ESS（extended service set）由一个分布式系统 DS 连接的多个基本服务集 BSS 单元组成。典型的分布式系统是一个有线的主干局域网，而基本服务集 BSS 可以是一个任意大小和复杂的无线网络，IEEE 802.11b 把这种网络称为扩展服务集网络。同样，扩展服务集 ESS 也有一个标识符 ESSID。

如图 9-10 所示，扩展服务集 ESS 是指由多个 AP 以及连接它们的分布式系统组成的结构化网络，所有 AP 必须共享同一个 ESSID，也可以说扩展服务集 ESS 中包含多个 BSS。实际应用时在一个 ESS 内 SSID 相同，BSSID 实际是 AP 的 MAC 地址，用于标识 AP 管理的 BSS。

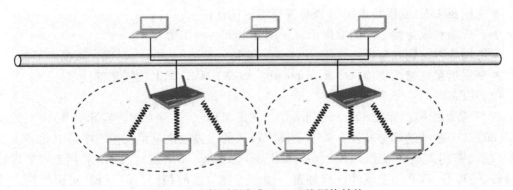

图 9-10　扩展服务集 ESS 无线网络结构

分布式系统 DS 在 IEEE 802.11 标准中并没有定义，但是目前大多数为以太网。

9.2.3　无线网的基本安全协议

无线网络的安全技术主要有两大部分，一是对合法用户端的认证，二是对数据的加密。对于无线网来讲，目前无线局域网主要应用以下两种类型的安全协议：

- 无线等效 WEP 协议。
- Wi‑Fi 联盟保护访问 WPA 协议。

一、无线等效 WEP 协议

无线等效协议 WEP(wireless equivalence protocol)是无线网络一个基本安全协议，其作用有两个：通过预共享密钥，一是对客户进行合法性认证，二是对传输的数据进行加密。

在 802.11 标准的无线网络中，WEP 协议使用下述方法之一对客户端进行认证：

- 开放认证：不使用任何认证方法，任何客户端都可以访问 AP。
- 共享密钥(PSK)：在客户端和 AP 上静态地指定相同的密钥，如果密钥相同，客户端将被允许访问 AP，预共享密钥 PSK 用 WEP 协议对数据进行加密。

在这两种认证方法中，认证过程都将在 AP 点完成，AP 本身有足够的信息来独立地确定客户端是否有访问权。开放认证和共享密钥 PSK 认证的可扩展性差，而且不太安全。

WEP 的密钥长度分为 64 位和 128 位两种。64 位密钥只能支持 5 位或 13 位数字或英文字符，128 位密钥只能支持 10 位或 26 位数字或英文字符。

WEP 是 IEEE 802.11 标准的一部分，使用 RC4(Rivest Cipher)串流加密技术达到机密性，并使用 CRC‑32 检验数据的正确性。WEP 密钥属于静态密钥，静态 WEP 密钥是可以破解的。对长期无线通信，不推荐使用这种认证方法。

二、Wi‑Fi 联盟保护访问 WPA 协议

Wi‑Fi 联盟根据 802.11 草案的内容开发了 Wi‑Fi 联盟保护访问 WPA(Wi‑Fi protected access)协议，该协议具有下述无线局域网安全措施：

- 使用 802.1x 或预共享密钥 PSK 进行客户端认证。
- 客户端和服务器之间的双向认证，例如 Radius 服务器。
- 使用临时密钥完整性协议 TKIP(temporal key integrity protocol)确保数据隐秘性。
- 使用消息完整性校验(message integrity check, MIC)确保数据完整性。

(1)WPA

WPA 是无线网新标准 802.11i 的子集，它是 WEP 的过渡方案。实际上 WPA 只完成了 IEEE 802.11i 标准的部分功能。WPA 超越 WEP 的主要改进就是在使用中可以动态改变密钥的"临时密钥完整性协定" TKIP(temporal key integrity protocol)，TKIP 利用无线客户端和 AP 嵌入的现有 WEP 加密硬件进行加密，加密过程与以前相同，但 WEP 密钥的生成频率更高，确保了密钥的安全性。

(2)WPA2

WPA2 是 Wi‑Fi 联盟完整的 IEEE 802.11i 标准的数据加密和认证协议。对于安全措施方面 WPA2 在 WPA 的基础上做了多方面的改进，实现了 IEEE 802.11i 的强制性元素，特别是 Michael 算法由公认彻底安全的 CCMP 消息认证码所取代，而 RC4 也被 AES 取代。

WPA2 使用的是高级加密标准 AES(advanced encryption standard)，同时也支持使用 TKIP 对数据进行加密，以便同 WPA 保持兼容。

注：扩展的认证协议 EAP(extensible authentication protocol)是对 WEP 协议的一种扩展，它使访问点 AP 使用各种外部授权服务器通过数字证书进行认证，这样无线网络的安全性更加健壮。可进一步用于企业级无线网的认证协议有：LEAP 、EAP – TLS、PEAP 和 EAP – FAST。

三、无线网的安全模式与加密方式

无线网和有线网不同，无线信道因电磁波传输方式的原因，使其传输的信息更容易泄露或被窃取，因此无线网对传输信息的加密更为重要。通常用于无线传输的加密配置模式主要有 WEP、WPA 和 WPA2 三种，这些安全模型又分别对应了不同的加密、认证组合。用户可根据实际网络需求，选择一种适合的安全配置模型(如表 9 – 2 所示)。

表 9 – 2　无线网的安全模式与加密标准的配置

安全模式类型	加密方式	认证方式	说明
WEP	Static WEP	Share – key	
WPA	TKIP	PSK	
	AES – CCMP	802.1X	
	TKIP	802.1X	
	AES – CCMP	PSK	
WPA2	TKIP	PSK	
	AES – CCMP	802.1X	(常用)推荐配置
	TKIP	802.1X	
	AES – CCMP	PSK	(常用)推荐配置

9.3　无线局域网的组网实例

9.3.1　无线局域网组网设备

无线局域网组网的主要设备有两种：一是用于无线工作站的联网部件无线网卡，二是用于基础设施模式的无线网访问点 AP 设备。

一、无线网卡

图 9 – 11 所示的是三种类型的常用无线网卡。无线网卡是无线工作站的无线网络连接适配器，主要功能是用 CSMA/CA 介质访问规则，控制完成无线信息的发送和接收。目前有很多无线网卡的产品，按照安装总线接口的方法进行分类，有 PCI 总线接口的无线网卡、笔记本接口的无线网卡和 USB 接口的无线网卡。

选用无线网卡的关键是选择网卡参数，要想无线联网的站点适应性强，应该选用兼容性强的网卡。例如表 9 – 4 是 TP – LINK TL – WDN3200 网卡的详细参数，由此可见这款无线网卡兼容所有的 802.11a/b/g/n 无线标准，应用这款无线网卡的站点可以接入目前的任

(a) PCI无线网卡　　　　　(b) 笔记本无线网卡　　　　　(c) USB无线网卡

图 9 - 11　无线网卡的类型

何一种标准的无线网络。

表 9 - 4　TP - LINK TL - WDN3200 详细参数

适用类型		笔记本/台式机	
网络标准	IEEE 802.11n/g/b/a	天线类型	内置天线
传输速率	300Mbps	安全性能	Support 64/128 bit WEP, WPA - PSK/WPA2 - PSK, 802.1x
展频技术	直接序列扩频（DSSS）发射功率	20dBm（最大值）	
调制方式	DBPSK, DQPSK, CCK, OFDM, 16 - QAM, 64 - QAM	频率范围 总线接口	双频(2.4GHz, 5GHz) USB

二、无线网络接入点 AP 设备

无线局域网 AP 设备主要完成无线工作站的网络接入功能，多用于家庭和办公室的多个计算机终端的无线组网方式。为了直接接入 Internet，很多 AP 产品带有无线宽带接入功能和路由器功能。

为了便于家庭和办公室组网，大多 AP 产品是多功能的，如在无线宽带路由器中集成了无线 AP、以太网交换机和路由器三大功能，可以轻松实现用户的无线接入和有线的双绞线接入互联网。具有简单的路由设置、网络连接、NAT 转换、DHCP 服务等功能。而且 LAN 接口支持 10/100M 自适应功能和 Auto - MDI/MDIX 自动翻转功能。

图 9 - 12　无线宽带路由器

一般家用 AP 设备，其视距传输距离可达 300m 左右，在有墙阻隔的情况也能达 30m。AP 产品的功能多、灵敏度高、传输距离远，在室外工作的远距离 AP 设备最远的传输距离可达几十千米。典型的小型无线局域网访问点 AP 设备如图 9 - 12 所示，表 9 - 5 列出了该设备的详细参数，TP－LINK TL－WR840N 是一款具备路由功能的无线网络接入点 AP 设备。

表 9 – 5   TP – LINK TL – WR840N 详细参数

主要性能	网络标准：无线标准：IEEE 802.11n、IEEE 802.11g、IEEE 802.11b，有线标准：IEEE 802.3、IEEE 802.3u 网络协议：CSMA/CA，CSMA/CD，TCP/IP，DHCP，ICMP，NAT，PPPoE 传输速率：802.11n：300Mbps 802.11g：6，9，12，18，24，36，48，54Mbps 802.11b：1，2，5.5，11Mbps 频率范围：单频(2.4～2.4835GHz) 信道数：13 调制方式：BPSK、QPSK、CCK、OFDM、16－QAM、64－QAM 展频技术：DSSS(直接序列展频) 传输功率：20dBm(最大值) 网络接口：1 个 10/100Mbps WAN 口、4 个 10/100Mbps LAN 口 网络介质：10Base－T：3 类或 3 类以上 UTP、100Base－TX：5 类 UTP WPA－PSK/WPA2－PSK、WPA/WPA2 安全机制

9.3.2   基础设施无线局域网的组网实例

无线局域网的基础架构模式(Infrastructure)简称为 AP 模式，它由无线访问节点(AP)、无线工作站(STA)以及分布式系统(DSS)构成，覆盖的区域称扩展服务集(ESS)。其中 AP 用于在无线工作站和有线网络之间接收、缓存和转发数据，所有的无线通信都由 AP 来处理，通过 AP 点实现了从有线网络到无线终端的连接。AP 的覆盖半径通常能达到几百米，能同时支持几十至几百个用户。

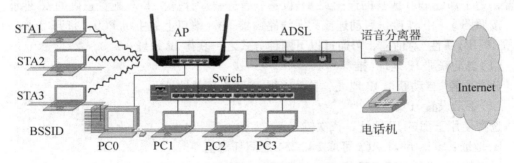

图 9 – 13   基础架构模式的无线局域网

如图 9－13 所示的是一典型的基础架构模式下的无线局域网组网方式，这种联网方式是目前家用网络、小型企业网和办公网常用的组网方式。该网络由以下几个部分组成：

①ADSL Modem，其广域网接口 WAN 通过语音分离器连接到电话线的用户环路，将用户端网络连接到 Internet 互联网。

②无线宽带路由器 AP 设备，其广域网接口 WAN 通过一根电缆线连接到 ADSL Modem 的 LAN 接口。AP 设备是一具有四端口的交换机，可以将用户计算机直接通过双绞线连接到交换机。

③用户无线站点 STA1、STA2、STA3 和 AP 设备构成了无线局域网的基本服务集 BSS。在配置无线网络时，属于同一个服务集 BSS 的所有的用户站点必须配置相同的 SSID 标识、相同的安全协议和相同的密钥，这些参数主要取决于 AP 设备。

④通过在 AP 设备的交换机上级联一款交换机 Switch，以达到扩充局域网规模的目的。

可见，应用无线宽带路由器这样一款 AP 设备组网时，用户可选有线方式或无线方式接入本地网和互联网。因此基础架构模式的组网方式具有组网灵活、节省费用、共享 ADSL 等特点。在这种组网方式中，无线宽带路由器可完成无线接入、拨号连接、NAT 转换和 DHCP 服务等功能。

9.3.3　无线宽带路由器的配置

TP－LINK TL－WR840N 300M 无线路由器是专为满足小型企业、办公室和家庭的无线上网需要而设计的。它基于 IEEE 802.11n 标准，能扩展无线网络范围，提供最高达 300Mbps 的稳定传输；同时兼容 IEEE 802.11b 和 IEEE 802.11g 标准，提供多重安全防护措施，可以有效保护无线上网安全。TL－WR840N 300M 无线路由器的配置过程如下：

一、建立正确的网络设置

设置网络的主要任务就是对无线宽带路由器 AP 设备及其关联的网络（扩展集 ESS）中的每台主机，配置正确的 IP 地址、网关地址和 DNS 服务器地址。

无线宽带路由器默认 LAN 口的网关地址是 192.168.1.1，默认的子网掩码是 255.255.255.0。事实上默认的网关地址决定了无线网络（包括扩展集中的所有主机）中主机的 IP 地址类型。也就是说，网关地址的网络地址就是本网的网络地址。

在图 9－13 中用安装了 Windows 7 系统的 PC0 主机对无线路由器 AP 点设备进行参数配置，为了保证 PC0 成功的连接到 AP 设备，首先要对计算机 PC0 配置正确的 IP 地址。

按照图 9－13 连接，启动连接到无线路由器 LAN 端口上的主机 PC0，打开"Internet 协议（TCP/IP）属性"对话框，可通过以下两种方式之一获得 IP 地址：

（1）自动获取 IP 地址（推荐）。

分别配置"自动获得 IP 地址、自动获得 DNS 服务器地址"。

（2）手动设置 IP 地址。

选择使用下面的 IP 地址，依次输入

IP 地址：192.168.1.x（x 可取 2～254 之间任意值）

子网掩码：255.255.255.0

默认网关：192.168.1.1

注：TL－WR840N 路由器默认网关地址为：192.168.1.1，本网 IP 地址与默认网关的前 3 个数值一致，即 192.168.1.x，掩码为 255.255.255.0。

选择使用下面的 DNS 服务器地址，在首选 DNS 服务器栏输入与默认网关相同数值，即 192.168.1.1，或输入本地 DNS 服务器的 IP 地址。

二、通过 WEB 页面配置无线路由器

无线路由器一般提供基于 WEB 浏览器的配置工具。为了能顺利通过本路由器连接到互联网，首先通过无线路由器的 WEB 页面配置无线路由器的各项无线参数。本例以图 9-13 为基础，并用图中的主机 PC0 对无线路由器 AP 进行配置，配置步骤如下：

（1）在主机 PC0 中启动浏览器，在浏览器的地址栏中输入路由器的 IP 地址：http：// 192.168.1.1，将会看到图 9-14 所示的路由器登录界面，输入用户名和密码（用户名和密码的出厂默认值均为 admin），点击"确定"按钮。

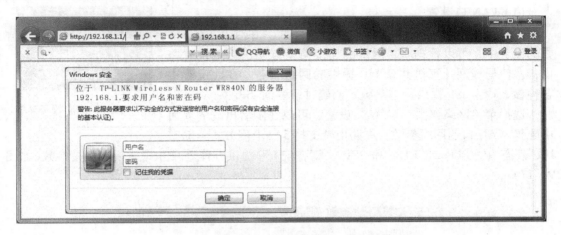

图 9-14　无线路由器的 WEB 页面的登录界面

（2）启动路由器并成功登录路由器后，将会显示路由器配置的管理界面，如图 9-15 所示。

图 9-15　无线路由器管理界面

在管理界面的左侧菜单栏中，共有如下几个菜单：运行状态、设置向导、QSS 安全设置、网络参数、无线设置、DHCP 服务器、转发规则、安全设置、路由功能、IP 带宽控

制、IP 与 MAC 绑定、动态 DNS 和系统工具。点击某个菜单项,即可进行相应的功能设置。

三、网络参数

在"网络参数"的配置中,可以根据组网需要设置路由器在局域网中的 IP 地址,并根据 ISP 提供的网络参数方便快捷地设置路由器 WAN 口参数,使局域网计算机能够共享 ISP 提供的网络服务。选择管理界面菜单"网络参数",可以看到子菜单,如图 9 – 16 所示,点击某个子项即可进行相应的功能设置。

(1)WAN 口设置

WAN 是广域网(wide area network)的缩写。在对 WAN 口参数的设置中,可以根据 ISP 提供的连接类型方便快捷地设置路由器,使局域网计算机共享 ISP 提供的网络服务。在此设置中各种参数均由 ISP 提供,当参数不明确时请咨询 ISP。

图 9 – 16   网络参数子菜单

选择菜单网络参数→WAN 口设置,可以在随后出现的界面中配置 WAN 口的网络参数。本路由器支持 5 种上网方式:动态 IP、静态 IP、PPPoE、LTP2 和 PPTP,请咨询 ISP 提供哪种上网方式并获取相关参数(如图 9 – 17)。

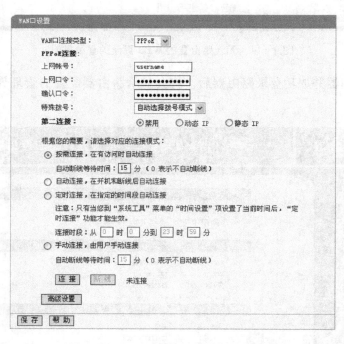

图 9 – 17   WAN 口的 PPPoE 协议的配置

①静态 IP。

当 ISP 提供的上网方式为静态 IP 时,ISP 会提供 IP 地址、子网掩码、网关和 DNS 服务器等 WAN IP 地址信息。

②动态 IP。

选择动态 IP，路由器将从 ISP(网络服务提供商)自动获取 IP 地址。当 ISP 未提供任何 IP 网络参数时，请选择这种连接方式。

③PPPoE。

如果 ISP 提供的是 PPPoE(以太网上的点到点连接)，ISP 会提供上网账号和上网口令。如图 9-17 所示，ADSL 接入互联网需要配置 PPPoE 广域网协议，并支持虚拟拨号功能。

上网账号：请正确输入 ISP 提供的上网账号，必须填写。

上网口令：请正确输入 ISP 提供的上网口令，必须填写。

确认口令：请再次输入 ISP 提供的上网口令，必须填写。

第二连接：如果 ISP 还提供了以动态 IP 或静态 IP 的方式连接到局域网的连接，请选择"动态 IP"或"静态 IP"来启动这个连接。

自动连接：在开机后系统自动连接网络。在使用过程中，如果由于外部原因网络被断开，系统就会主动尝试连接，直到成功连接，推荐选择该项连接方式。

(2)LAN 口设置

LAN 口设置主要是对无线宽带路由器的 LAN 设置 IP 地址，实际就是路由器的网关地址，默认的网关地址是 192.168.1.1，子网的掩码是 255.255.255.0。实际上若改变了该 LAN 口的 IP 地址，就等于改变了整个网络的默认的网关地址。

选择菜单网络参数→LAN 口设置，在如图 9-18 所示界面中配置 LAN 接口的网络参数。如果需要，可以更改 LAN 接口 IP 地址以配合实际网络环境的需要。

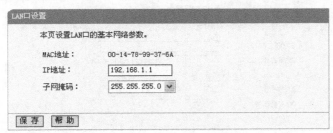

图 9-18　LAN 口设置

MAC 地址：本路由器对局域网的 MAC 地址，用来标识局域网。

IP 地址：输入本路由器对局域网的 IP 地址。局域网中所有计算机的 IP 地址必须与此 IP 地址处于同一网段，且默认网关必须为此 IP 地址。IP 地址的出厂默认值为 192.168.1.1，为 C 类 IP 地址，适用于数量不超过 200 台计算机的小型网络，可以根据组网需要改变它。

子网掩码：选择路由器对局域网的子网掩码。C 类 IP 地址对应子网掩码为 255.255.255.0，为保证网络连接正常，请不要改变子网掩码。

四、无线设置

通过无线设置功能，可以安全方便地启用路由器的无线功能进行网络连接。无线网络的设置主要有三项任务：

①无线网络名称 SSID、11a/b/g/n 标准、信道和频带设置。

②三种无线安全类型：WEP、WPA/WPA2 以及 WPA-PSK/WPA2-PSK。

③用于无线网的 DHCP 和 DNS 服务器的配置。

在无线路由器的管理页面中选择菜单"无线设置"，可弹出子菜单(图9-19)，点击某个子项即可进行相应的功能设置。

(1)基本设置

通过进行基本设置可以开启并使用路由器的无线功能，组建内部无线网络。组建网络时，内网主机需要无线网卡来连接到无线网络。

单击图9-19子菜单中的基本设置后，可在图9-20的对话框中进行无线网络的基本设置。其中的 SSID 号和信道是路由器无线功能必须设置的参数。

SSID：即 Service Set Identification，用于标识无线网络的网络名称。在此输入一个名称，它将显示在无线网卡搜索到的无

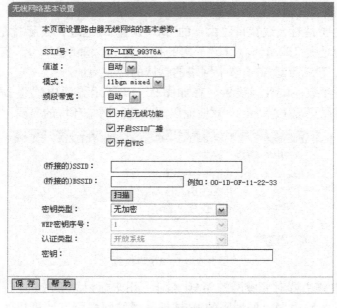

图9-19　无线设置子菜单

图9-20　无线网络的基本设置

线网络列表中。

信道：以无线信号作为传输媒体的数据信号传送的通道，选择范围从1到13。如果选择自动，则 AP 会自动根据周围的环境选择一个最好的信道。

模式：该项用于设置路由器的无线工作模式，推荐使用11bgn mixed 模式。

频段带宽：设置无线数据传输时所占用的信道宽度，可选项为：20MHz、40MHz。

开启无线功能：若要采用路由器的无线功能，必须选择该项，这样局域网中的计算机才能通过无线方式访问路由器。

开启 SSID 广播：该项功能用于将路由器的 SSID 号向周围环境的无线网络内广播，只有开启了 SSID 广播，计算机才能扫描到路由器的无线信号，并可以加入该网络。

开启 WDS：可以选择这一项开启 WDS 功能，这个功能用来桥接多个无线局域网。注意：如果开启了这个功能，最好要确保以下的信息输入正确

（2）无线安全设置

通过无线安全设置功能，可以防止他人未经同意私自连入无线网络，占用网络资源；同时也可以避免黑客窃听、黑客攻击等不利的行为，从而提高无线网络的安全性。

• 选择菜单无线设置→无线安全设置，可以在图 9 - 21 界面中设置无线网络安全选项。

• 在无线安全设置页面，可以选择是否关闭无线安全功能。

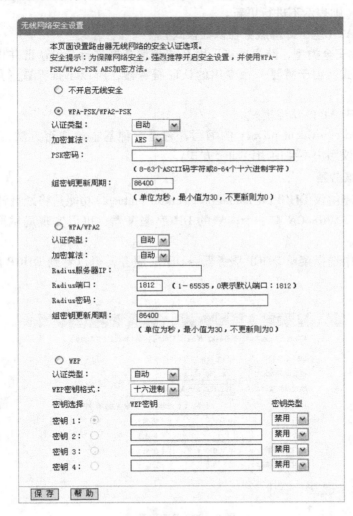

图 9-21 无线安全设置

本页面提供了三种无线安全类型：WPA - PSK/WPA2 - PSK、WPA/WPA2 和 WEP。

①WPA - PSK/WPA2 - PSK（基于 AP 点的认证模式）。

WPA - PSK/WPA2 - PSK 安全类型其实是 WPA/WPA2 的一种简化版本，它是基于共享密钥的 WPA 模式，安全性很高，设置也比较简单，适合普通家庭用户和小型企业使用。

其具体设置项如图 9-21 所示。

认证类型：该项用来选择系统采用的安全模式，即自动、WPA-PSK、WPA2-PSK（若选择自动，路由器会根据计算机请求自动选择 WPA-PSK 或 WPA2-PSK 安全模式）。

加密算法：选项有自动、TKIP、AES（默认选项为自动，选择该项后，路由器将根据实际需要自动选择 TKIP 或 AES 加密方式，注意 11ngn mixed 模式不支持 TKIP 算法）。

PSK 密码：该项是 WPA-PSK、WPA2-PSK 的初始设置密钥，设置时要求输入 8～63 个 ASCII 字符或 8～64 个十六进制字符。

组密钥更新周期：定时更新用于广播和组播的密钥的周期，以秒为单位，最小值为30，若该值为 0，则表示不进行更新。

②WPA/WPA2（基于外部服务器认证模式）。

WPA/WPA2 安全类型，路由器将采用 Radius 服务器进行身份认证并得到密钥的 WPA 或 WPA2 安全模式。由于需要一台专用的认证服务器，所以不推荐普通用户使用此安全类型。

③WEP（基于 AP 的认证模式）。

WEP 是 wired equivalent privacy 的缩写，它是一种基本的加密方法，其安全性较低，容易被破解，建议用户不要使用该加密方式。

五、DHCP 服务器

动态主机控制协议 DHCP(dynamic host control protocol)功能是将地址池中的 IP 地址分配给客户机。TL-WR840N 有一个内置的 DHCP 服务器，可以实现局域网内的计算机 IP 地址的自动分配。

在图 9-15 中选择菜单 DHCP 服务器→DHCP 服务，可以看到 DHCP 设置界面，如图 9-22 所示。

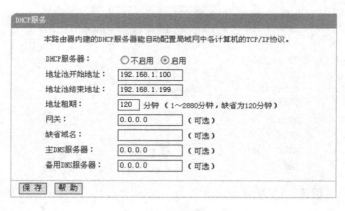

图 9-22 DHCP 服务

DHCP 服务器：选择是否启用 DHCP 服务器功能，默认为启用。

地址池开始/结束地址：分别输入开始地址和结束地址。完成设置后，DHCP 服务器分配给内网计算机的 IP 地址将介于这两个地址之间。

地址租期：即 DHCP 服务器给内网计算机分配的 IP 地址的有效使用时间。在该段时间内，服务器不会将该 IP 地址分配给其他计算机。

网关：可选项。应填入路由器 LAN 口的 IP 地址，缺省为 192.168.1.1。

缺省域名：可选项。应填入本地网域名，缺省为空。

主/备用 DNS 服务器：可选项。可以填入 ISP 提供的 DNS 服务器或保持缺省，若不清楚可咨询互联网服务提供商 ISP。

完成更改后，点击"保存"按钮并重启路由器使设置生效。

如果启用了 DHCP 服务功能，无线局域网中的其他站点获取 IP 的方式设为"自动获得 IP 地址"，则开启计算机时，DHCP 服务器会自动从地址池中分配未被使用的 IP 地址到计算机，无须手动设置 IP。

9.3.4　基于 AP 的无线站点 STA 的配置

一台 PC 计算机或笔记本电脑，只要安装了无线网卡，并对"无线网络连接"的属性配置后，即可成为无线局域网中的一个站点 STA。

对于运行 Windows 7 操作系统的工作站来讲，无线局域网工作站 STA 配置的主要内容为"无线网络连接"属性中的"Internet 协议版本 4(TCP/IPv4)"协议属性的 IP 地址配置。只要正确配置了"无线网络连接"接口的 IP 地址，Windows 7 系统会自动获得无线网络中 AP 点的各项参数。在 AP 点信号的覆盖范围内的无线站点均可连接到 AP 点，当然要有正确的安全密钥。

(1)Internet 协议版本 4(TCP/IPv4)属性配置

在图 9 - 23 的网络连接的窗口中，右击"无线网络连接"的图标，选择属性命令，弹出"无线网络连接属性"对话框。

图 9 - 23　网络连接

在"无线网络连接属性"对话框中选择"Internet 协议版本 4(TCP/IPv4)"协议，单击"属性"命令按钮，弹出"Internet 协议版本 4。在该对话框中，配置无线站点 STA 的 IP 地址、子网掩码、默认网关、DNS 服务器等参数。

①选择自动获得 IP 地址。

如果启动了 AP 站点的 DHCP 服务，选择自动获得 IP 地址无线站点 STA 会自动从 DHCP服务中获得 IP 地址、子网掩码、默认网关和 DNS 服务器地址。

②选择使用下面的 IP 地址。

TCP/IP 协议的属性对话框中，选择了使用下面的 IP 地址，那么需要用户手动配置 TCP/IP 协议的各种信息，这主要有以下几点：

IP 地址：本机 IP 地址（192.168.1.X，X 取值范围是 2～254）。

子网掩码：与 AP 点配置中的"LAN 口设置"的子网掩码相同，为 255.255.255.0。

默认网关：与 AP 点配置中的"LAN 口设置"的 IP 地址相同，为 192.168.1.1。

DNS 服务器：在手动配置中，DNS 服务器的 IP 地址由互联网提供商确定。在配置之前应咨询网管，以取得相应的 DNS 服务器的 IP 地址。

通常在配置 TCP/IP 协议属性的过程中，应优先选用自动获得 IP 地址的方法。

（2）无线网络站点连接的操作

单击桌面状态栏右侧的"网络连接"图标，在"无线网络连接"的对话框中选择系统捕捉到的站点无线网络名称 SSID（如图 9-24 所示），单击"连接"命令按钮，在"连接到网络"对话框中输入安全密钥，即可连接到无线局域网（如图 9-25 所示）。

图 9-24　无线网络连接对话框

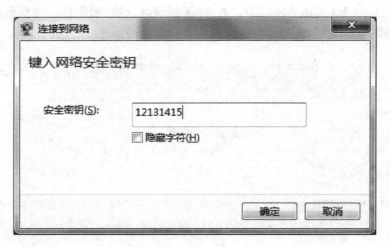

图 9-25　输入安全密钥

◀||| 复习思考题 |||▶

一、填空题

1. 无线电电磁波的传播方式主要分为_____、反射、衍射和散射四种方式。

2. 无线局域网采用工业、科学和医用_____频段(Band),该频段属于对公众开放的无线微波频段。

3. 在直线传播方式中,电磁波能量的传播符合 Friis 自由空间传播规律。这种情况下接收机所接收到的功率正比于发射功率,但却与发射天线和接收天线之间_____成反比。

4. 全向天线以天线为轴向(Z 轴方向)均匀地向周围辐射传播电磁信号,其电磁信号的辐射图在空间形成了一个_____。

5. 定向天线的电磁波辐射图形成了一个波束,具有_____、能量集中、传播距离远的特点。

6. 无线局域网主要工作在 ISM 的两个频段:_____GHz 和 5.800 GHz。

7. 无线局域网的 802.11 标准中对 CSMA/CD 进行了一些调整,采用带有_____的载波侦听多路访问介质访问控制方法。

8. 无线网的信道预约机制较好地解决了无线网的"_____"问题。

二、单项选择题

1. 与 802.11g 不能兼容的无线网标准是(   )。
A. 802.11a   B. 802.11b   C. 802.11n

2. (   )由一个分布式系统 DS 连接的多个 BSS 单元组成.
A. 独立模式的基本服务集 IBSS
B. 基础设施模式的基本服务集 BSS
C. 扩展服务集 ESS

三、简答题

1. 为什么无线网采用扩频技术?
2. 对等无线网中站点 STA 能够通信的两个基本条件是什么?
3. 基础设施无线网模式可构成哪两种不同的服务集?

第十章 网络安全概述

本章学习目标

- 了解网络安全的基本概念
- 了解网络系统安全技术和信息安全加密技术
- 了解网络安全管理的重要性

由于计算机网络系统的开放性和应用的广泛性，使得网络信息的安全保护变得越来越困难。建立在开放系统互联参考模型 OSI 基础上的计算机网络，在信息安全的防护方面是一个非常薄弱的环节。广泛应用于互联网的 TCP/IP 协议在安全方面没有任何的防护性能，随着信息化进程的深入和互联网的快速发展，网络安全问题日渐突出，现已成为信息时代人类共同面临的挑战。

10.1 网络安全的基本概念

计算机网络安全（computer network security）是指网络系统的硬件、软件及其系统中的数据不受偶然或恶意的原因而遭到破坏、更改或泄露，网络系统和网络服务能够连续、可靠、正常运行。

（1）影响网络安全的主要因素

影响网络安全主要有以下几个因素：

①自然灾害、意外事故；

②人为行为：比如使用不当，安全意识差等；

③计算机犯罪：如黑客入侵或侵扰、非法访问、拒绝服务等；

④计算机病毒、非法连接等；

⑤信息泄密：例如内部泄密、外部泄密、信息丢失、电子谍报、信息流量分析、信息窃取和信息战等；

⑥网络协议中的缺陷：例如 TCP/IP 协议的安全问题等等。

（2）网络安全面临的主要威胁

网络安全威胁主要包括两类：渗入威胁和植入威胁。

- 渗入威胁主要有：假冒、旁路控制、授权侵犯；
- 植入威胁主要有：特洛伊木马、陷门。

陷门：将某一"特征"设立于某个系统或系统部件之中，使得在提供特定的输入数据时，允许安全策略被违反。

（3）网络安全包括的主要问题

概括地讲，网络安全包括两个方面的问题：一是网络系统的安全，二是网络信息的安全。

● 网络系统的安全。网络系统的安全包括网络物理的、环境的安全和网络软件系统的访问安全。

● 网络信息安全。信息安全包括信息的存储安全、传输安全、访问安全和信息的真实性和不可否认性。

10.2　网络系统的安全措施

维护网络系统的安全措施有三个方面：一是网络的工作环境；二是维护网络硬件系统安全的技术；三是维护网络软件系统安全的技术。

10.2.1　网络工作环境

由于网络系统属于弱电工程，耐压值很低。因此，在网络工程的设计和施工中，必须优先考虑以下几个因素：

● 保护网络设备不受电、火灾和雷击的侵害。总体来说物理安全的风险主要有地震、水灾、火灾等环境事故，因此必须建设有防雷系统和防静电系统。

● 为了减少电磁干扰、线路截获的可能，要考虑绝缘线、裸体线以及接地线的布线安全标准，并且要考虑到照明电线、动力电线、管道及冷热空气管道与网络通信线路之间的安全距离。

● 机房环境安全主要有温度、湿度、清洁度保障。因为网络设备属于半导体设备，这类设备的最大特点是对温度的敏感性较大，为了增加设备的可靠性和稳定性，应该使机房有一个稳定的工作环境。

温度：机房温度一般应控制在 18～22℃之间，温度过低会导致硬盘无法启动或造成其他部件的损坏。有统计数据表明，温度每升高 10℃，机器的可靠性下降 25%。

湿度：机房内相对湿度过高，会使电气部分绝缘性能下降，会加速金属器件的腐蚀，而防潮湿性能不佳的器件失效的可能性会增加。相对湿度过低，会导致某些器件干裂，印刷电路板变形，静电感应增加，导致计算机内存信息丢失，芯片损坏。因此，机房内相对湿度一般控制在 40%～60% 为好。

清洁度：灰尘会造成接插件的接触不良，发热元件的散热效率降低、绝缘性能下降。灰尘还会造成运动部件的磨损增加，严重的会使设备的使用寿命降低。清洁度要求机房尘埃颗粒直径小于 0.5μm，平均每升空气含尘量小于 1 万颗。

10.2.2　网络硬件系统的安全

为了保证网络硬件连续可靠、不间断工作，一般采用以下安全技术。

（1）备用电源系统

为了使网络系统可靠连续地工作，电源系统的可靠性和稳定性是网络系统硬件设备稳定工作的基础。因此电源系统必须实现备份配置，一般采用配有稳压设施的双路供电系统。主要设备（服务器或路由器）要配置不间断电源 UPS 系统供电设施。

（2）双机热备份系统

对于要求提供不间断服务的网络系统，中心服务器一般采用双机热备份工作方式。服务器是信息系统的核心，它在信息系统安全运行中起着主导作用。如果服务器硬件发生故障，后果是很难想象的，不是数据丢失就是系统瘫痪。因此确保服务器的稳定、可靠、高效地运行，是网络系统安全的一项重要任务。双机热备份系统实现了主从服务器安全体系，这种结构的服务器系统，在主服务器工作时从服务器工作在备用状态（standby），当主服务器出现问题时，从服务器可替代主服务器的服务功能。

（3）磁盘阵列

利用磁盘阵列技术可以大幅度地提高服务器信息存储的容错性和安全性。磁盘阵列 RAID（redundant arrays of independent disks），有"独立的具有冗余能力的磁盘阵列"之意。

磁盘阵列能通过磁盘数据镜像实现数据冗余，在成对的独立磁盘上产生互为备份的数据。当原始数据繁忙时，可直接从镜像拷贝中读取数据，因此 RAID 提供了很高的数据安全性和可用性。当一个磁盘失效时，系统可以自动切换到镜像磁盘上读写，而不需要重组失效的数据。

10.2.3　网络软件系统的安全

网络软件系统的安全，主要是保护网络系统不被非法侵入、系统软件与应用软件不被非法复制和篡改。

为了保证网络软件系统的安全，只允许被授权的合法用户按照被授予的合法权限对网络进行合法的操作。因此，为保证网络软件系统的安全，应采用以下几种网络安全措施：

（1）网络设施的管理

只有被授权的网络管理员（administrator）才能进行网络管理和网络维护的操作。任何与网络管理无关的人员不能接近网络设备，尤其是用于重要信息处理的网络管理更要坚持安全规范。

网络的安全管理在网络安全中占有很重要的地位。在网络管理体系中，网络安全要始终贯彻"三分技术、七分管理"的理念。除了提高网络的安全技术之外，加强网络管理也受到了世界各国的重视。例如美国 TCSEC 橘皮书规定了计算机系统安全评估的第一个正式标准，另外在 2000 年 12 月，国际标准化组织公布了"ISO/IEC 17799 信息安全管理业务规范"国际标准。这些标准现已成为世界各国网络安全管理的指南。

（2）访问控制

客户必须经过用户身份认证（通过用户名、密码）才能对网络资源进行访问，用户只能用合法的权限访问网络资源。

（3）病毒防治措施

对计算机网络软件系统威胁最大的是计算机网络病毒，因为计算机网络病毒攻击的对象就是计算机网络软件的可执行程序。为了网络安全，不被计算机网络病毒侵害，网络系统都要安装防计算机网络病毒的软件，也可安装专门的防病毒设备。同时要规定严格的网络操作的规章制度，严禁使用来历不明的移动硬盘或 U 盘，杜绝使用来历不明的网络应用软件和控件。只有这样才能阻止计算机网络病毒的传播和对网络系统软件的感染。

（4）严防黑客入侵

黑客是专门攻击网络的非法用户，是专门入侵他人系统进行不法行为的计算机高手。黑客最早源自英文 hacker，早期在美国的电脑界是带有褒义的。但在媒体报道中，黑客一词往往指那些"软件黑客"（software hacker）。

黑客们熟习计算机和计算机网络技术。他们会入侵、扫描、破坏网络系统。常用以下网络安全技术防止黑客入侵：

①使用防火墙，拦截外部网络对内部网络的非法访问。

②使用系统内部安全技术（漏洞扫描、入侵检测、安全审计），及时发现和有效地阻止黑客的入侵。

③建立备份恢复系统，一旦系统遭到黑客破坏，及时使用备份系统进行恢复。

（5）网络应用软件的审计

网络应用软件是按照用户需求来开发的。系统开发完成后需要进行软件功能的测试和安全审计，以保证网络应用软件的正确性和安全性。

网络应用软件必须经过授权的人员维护，对软件的维护需要进行安全监督和安全审计，避免由系统维护带来的安全隐患。

10.3　网络信息安全技术

网络信息安全是网络安全的核心，只有保证了网络信息的安全，计算机网络才有意义。信息的安全主要包括数据的安全存储、安全传递、信息的完整性、真实性和不可否认性，以及身份认证与访问控制。

网络信息的安全是建立在密码学基础上的。密码学是研究数据的加密、解密和认证的学科，主要包括加密技术、认证技术和安全传输协议以及对用户身份的认证与访问控制技术。

10.3.1　加密技术

所谓数据加密（data encryption）技术是指信息的发送方，将一个信息（或称明文，plain text）经过加密"密钥"（encryption key）及加密函数转换，变成无法读懂的密文（cipher text）。而接收方则将此密文经过解密函数、解密"密钥"（decryption key）还原成原文（也称明文）。

加密技术分为两类：对称加密技术和非对称加密技术。

（1）对称加密技术

对称加密技术又称私钥或共享密钥加密技术，即信息的发送方和接收方用同一个密钥去加密和解密数据。它的最大优势是加密、解密速度快，适合于对大数据量进行加密/解密运算。对称加密技术的密钥管理一定要安全可靠，如果要交换密钥，必须要求信道绝对安全。

（2）非对称加密技术

非对称加密技术又称公钥加密技术，该加密方法使用一对密钥来分别完成加密和解密操作。其中一个是公开发布的密钥（称公钥），另一个是由用户自己秘密保存的密钥（称私钥）。

非对称加密技术的信息交换的过程如下：

● 甲方生成一对密钥，并将一个称为公钥的密钥向乙方公开，得到公钥的乙方使用公钥对信息进行加密后发送给甲方。

● 甲方收到加密的信息后，用自己保存的私钥对加密信息进行解密。

非对称加密技术用于解密的私钥不同于加密的公钥，于是不需要一个安全通道来交换密钥。

10.3.2　认证技术

认证技术是用电子手段证明发送者和接收者身份的正确性和文件完整性的技术，即确认双方的身份以及交换的信息在传送或存储过程中未被篡改过。所涉及的内容包括以下三个方面：

（1）散列函数与散列值

散列函数又称为哈希函数（Hash function）或杂凑函数，它是对数据创建数据"指纹"的运算方法。散列函数能将任意长的消息作为输入，并产生固定长的输出，这个输出称为散列值（也称为消息摘要或指纹）。

当数据不同时，散列函数运算得到的散列值就会不同。通过验证散列值是否相同，就能检验数据是否被篡改和数据是否完整。散列函数一是用于消息和文件的完整性检验，二是用于数字签名。

（2）数字签名

数字签名也称电子签名，如同出示手写签名一样，能起到电子文件认证、核准和生效的作用。

数字签名是把散列函数和公开密钥加密算法结合起来的一种电子签名技术，它由发送方的签名过程和接收方的验证过程构成。

数字签名机制提供了一种信息的完整性和真实性的鉴别方法，以解决信息在传输的过程中可能发生的伪造、抵赖、冒充和篡改等问题。

（3）数字证书

数字证书是把公钥和实体（个人、组织、系统）绑定在一起的电子数据。对个人而言，数字证书相当于身份证，它可以证名一个人的身份，同时还能表明个人信息的真实性。

实际上数字证书是一个经证书授权中心数字签名的电子数据文件，该文件包含公钥拥有者的身份信息和公钥本身。

数字证书由以下几部分构成：

● 用户公钥。

- 公钥所有者的用户身份标识。
- 被信任的第三方签名。

第三方一般是用户信任的证书权威机构（CA），如政府部门或其他管理机构。

证书的作用有两点：一是它们宣示了拥有某一公钥的用户或实体的真实性和合法性；二是数字证书还可以用于认证和授权，也就是说用于网络资源的访问控制。

目前主要有两种格式的数字证书：X.509 证书和 PGP 证书。

◀‖复习思考题‖▶

简答题

1. 维护网络硬件系统安全有哪几项措施？
2. 保证网络软件系统安全措施有哪几项？
3. 网络信息安全的主要技术是什么？

第十一章 实验指导

实验一 Packet Tracer 创建连接仿真网络

实验课时：2课时。

实验目的：

练习 Cisco Packet Tracer 仿真软件的操作，为后续网络实验的仿真实验操作奠定一个良好的基础。

实验环境：安装有 Cisco Packet Tracer 仿真软件的计算机实验室（尽可能是以太网）。

实验内容：按照图 11-1，在 Cisco Packet Tracer 窗口的工作区创建网络的仿真图。

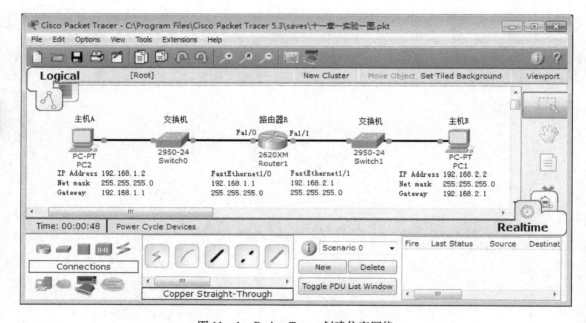

图 11-1 Packet Tracer 创建仿真网络

创建方法：参阅附录 B 网络模拟软件 Packet_ Tracer

实验步骤：

STEP 1 在工作区绘制路由器 Router12620XM、交换机 Switch0 2950-24、交换机 Switch1 2950-24、PC-PT/PC1、PC-PT/PC2。

STEP 2 选择直通双绞线"Copper Straight-Through"，按照图连接网络各设备（网线的连接接口按图 11-2 选择）。

STEP 3 按图 11-1 所示，在设备上标注相应的文字。

主机A	网络1 Swtch0	路由器R	网络2 Swtch1	主机B
Fa——Fa0/2	Fa0/1——Fa1/0	Fa1/1——Fa0/1	Fa0/2——Fa	

图 11 - 2　网络设备连接接口选择

STEP 4 将图按图 11 - 1 的方式排列整齐。

STEP 5 保存在工作区创建的仿真网络图，文件名为"学号 + 姓名"。将保存的文件上传到服务器。

实验总结：通过创建仿真网络图，你对"网络模拟软件 Packet_ Tracer"的应用感觉如何？

课外作业：填写实验报告。

实验二　双绞线制作

实验课时：2 课时。

实验目的：

掌握双绞线的制作方法，体验双绞线的制作过程，培养学生的动手能力。

实验工具：网线测试器一个、双绞线制作钳一把。

实验材料：四类或五类双绞线、RJ - 45 水晶头。

实验原理：双绞线布线标准（表 11 - 1，参考本教材 3.2.1 双绞线网线的制作）。

表 11 - 1　双绞线布线标准

标　准	线　序							
	1	2	3	4	5	6	7	8
EIA/TIA - 568A	绿白	绿	橙白	蓝	蓝白	橙	棕白	棕
EIA/TIA - 568B	橙白	橙	绿白	蓝	蓝白	绿	棕白	棕

实验内容：制作双绞线一根（制作类型自选——直通或交叉）。

实验步骤：

1. 制作直通双绞线（或交叉双绞线）一根。
2. 用网线测试器测试网线的通断情况，并做好测试记录（填于表 11 - 2 中）。

表 11 - 2　双绞线测试记录

测试项目	测试结果
双绞线制作类型（直通或交叉）	
双绞线布线标准（568A 或 568B）	
测试双绞线类型（直通或交叉）	
双绞线通和断情况（通或不通）	
双绞线制作过程自评（满分 100）	

实验总结：成功制作双绞线的经验有哪三点？

课外作业：填写实验报告。

实验三　文件共享设置

实验课时：2 课时。

实验目的：掌握文件共享及共享权限的设置方法，体验网络的资源共享功能。

实验环境：计算机局域网实验室（安装有 Windows 7 或 Windows XP 系统的 PC 机 60 台）。

实验原理：参考本教材 3.2.2 单集线器构成的简单以太网——（2）基本网络服务、二、在网络上共享驱动器或文件夹。

实验内容：两人一组、每人一台 PC 机，完成文件夹共享设置和共享文件的下载实验。

（一）选择一台计算机作为文件服务器 PC1，进行如下操作：

STEP 1 打开"网络和共享中心"窗口→单击"选择家庭组和共享选项"→选择"更改高级共享设置"→选择"启用密码保护共享"。

STEP 2 在 PC1 的 D 盘（或 E 盘）创建共享目录，目录名为"学号"+"共享目录"。并将 C 盘库中的三张图片（∗.JPG）文件拷入"共享目录"。

STEP 3 创建"实验"用户账户，账户名为"学号"+"test"（不设口令）。

STEP 4 为"共享目录"添加"实验"用户账户。

STEP 5 设置"高级共享"，共享用户数量限制为 20（可以修改共享名），将实验用户账户的权限设置为"读取"。

STEP 6 设置文件属性的 NTFS 文件"安全"的用户权限为完全控制或读取（NTFS 文件系统设置此步骤）。

（二）用另一台计算机作为共享文件服务器的客户机 PC2，进行如下操作：

STEP 1 创建"实验"用户账户，账户名为"学号"+"test"（必须与服务器创建的账户名相同，不设口令）。

STEP 2 重启客户机，用实验账户登录。下载文件服务器 PC1 中共享图片到桌面。

（三）在文件服务器 PC1 上添加系统用户账户，客户机 PC2 用任一账户名登录，重复上述操作：

STEP 1 在 PC1 上激活来宾账号"Guest"，并添加到共享目录中，客户机用任一账户名登录，重复上述实验。

STEP 2 为共享目录添加组账户"Everyone"，客户机用任一账户名登录，重复上述实验。

STEP 3 为共享目录添加管理员组账户"Administrators"或管理员账户"Administrator"，客户机用任一账户名登录，重复上述实验。

实验操作：

STEP 1 共享文件夹设置的重点，右击"共享文件夹"→选择"属性"命令。在这里可添加用户到共享文件夹，为用户设置共享权力及其他。

STEP 3 客户机操作重点，单击桌面"开始"，选择"计算机"命令。在这里可以查看或下载共享文件或文件夹。

实验总结：

1. 怎样保护共享文件的安全？

2. 系统保留的用户账户能否保护共享文件的安全？

课外作业：填写实验报告。

实验四　交换机级联

实验课时：2课时。

实验目的：掌握扩展交换式以太网规模和主机 IP 地址的配置的方法，练习网络连通性测试 ping 命令的用法。

实验环境：

1. 分组实验，每组需要实验设备为 2950－24 三台、PC 机 3 台、直通网线 3 根、长度小于 5m 的交叉网线 2 根（用于交换机的级联）。

2. 可选用 Packet Tracer 仿真软件进行模拟仿真实验。

实验原理：参见 3.3.3 交换式以太网

实验内容：

1. 按照图 11－3 组建网络，并完成配置各主机的 IP 地址。

2. 用 ping 命令，进行连通性测试。

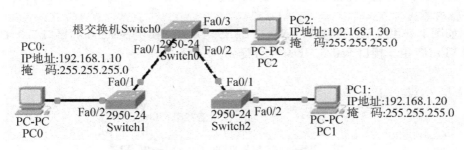

图 11－3　交换机级联扩展

实验步骤：

STEP 1 按照图 11－3 连接网络（如果是用 Packet Tracer 仿真软件实验环境，并完成图中各项参数的标注）。

STEP 2 按照图 11－3 标注的地址，设置各主机的 IP 地址（方法：TCP/IP 属性对话框中配置）。

STEP 3 用 ping 命令，在主机 PC0 上分别用 ping 对 PC1 和 PC2 进行连通性测试，测试结果填入表 11－3 中。

表 11 - 3　交换机级联连通性测试记录表

测试主机	命令	测试结果（通/不通）
PC0—PC1	ping 192.168.1.20	
PC0—PC2	Ping 192.168.1.30	

实验总结：

1. 如何扩展交换式以太网规模？

2. 什么因素限制了交换式以太网扩展的地域范围？

课外作业：填写实验报告。

实验五　单交换机的 VLAN 配置

实验课时：2 课时。

实验目的：掌握单交换机的静态 VLAN 配置方法。

实验环境：

1. 分组实验，每组需要实验设备为 2950 - 24 一台，PC 机 5 台（其中一台可执行超级终端仿真命令），直通网线 4 根、交换机控制台端口 Console 专用配置线缆 1 根。

2. 可选用 Packet Tracer 仿真软件进行模拟仿真实验。

实验原理：

参见 4.3.3　单交换机的静态 VLAN 的配置。

实验内容：

1. 如图 11 - 4 所示，创建 VLAN3、VLAN5。并将交换机 Switch0 的接口 Fa0/1、Fa0/2 分配到 VLAN3 中，接口 Fa0/3、Fa0/4 分配到 VLAN5 中。

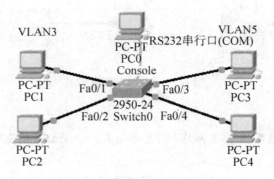

图 11 - 4　VLAN 配置连接

2. 配置主机 PC1、PC2、PC3、PC4 的 IP 地址。

PC1：IP 地址 192.168.0.10　　掩码 255.255.255.0

PC2：IP 地址 192.168.0.20　　掩码 255.255.255.0

PC3：IP 地址 192.168.0.30　　掩码 255.255.255.0

PC4：IP 地址 192.168.0.40　　掩码 255.255.255.0

3. 查看 VLAN 配置情况。

4. 用 ping 命令测试 4 台主机的连通性。

实验步骤：

（一）创建 VLAN

STEP 1 按图 11－4 连接实验网络。

STEP 2 在仿真终端 PC0 上执行"超级终端命令"登录交换机 Switch0。

STEP 3 用命令 Switch(config)#vlan n 创建 VLAN3、VLAN5。

STEP 4 用下面的命令将接口 Fa0/1、Fa0/2 分配到 VLAN3，接口 Fa0/3、Fa0/4 分配到 VLAN5。

Switch(config)#Interface 端口号

Switch(config－if)#switchport access vlan n

Switch(config－if)#exit

STEP 5 用 Switch#show vlan 命令查看 VLAN 配置信息。

（二）配置主机 IP 地址和掩码

按实验内容的要求，在 TCP/IP 对话框中配置主机 PC1、PC2、PC3、PC4 的 IP 地址和掩码。

（三）测试网络的连通性

STEP 1 在主机 PC1 中用 ping 命令分别对主机 PC2、PC3、PC4 的 IP 地址测试连通性，并记录在表 11－4 中。

表 11－4　VLAN 连通性测试记录表

测试主机	命令	测试结果（通/不通）	删除 VLAN 后的测试结果
PC1—PC2	ping 192. 168. 0. 20		
PC1—PC3	Ping 192. 168. 0. 30		
PC1—PC4	Ping 192. 168. 0. 40		

STEP 2 用命令 Switch(config)#no vlan n 删除 VLAN3 和 VLAN5，重复第 1 步并将测试结果登记在表 11－4 中。

实验总结：

1. VLAN3 和 VLAN5 是独立的两个子网吗？

2. 删除 VLAN 后的测试结果说明了什么？

课外作业：填写实验报告。

实验六　多交换机的 VLAN 配置

实验课时：2 课时

实验目的：掌握多交换机 VLAN 的配置方法，理解干线 trunk 的作用及标签的作用。

实验环境：

1. 分组实验，每组需要实验设备 2 台 2950－24 交换机、4 台 PC 机、1 根交叉双绞线、

2 根直通双绞线、交换机控制台端口 Console 专用配置线缆 2 根。

2. 可选用 Packet Tracer 仿真软件进行模拟仿真实验。

实验原理：参见 4.3.5　多交换机的 VLAN 配置举例

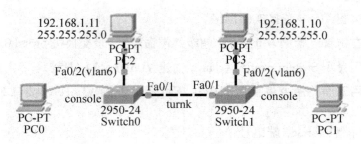

图 11－5　多交换机 VLAN 配置图

实验内容：

1. 如图 11－5 所示，在交换机 Switch0 和 Switch1 中创建 VLAN6。并将交换机 Switch0、Switch1 的接口 Fa0/2 分配到 VLAN6 中。

2. 连接交换机 Switch0、Switch1 的 Fa0/1 接口，创建干线 trunk。

3. 配置 VLAV6 的两台主机 PC2 和 PC3 的 IP 地址。

PC2：IP 地址 192.168.1.11　掩码 255.255.255.0

PC3：IP 地址 192.168.1.10　掩码 255.255.255.0

4. 查看 VLAN 配置情况。

5. 用 ping 命令测试 2 台主机的连通性。

实验步骤：

（一）Switch0、Switch1 创建 VLAN6

STEP 1 按图 11－5 连接实验网络。

STEP 2 在仿真终端 PC0 和 PC1 上执行"超级终端命令"分别登录交换机 Switch0、Switch1。

STEP 3 用命令 Switch（config）# vlan n 分别在交换机 Switch0、Switch1 中创建 VLAN6。

STEP 4 分别在两个交换机 Switch0、Switch1 上为 VLAN 6 分配成员接口 Fa0/2。

Switch（config）# interface Fa0/2

Switch（config－if）#switchport access vlan 6

（二）干线 trunk 配置

STEP 1 分别配置两个交换机上的主干端口（如本例接口 Fa0/1）为主干工作模式。

Switch（config）# interface Fa0/1

Switch（config－if）#no shutdown

Switch（config－if）#switchport mode trunk

STEP 2 分别在交换机 Switch0、Switch1 的接口 Fa0/1 指定主干端口封装标签。

Switch（config－if）#switchport trunk　encapsulation　isl　　　；802.1q 默认封装

STEP 3 用命令 Switch#show interface trunk 查看端口干线配置信息。

（三）连通性测试

STEP 1 按照实验内容的要求配置主机 PC2、PC3 的 IP 地址和掩码。

STEP 2 在主机 PC2 执行 ping 命令，测试主机 PC3 连通性。测试结果记入表 11－5中。

Ping 192. 168. 1. 10

STEP 3 用命令 Switch(config－if)#no switchport mode 删除干线 trunk 配置，重复上一步骤进行连通性测试。

表 11－5 VLAN 干线连通性测试记录表

测试主机	命令	测试结果（通/不通）	删除干线后的测试结果
PC2—PC3	ping 192. 168. 1. 10		

实验总结：总结干线在多交换机 VLAN 通信中的作用。

课外作业：填写实验报告。

实验七 子网 IP 地址的配置

实验课时：2 课时。

实验目的：掌握局域网子网 IP 地址配置的方法，了解网关地址的作用。

实验环境：

1. 分组实验，每组需要 2950－24 交换机 2 台、路由器 2620XM 一台、PC 机 6 台、直通网线 6 根、交换机和路由器控制台端口 Console 专用配置线缆 2 根。

2. 可选用 Packet Tracer 仿真软件进行模拟仿真实验。

实验原理：参见 5.2.4 子网编址实例

实验内容：

1. 按图 11－6 连接网络，按图中的标注配置各主机的 IP 地址、掩码、网关地址。

2. 测试网络的连通性。

实验步骤：

（一）网络的基本参数配置。

STEP 1 按图 11－6 创建网络。

STEP 2 用控制台 Console 端口专用电缆线连接一台 PC 机（仿真终端）到路由器，并登录路由器。

STEP 3 在仿真终端的命令行界面中，用下面的命令配置路由器接口的 IP 地址。

Fa1/0：Router(config－if)#ip address   192. 168. 1. 1   255. 255. 255. 0

Fa1/1：Router(config－if)#ip address   192. 168. 2. 1   255. 255. 255. 0

STEP 4 按图 11－6，在 PC 机的网络连接的 TCP/IP 属性对话框中，分别配置子网一（192. 168. 1. 0）PC1－1、PC1－2、PC1－3 主机的 IP 地址、掩码和网关地址；分别配置子网二（192. 168. 2. 0）PC2－1、PC2－2、PC2－3 主机的 IP 地址、掩码和网关地址。

计算机网络技术

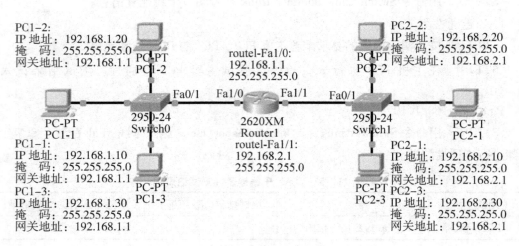

图 11-6　IP 地址配置网络

（二）网络的连通性测试，测试结果填入表 11-6 中。

STEP 1 在网络的 PC1-1 机上，用 ping 命令分别测试网络中的其他每一台 PC 机的连通性。

STEP 2 删除 PC1-1 主机的网关地址，重复进行上一步骤进行连通性测试。

表 11-6　网络连通性测试记录表

测试主机	命令	测试结果（通/不通）	无网关地址的测试结果
PC1-1—PC1-2	ping 192.168.1.20		
PC1-1—PC1-3	Ping 192.168.1.30		
PC1-1—PC2-1	Ping 192.168.2.10		
PC1-1—PC2-2	Ping 192.168.2.20		
PC1-1—PC2-3	Ping 192.168.2.30		

实验总结：

1. 子网 IP 地址的配置规律。

2. 路由器网关地址的配置和主机网关地址的作用。

课外作业：填写实验报告。

实验八　静态路由配置

实验课时：2 课时。

实验目的：掌握路由器静态路由记录的配置。

实验环境：

1. 分组实验，每组需要 2950-24 交换机 2 台、路由器 2620XM 2 台、PC 机 2 台、直通网线 4 根、串行口线缆 1 根、路由器控制台端口 Console 专用配置线缆 2 根。

2. 可选用 Packet Tracer 仿真软件进行模拟仿真实验。

实验原理：参见 7.4.4 路由选择功能的配置 一、静态路由配置命令

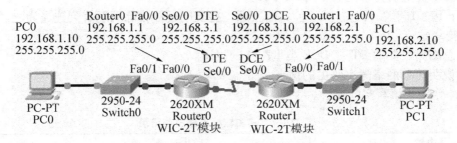

图 11 - 7　IP 静态路由配置

实验内容：

1. 按照图 11 - 7 连接网络，并按照图中的标注配置各端口的 IP 地址及其掩码。

2. 按图 11 - 7 的标注，配置路由器 Serial 串行口 DTE、DCE 类型。

3. 配置路由器的静态路由。

4. 显示静态路由表。

5. 测试网络的连通性。

实验步骤：

（一）连接网络并设置参数

STEP 1 按图 11 - 7 的标注配置路由器接口的 IP 地址和掩码，配置 PC 机的 IP 地址和掩码。

STEP 2 配置路由器串行口 Serial 的 DTE、DCE 类型。

Router0 接口 Se0/0 的 DTE 类型配置命令：

RouterA（config）#interface Se0/0　　　　　；指定接口 s0

RouterA（config – if）#ip　address　192. 168. 3. 1　255. 255. 255. 0

RouterA（config – if）#no shutdown　　　　　；启动接口

Router1 接口 Se0/0 的 DCE 类型配置命令：

RouterB（config）#interface Se0/0　　　　　；指定接口 s0

RouterB（config – if）#ip　address　192. 168. 3. 10　255. 255. 255. 0

RouterB（config – if）#clock rate 9600　　　　；DCE 端必须配置同步时钟速率

RouterB（config – if）#no shutdown　　　　　；启动接口

（二）静态路由配置

STEP 1 配置 Router0 静态路由。

Router0 静态路由配置：

Router（config）#ip route　192. 168. 2. 0　255. 255. 255. 0　192. 168. 3. 10

Router1 静态路由配置：

Router（config）#ip route　192. 168. 1. 0　255. 255. 255. 0　192. 168. 3. 1

STEP 2 查看路由器 Router0、Router1 的静态路由表，并将结果记录在表 11 - 7 中。

Router#show ip route

（三）测试网络的连通性

在 PC0 机上执行下列命令（ping PC1）：

Ping 192.168.2.10   ；若不通，检查问题并排除问题直到连通为止。

实验总结：

1. 总结路由器的 DTE、DCE 类型配置的规律。

2. 说明简单网络静态路由的优点。

课外作业：填写实验报告。

表 11 – 7　路由器静态路由表记录

路由器	路由记录
Router0	
Router1	

实验九　动态路由协议 RIP 配置

实验课时：2 课时。

实验目的：掌握动态路由协议配置的方法，体验在复杂网络中应用动态路由的优越性。

实验环境：

1. 分组实验，每组需要 2950 – 24 交换机 3 台、路由器 2621XM 3 台、PC 机 3 台、直通网线 9 根、路由器控制台端口 Console 专用配置线缆 3 根。

2. 可选用 Packet Tracer 仿真软件进行模拟仿真实验。

实验原理：参见 7.4.4 路由选择功能的配置　二、动态路由协议配置

实验内容：

1. 如图 11 – 8 所示，按照图中的标注配置各路由器接口的 IP 地址，配置各 PC 机的 IP 地址及网关地址。

2. 配置路由器的动态路由协议 RIP。

3. 查看各路由器的路由表。

4. 连通性测试。

实验步骤：

（一）连接网络并设置参数。

STEP 1　按图 11 – 8 连接网络。

STEP 2　按照图中的标注配置路由器接口的 IP 地址和掩码，配置 PC 机的 IP 地址、掩码和网关地址。

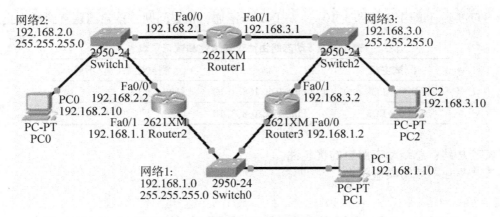

网络2:
192.168.2.0
255.255.255.0
2950-24
Switch1

Fa0/0
192.168.2.1

Fa0/1
192.168.3.1

2621XM
Router1

网络3:
192.168.3.0
255.255.255.0
2950-24
Switch2

PC0
192.168.2.10
PC-PT
PC0

Fa0/0
192.168.2.2

Fa0/1 2621XM
192.168.1.1 Router2

Fa0/1
192.168.3.2

2621XM Fa0/0
Router3 192.168.1.2

PC2
192.168.3.10
PC-PT
PC2

网络1:
192.168.1.0
255.255.255.0

2950-24
Switch0

PC1
192.168.1.10
PC-PT
PC1

图 11 - 8　动态路由协议 RIP 配置

（二）用下面的命令配置路由器的动态路由协议 RIP。

Router1：Router(config)#route RIP
　　　　 Router(config – route)#network 192. 168. 2. 0
　　　　 Router(config – route)#network 192. 168. 3. 0
Router2：Router(config)#route RIP
　　　　 Router(config – route)#network 192. 168. 1. 0
　　　　 Router(config – route)#network 192. 168. 2. 0
Router3：Router(config)#route RIP
　　　　 Router(config – route)#network 192. 168. 1. 0
　　　　 Router(config – route)#network 192. 168. 3. 0

（三）用 Router#show ip route 命令查看每个路由器的路由表，并记录在表 11 – 8 中。

表 11 – 8　路由器动态路由表记录

路由器	路由记录
Router1	
Router2	
Router3	

（四）测试网络的连通性。

在 PC0 机上执行下列命令，测试网络的连通性并记录在表 11 – 9 中。

STEP 1　Ping 192. 168. 1. 10　　　；PC1 若不通，检查问题并排除问题直到通为止。

计算机网络技术

STEP 2 Ping 192.168.3.10　　　；PC2 若不通，检查问题并排除问题直到通为止。

表 11-9　动态路由协议连通性测试记录表

测试主机	命令	测试结果（通/不通）
PC0—PC1	ping 192.168.1.10	
PC0—PC2	Ping 192.168.3.10	

实验总结：总结动态路由的优越性。
课外作业：填写实验报告。

实验十　基础设施 AP 点无线网基本配置的仿真实验

实验课时：2 课时。
实验目的：掌握无线网组网的基本方法。
实验环境：
1. 分组实验，Link – WR300N 无线路由器 1 台、具有无线网卡的 PC 机 3 台。
2. 用 Packet Tracer 仿真软件进行模拟仿真实验。
实验原理：9.3.3　无线宽带路由器的配置
实验内容：
1. 在 Cisco Packet Tracer 窗口中按图 11-9a 创建无线网。
2. 查看无线路由器的默认参数：DHCP server、LAN 口 IP 地址、无线参数 SSID、安全协议和口令配置。
3. 查看无线网客户机的 IP 地址和网关地址、无线参数 SSID 和口令配置。
4. 修改默认无线参数，观察无线网的连通性（此项内容选作）。

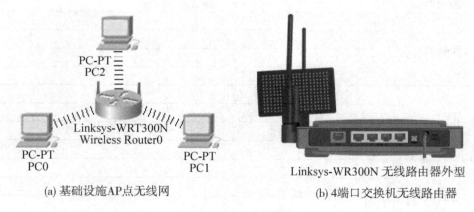

(a) 基础设施AP点无线网　　　(b) 4端口交换机无线路由器

图 11-9　无线网创建

实验步骤：
（一）在 Cisco Packet Tracer 窗口中按图 11-9a 创建无线网。
STEP 1 在无线设备库 Wireless Devices 选择无线路由器 Linksys – WR300N。

STEP 2 在客户定制设备库 Custom Made Devices 中选择 3 台 PC 机 Generic(有无线接口)。

(二)查看无线路由器的默认参数：DHCP server、LAN 口 IP 地址、无线参数 SSID、安全协议、口令和数据加密标准。

STEP 1 查看 DHCP server 默认的地址池。

操作：双击路由器→GUI 选项卡中查看，并填入表 11 – 10 中。

STEP 2 查看 LAN 口 IP 默认地址。

操作：双击路由器→Config 选项卡，单击"LAN"按钮。查看并填入表 11 – 10 中。

STEP 3 查看无线参数：SSID、客户机认证标准、数据加密标准。

操作：双击路由器→Config 选项卡，单击"Wireless"按钮。查看并填入表 11 – 10 中。

(三)查看无线网客户机的 IP 地址和网关地址、无线参数 SSID 和口令配置。

STEP 1 查看无线站点 PC0、PC1、PC2 的 IP 地址和网关地址，并填入表 11 – 11 中。

操作：双击 PC 站点→Desctop 选项卡，单击"IP Configuration"工具。

STEP 2 查看无线网各站点的无线参数 SSID、安全协议、口令和数据加密标准，并填入表 11 – 11 中。

操作：双击 PC 站点→Config 选项卡，单击"Wireless"按钮。

表 11 – 10　无线路由器配置的主要默认 IP 参数和默认无线参数

查看参数	默认参数值		
DHCP server 地址池			
LAN 口 IP 地址、掩码			
默认无线参数	SSID	认证标准 WEP/WPA/WPA2	
	数据加密标准		

表 11 – 11　各 PC 站点的 IP 地址和掩码、默认无线参数

查看站点默认参数	默认参数值		
PC0 IP 地址、掩码			
PC0 默认无线参数	SSID	认证标准 WEP/WPA/WPA2	
	数据加密标准		
PC1 IP 地址、掩码			
PC1 默认无线参数	SSID	认证标准 WEP/WPA/WPA2	
	数据加密标准		
PC2 IP 地址、掩码			
PC2 默认无线参数	SSID	认证标准 WEP/WPA/WPA2	
	数据加密标准		

(四)修改默认无线参数，观察无线网的连通性(选作项)。

实验总结：

1. 比较 DHCP 地址池的 IP 地址范围和 PC 站点的 IP 地址的对应情况。

2. 比较无线路由器的主要无线参数和各站点的主要无线参数的一致性。

课外作业：填写实验报告。

附录 A　复习思考题参考答案

第一章

一、填空题
1. 计算机网络　　2. 覆盖区域　　3. 同步　　4. 基带信号
5. 异步传输　　6. 差分　　7. 调频　　8. 频移
9. 资源　　10. 路由　　11. 封装　　12. UDP 用户数据报

二、单项选择题
1. B　　2. A　　3. D

第二章

一、填空题
1. 总线型　　2. 双绞线　　3. 介质争用型　　4. MAC
5. 准直接交换　　6. 以太网　　7. 广播域

二、单项选择题
1. D　　2. C

第三章

一、填空题
1. 100m　　2. CPU　　3. 以够用　　4. 集线器端口
5. 端口速率　　6. 多端口并发　　7. 独享

二、单项选择题
1. C　　2. B

第四章

一、填空题
1. 地址学习　　2. 有效　　3. 逻辑　　4. 物理位置　　5. 无环路　　6. 阻塞

二、单项选择题
1. A　　2. C　　3. D

第五章

一、填空题
1. 网络层　　2. 物理　　3. 网络地址　　4. A、B、C、D、E

5. NAT　　　6. 网络地址　　　7. 网络地址　　　8. 更小　　　9. 超网化

二、单项选择题

1. A　　2. B

第六章

一、填空题

1. 协议数据单元　　　2. 应用层　　　3. 网络资源　　　4. 并发
5. 端口号　　　6. 面向连接　　　7. 三次　　　8. 窗口
9. 屏蔽　　　10. IP　　　11. 有效性　　　12. 抛弃
13. 目的地　　　14. 拥塞　　　15. 最大努力　　　16. 驱动
17. MAC　　　18. 物理层　　　19. 物理层　　　20. 协议类型

二、单项选择题

1. A　2. A　3. C　4. D　5. B　6. A

第七章

一、填空题

1. 路由器　　　2. 路由选择信息　　　3. 默认路由　　　4. 静态路由
5. 路由可信度　　　6. 阻止逆向路由

二、单项选择题

1. C　　2. C　　3. D　　4. C　　5. B

第八章

一、填空题

1. 远程通信系统　　　2. 非对称　　　3. 同步光纤　　　4. 同步数字系列
5. 抗干扰能力强　　　6. 一　　　7. 一　　　8. 接入方式
9. 局域网　　　10. 同步串行数据　　　11. 多协议　　　12. ppp 帧信息

二、单项选择题

1. C　　2. B　　3. A

第九章

一、填空题

1. 直射　　　2. ISM　　　3. 距离的平方　　　4. 立体的环状
5. 方向性强　　　6. 2.45　　　7. 冲突避免　　　8. 隐藏终端

二、单项选择题

1. A　　2. C

249

附录 B 网络模拟软件 Packet Tracer

Packet Tracer 是由 Cisco 公司发布的一个网络辅助学习工具，是 Cisco 公司为学习思科网络课程的初学者学习设计、配置、排除网络故障提供的网络模拟环境。Packet Tracer 是一个具有可视化的、能协同工作的，并且能够对学习成绩进行评估的集成模拟系统。Packet Tracer 依据网络设备模型和协议模型能够实现所有的网络仿真实验，并且支持学生和教师在构建网络的工作过程中进行可视化的动画模拟。用户可以在软件的图形用户界面上直接使用拖曳方法创建网络拓扑模拟图，并可直接模拟演示数据包在网络中传输的详细处理过程和观察网络的实时运行情况。学生可以通过 Packet Tracer 系统学习 IOS 的配置命令，锻炼网络故障的排查能力。目前最新的版本是 Packet Tracer 6.0，它支持 VPN、AAA 认证等高级配置。

一、Packet Tracer 界面概述

打开 Cisco Packet Tracer 模拟软件时，其默认的工作界面如附图 1 所示。实际上 Packet Tracer 最初的界面由 10 部分构成，附表一详细描述了每个区域的功能。

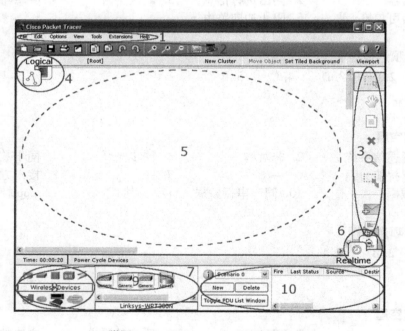

附图 1 Packet Tracer 5.0 基本界面

附表一　Packet Tracer 界面的组成部分

界面区域	区域名称	功　　能
1	菜单栏	此栏中有文件、选项和帮助按钮，我们在此可以找到一些基本的命令如打开、保存、打印和选项设置，还可以访问活动向导
2	主工具栏	此栏提供了文件按钮中命令的快捷方式，我们还可以点击右边的网络信息按钮，为当前网络添加说明信息
3	常用工具栏	此栏提供了常用的工作区工具，包括：选择、整体移动、备注、删除、查看、添加简单数据包和添加复杂数据包等
4	逻辑/物理工作区转换栏	我们可以通过此栏中的按钮完成逻辑工作区和物理工作区之间的转换
5	工作区	此区域中我们可以创建网络拓扑，监视模拟过程，查看各种信息和统计数据
6	实时/模拟模式转换栏	我们可以通过此栏中的按钮完成实时模式和模拟模式之间的转换
7	网络设备库	该库包括设备类型库和特定设备库
8	设备类型库	此库包含不同类型的设备如路由器、交换机、HUB、无线设备、连线、终端设备和网云等
9	特定设备库	此库包含不同设备类型中不同型号的设备，它随着设备类型库的选择级联显示
10	用户数据包窗口	此窗口管理用户添加的数据包

二、创建模拟网络拓扑图形

附图 2 是本教材中第七章的图 7－1 网络互联实例，附图 3 所示的正是在 Cisco Packet Tracer 的工作区创建的附图 2 中所展示的"网络互联实例"的模拟网络拓扑图形。

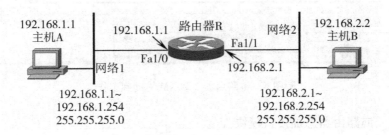

附图 2　本教材图 7－1 网络互联实例

本文以附图 2 中的网络互联实例为基础，介绍在 Cisco Packet Tracer 工作区创建模拟网络拓扑图形的方法和步骤。

1. 在工作区添加路由器 2620XM。

计
算
机
网
络
技
术

操作步骤如下：

STEP 1 添加路由器到工作区。

在设备类型库选择路由器类（Routers），在特定设备库选择路由器2620XM型，将路由器拖动到工作区位置（如附图4所示），读者也可用点击法添加路由器。

STEP 2 添加备注文字"路由器R"。

首先单击（选择）备注标签，再单击路由器上方添加文字"路由器R"（如附图4所示）。

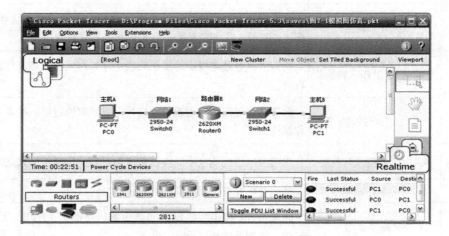

附图3　附图2中网络互联实例的模拟拓扑图

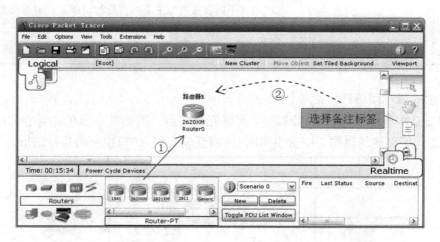

附图4　将路由器2620XM拖动到工作区

STEP 3 向路由器添加接口模块。

默认的仿真路由器2620XM只有一个以太网接口FastEthenet0/0（如附图5所示），为了增加以太网接口的数量，需要向路由器扩展槽中添加新的以太网接口模块。添加过程如下：

●双击附图4工作区中的路由器R（2620XM），弹出路由器配置对话框（如附图5所示）。

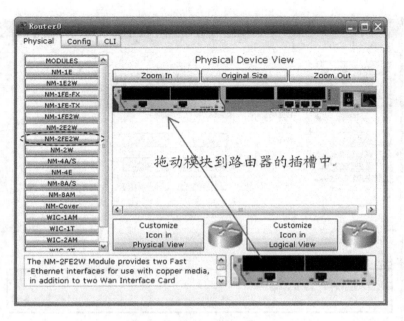

附图5　路由器配置对话框

● 在附图 5 的路由器配置对话框的物理（Physical）选项卡中单击选择模块 NM－2FE2W，单击仿真路由器的电源开关关闭电源，将选择的模块拖动到路由器的插槽中（slot），然后单击仿真路由器的电源开关打开电源。其拖动过程按附图 5 中的箭头线所指示的方向进行。

● 添加的新模块为路由器增加了两个以太网接口 FastEthenet1/0 、FastEthenet1/1（如附图 6 所示）。

单击附图 5 中的 Config 配置选项卡弹出对话框（附图 6），通过路由器的配置选项卡 Config，可以看到新增模块提供的两个快速以太网接口 FastEthernet1/0 和 FastEthernet1/1。添加新的物理模块要根据仿真网络设备的实际配置，如果原仿真设备提供的物理部件够用，则无须添加。

2. 在 Cisco Packet Tracer 工作区添加附图 2 网络互联实例中的其他设备。

用添加路由器相同的方法，在 Cisco Packet Tracer 工作区添加其他网络设备。

● 为构建附图 2 中的网络 1 和网络 2，在工作区增加两台交换机 2950－24（如附图 7 所示）。

● 用两台计算机 PC－PT 作为附图 2 中的主机 A 和主机 B。

● 在设备的上方相应地添加备注文字。

● 可通过鼠标拖动工作区中的设备和备注文字，使图中的各部件排列整齐。

以上设备不需添加物理模块。

3. 添加仿真网线。

向工作区的网络模拟图中添加网线，其方法与添加网络仿真设备类似（如附图 8 所示）。操作步骤如下：

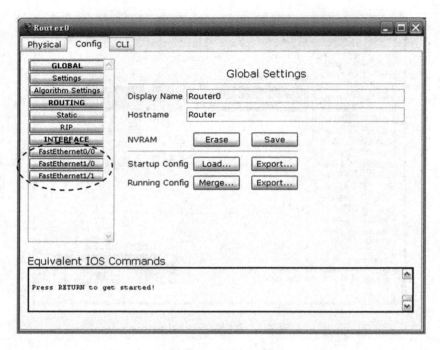

附图6　路由器的配置标签

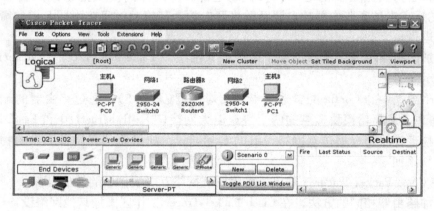

附图7　工作区中的其他网络设备

STEP 1 首先在设备类型库中选择网络连接线库（Connections）。

在网线库中通过单击的方法选择直通双绞线（Copper Straight – Through）。网线库中的图标 依次是自动选择连接类型（Automatically Choose Connection Type）、控制台连接线缆（Console）、直通双绞线（Copper Straight – Through）、交叉双绞线（Copper Cross – Over）、光纤（Fiber）、电话线（Phoneline）、同轴线（Coaxial）、串行口线缆数字通信端口（Serial DCE）、串行口线缆数据终端端口（Serial DTE），本例中只需要选择直通双绞线（Copper Straight – Through）。

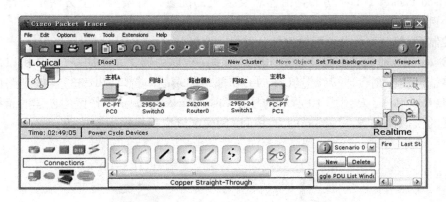

附图8　选择网线连接网络设备

STEP 2 在附图 8 中单击第一连接设备→单击选择接口（接口对话框是在单击设备时自动弹出的），单击第二连接设备→单击选择接口，随后两设备间的网络连接线路成功连接。

例如，在连接网络 1 到路由器 R 时，选择的两个连接接口是交换机接口 FastEthernet0/1（Fa0/1）和路由器接口 FastEthernet1/0（Fa1/0）。本例中各设备连线接口的选择如附图 9 所示。

主机A	网络1 Switch0	路由器R	网络2 Switch1	主机B
Fa——Fa0/2	Fa0/1——Fa1/0	Fa1/1——Fa0/1	Fa0/2——Fa	

附图9　网络设备连接接口

STEP 3 链路连通状态指示"点"。

附图 8 中线缆两端由不同颜色的圆点表示链路的连通状态，其意义如附表二所示。

附表二　链路连通状态

线缆两端圆点的颜色	链路连通状态
亮绿色	物理连接准备就绪，链路状态为通
闪烁的绿色	连接激活
红色	链路连接不通、无信号（参数配置不当）
黄色	交换机端口处于"阻塞"状态

线缆两端圆点的不同颜色将有助于我们进行网络的连通性的检测或故障排除。

三、工作区中模拟网络设备的配置

在本例中，主要对图中的路由器、交换机、主机 A 和主机 B 进行配置，配置的主要参数是附图 2 中所示的 IP 地址及子网掩码。

（1）仿真路由器、交换机的两种配置方法。

对 Cisco Packet Tracer 仿真路由器和交换机的配置，有两种配置方法可选择。下面以路由器为例，分别介绍这两种不同的配置方法。

　　①控制台端口（Console）配置方法。

　　在 Cisco Packet Tracer 窗口的工作区，添加一台路由器，并添加一台 PC 机以仿真实际的超级终端。用控制台连接线缆（Console）将超级终端的串行口（RS232）连接到路由器的控制台端口（Console）。如附图 10 所示的是在 Cisco Packet Tracer 工作区中创建的超级终端配置路由器的模拟连接图，用同样的方法可以创建配置交换机模拟连接图。

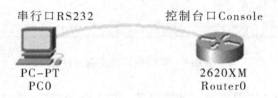

附图 10　超级终端连接图

　　在工作区中单击附图 10 中的主机 PC0，弹出主机 PC0 的配置对话框，在配置对话框的桌面选项卡（Desktop）中提供了多个 PC 机的仿真程序和配置工具（如附图 11 所示）。

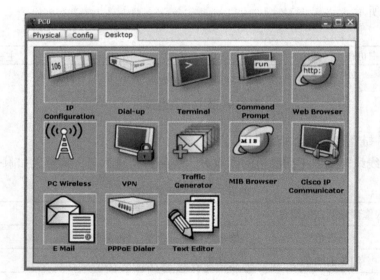

附图 11　终端配置对话框

　　附图 11 桌面（Desktop）中的图标 Terminal 是仿真主机 PC0 的终端仿真程序，单击附图 11 中的 Terminal 图标执行仿真 PC0 机的终端仿真功能。附图 12 所示的是仿真终端功能的 RS232 接口参数配置对话框，单击"OK"按钮，弹出附图 13 所示的仿真终端命令行仿真界面。

　　在仿真 PC0 机的命令行界面中，输入 Cisco 路由器的 IOS 行命令对仿真路由器进行配置。关于 Cisco 路由器的配置命令，可参照本教材第七章的相关内容。

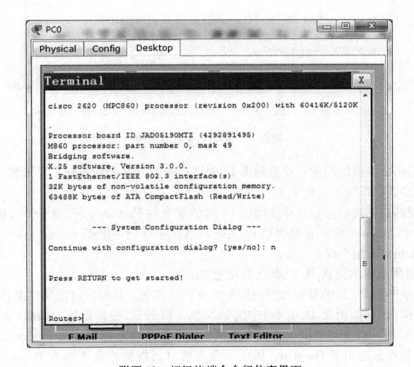

附图12 终端 RS232 接口参数配置对话框

附图13 超级终端命令行仿真界面

②仿真路由器的常规参数可视化配置。

对路由器的一些常规参数，可在 Cisco Packet Tracer 配置对话框中直接配置，该方法操作简单、快速高效。首先直接单击工作区中的仿真路由器，弹出路由器配置对话框（如附图14 所示）。在配置的过程中，对话框底部的文本框中自动显示等效的 IOS 行命令，便于初学者学习参考。

路由器配置对话框可对以下参数进行配置，配置步骤如下：

a. 路由器基本全局参数设置：单击附图 14 对话框中的 Settings 命令按钮，可配置仿真路由器的全局参数 Display Name 与 HostName。

b. 静态路由表配置：单击附图 14 对话框中的 Static 命令按钮，可配置仿真路由器的静态路由表（如附图 15 所示）。

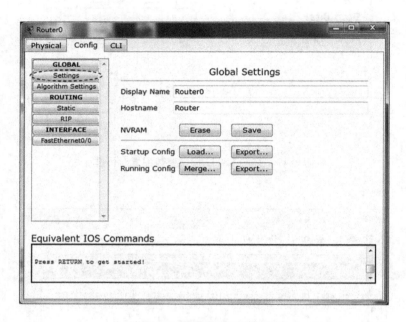

附图 14　路由器配置对话框

c. 动态路由协议的配置：单击附图 14 对话框中的 RIP 命令按钮，可配置仿真路由器的动态路由协议（如附图 16 所示）。

d. 配置路由器接口参数：单击附图 14 对话框中的 FastEthernet0/0 命令按钮，可设置路由器接口 FastEthernet0/0 常规参数 IP 地址 IP Address、子网掩码 Subnet mask、控制激活接口 Port Status（如附图 17 所示）。

（2）模拟网络中的仿真 PC 机参数的配置方法。

对于网络中的 PC 机的常规参数的配置也有两种方法，其操作过程同路由器配置相似。首先单击模拟网络（如附图 18 所示）中的 PC0 机，弹出 PC 机的配置对话框（如附图 19 所示）。仿真 PC 机的配置对话框也有三个选项卡，分别是物理模块选项卡 Physical、配置选项卡 Config 和桌面选项卡 Desktop。因此，在配置对话框的物理选项卡 Physical 中可配置 PC0 的硬件模块（如附图 19 所示）；在配置选项卡 Config 中可配置 PC0 的常规参数；在桌面选项卡 Desktop 中可执行仿真 PC 的配置工具和仿真程序。

①在配置对话框的 Config 选项中配置。

a. 配置 PC0 的常规参数：在附图 20 的配置选项卡中单击 Settings 命令按钮，可配置 PC0 的显示名称 Display、网关地址 Gateway、DNS Server 的地址配置。

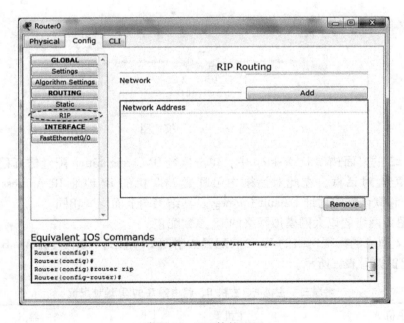

附图 15　配置静态路由表

附图 16　RIP 协议配置

　　b. 配置 PC0 机的网络接口 FastEthernet 的 IP 地址及其掩码：在附图 21 的配置选项卡中单击 FastEthernet 命令按钮，可配置 PC0 机接口 FastEthernet 的 IP 地址 IP Address、子网掩码 Subnet Mask 和设置接口的激活状态 Port Status。

　　②在配置对话框的桌面选项卡 Desktop 中执行功能程序配置 PC0。

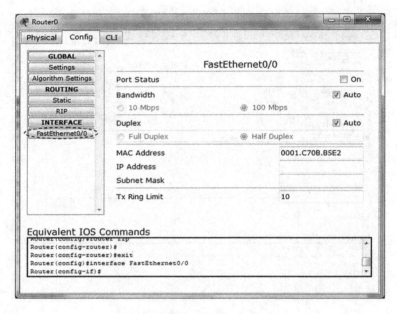

附图 17　路由器接口的 IP 地址配置

附图 18　以太网模拟图

　　在附图 22 的桌面选项卡 Desktop 中，单击执行 IP Configuration 配置仿真程序，弹出附图 23 的 IP 配置对话框，在此对话框中可配置 PC0 机的 IP 地址 IP Address、子网掩码 Subnet Mask 和默认网关地址 Default Gateway。其结果同上面配置相同。

　　(3)附图 2 网络的以太网模拟网络的 IP 参数配置。

　　在附图 2 网络的模拟网络的 IP 参数配置如附图 24 所示，其中主机 A、B 和路由器 R 的 IP 地址配置如附表三所示。

附表三　主机 A、主机 B、路由器 R 的 IP 地址配置

主机 A	主机 B	路由器 R	
		FastEthernet 1/0	FastEthernet 1/1
IP Address 192.168.1.2	IP Address 192.168.2.2		
NetMask　255.255.255.0	NetMask　255.255.255.0	192.168.1.1	192.168.2.1
Gateway　192.168.1.1	Gateway　192.168.2.1	255.255.255.0	255.255.255.0

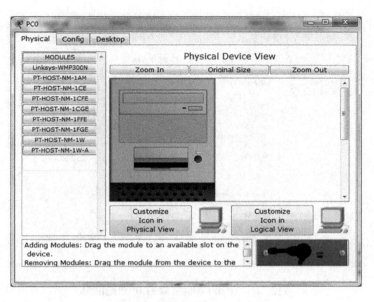

附图 19　仿真 PC 机的配置对话框

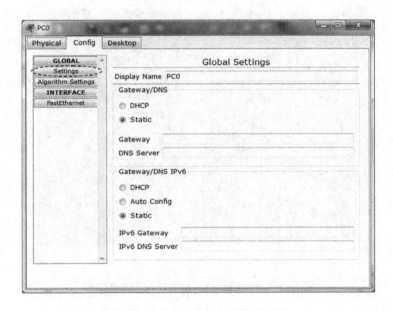

附图 20　仿真 PC 机全局参数配置

四、模拟网络的连通性测试

Cisco Packet Tracer 网络模拟学习环境的另一优势就是可视化的网络连通性测试功能。这里只介绍在实时模式下的连通性简单数据包测试方法。如附图 25 所示，操作步骤如下：

①单击简单数据包按钮 Add Simple PDU。

②单击主机 B，然后单击主机 A。

③在数据包管理窗口生成一条测试记录，测试状态 LastStatus 为 Successful，表示主机

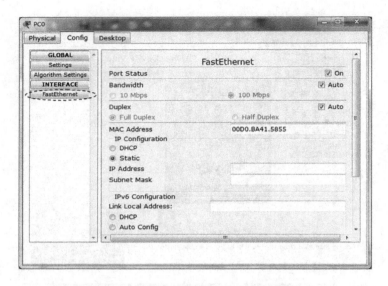

附图 21　仿真 PC 机接口的 IP 地址配置

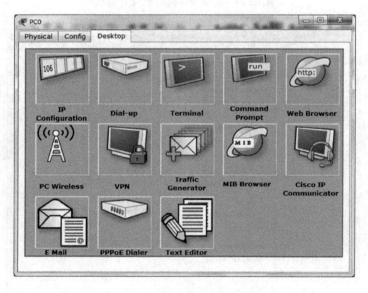

附图 22　仿真 PC 机的仿真功能和仿真程序

B 成功将数据包传到主机 A。

　　需要说明的一点是，通过单击主机 B，在主机 B 配置对话框的桌面选项卡中，执行 Command Prompt 仿真 DOS 命令的程序的窗口中，用 Ping 命令进行测试更好。

　　例如从主机 B 测试主机 A 的命令为：ping　192.168.1.2

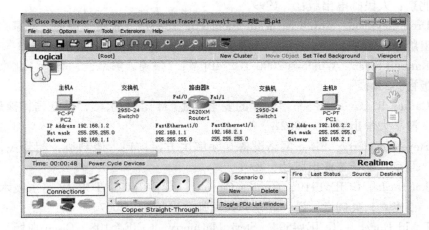

附图 23　仿真 PC 机接口的 IP 地址配置

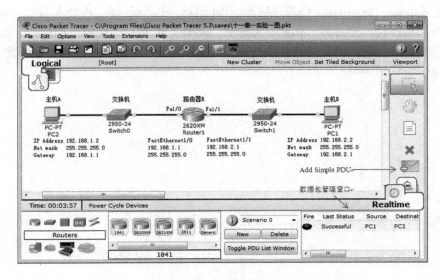

附图 24　附图 2 网络的以太网模拟网络的 IP 参数配置

附图 25　模拟网络的连通性可视化测试

参考文献

[1] 徐敬东，张建忠．计算机网络[M]．北京：清华大学出版社，2009．

[2] 田庚林．计算机网络技术基础[M]．北京：清华大学出版社，2009．

[3] [美]Liam B. Quinn Richard G. Russell．快速以太网[M]．邝坚，龚向阳，刘晓梅，等译．北京：人民邮电出版社，1999．

[4] [美]Drew Heywood. Novell NetWare 5 and TCP/IP[M]．张奏，等译．北京：中国水利水电出版社，2000．

[5] [美]Karanjit Siyan. Windows 2000 TCP/IP[M]．张锦，彭宗仁，等译．北京：电子工业出版社，2001．

[6] [美]Carlton R. Davis. IPSec：VPN 的安全实施[M]．周永彬，冯登国，徐震，等译．北京：清华大学出版社，2002．

[7] [美]Steve McQuerry. Cisco 网络设备互联解决方案[M]．谈利群，胡爱民，祁立红，等译．北京：电子工业出版社，2001．

[8] [美]Jeff Doyle，CCIE#1919，Jennifer Carroll，CCIE#1402．TCP/IP 路由技术：第一卷[M]．葛建立，吴剑章，译．北京：人民邮电出版社，2007．

[9] [美]David Hucaby，CCIE#4594，Steve McQuerry，CCIE#6108．Cisco 现场手册：路由器配置[M]．张辉，译．北京：人民邮电出版社，2002．

[10] [美]Ciprian Popoviciu，CCIE #4499，Eric Levy – Abegnoli，Patrick Grossetete．部署 IPv6 网络[M]．王玲芳，张武，赵志强，等译．北京：人民邮电出版社，2007．

[11] [意]Silvasno Gai. IPv6 网络互联与 Cisco 路由器[M]．潇湘工作室，译．北京：机械工业出版社，1999．